很久很久以前……
The Hero and The Outlaw

Mc Graw Hill **Education** *Your Learning Partner*

美商麥格羅‧希爾國際出版公司台灣分公司

推薦序

　　1987年10月，有一天我趕著要到多倫多出差。飛機才剛剛降落在皮爾森機場（Pearson Airport），我便馬上衝向停在機場前的第一部計程車。從後座中，我可以看到司機穿著一件破舊的厚短衣，頭上頂著一頂羊毛帽，幾綹蓬亂的頭髮從帽子的禦寒耳罩下竄出。在鏡子的反射中，我看到一把好幾天沒刮的、又乾又硬的鬍子。

　　司機將車子駛離路邊之後又突然緊急剎車，轉過頭來用一種焦急的語氣問我：「你聽說那則新聞了嗎？」

　　我吸了一口冷冽的空氣說：「沒有。怎麼了？」

　　「嚇死人了。恆生指數今天早上跌了9%。」

　　就在那一刻，我突然意識到，大家期盼已久的全球化溝通時代已經到來。

　　全世界的人，不論貧窮或者富有，都隨時密切注意著金融市場崩盤的消息。這位計程車司機的眼中流露出真實的憂慮，也反映了全世界人的恐懼。

　　到底怎麼了？好像沒有人了解股市為什麼會這樣狂跌。十月份的這次大跌究竟代表什麼意義？不管是雷根總統、佘契爾夫人、財政部長，還是任何其他有名望的領袖，都沒有人自告奮勇地站出來告訴我們背後的故事。在缺乏新故事的情況下，數以百千萬計的人們只好訴諸上一個可供參考的故事：1929年10月的股市大崩盤。而這麼做卻也導致了股價更是一路下滑永無止盡。

　　最後當許多有價證券身價大跌了之後，股市終於盪到谷底。不過比起經濟大蕭條時的指數，這次的情形算是好了許多，畢竟，這並不是1929年事件的重演。

今天，在另一個十月裡，在我寫作的此刻，市場正處於前所未見的「戰國時代」。眾多品牌如今正以破天荒的速度不斷問世；充斥在各種媒體內的資料、新聞、娛樂和廣告，數量上也遠遠超過十三年前。

當一則訊息沒有一個好「故事」可供我們依循，並為它繫上意義時，這則訊息便將如船過水無痕，人們對它或許會有模糊的視聽印象，但一定不會記得它。

我們每個人都喜歡故事，也需要故事。從寓言到小說，從音樂劇到廣告，我們出於本能地渴求這些能夠為人類處境提供力量的故事，而那力量通常是巨大、古老而抽象的。故事，是最好的老師。

如何找出對的故事正是本書的主旨。本書作者提供了一個嶄新的思考架構，幫助我們了解在這個匆忙的時代裡，一個品牌和一家企業是如何獲得或失去意義、注意力、價值和市場占有率的。

在我從事廣告與行銷的三十多個年頭裡，我從沒遇過一個比瑪格麗特‧馬克更有原創性的思想家或更擅於表達的學者。我很慶幸能夠和她共事將近二十年。在這期間，我看著她為了替客戶創造豐厚的利益，不斷地拆解僵化的既定思維，進而開創新局。而卡羅_皮爾森則是一位才華出眾的學者，多年來，她不但對原型研究進行深入的鑽研，並身兼各大機構的顧問，將自己的洞見付諸實際應用。如今，她們兩人共同融匯出一個了不起的主張，這個主張，說到底就是要強化品牌與企業的價值──甚至是市場價值。

上一屆超級盃決賽的那個星期天，當一大堆新興網路公司開始在美國最富有的電視觀眾面前展示它們每三十秒成本百萬美元的廣告時，我不禁想起了瑪格麗特和卡羅。這些廣告大都詼諧新奇，也極富聲光效果，但卻都沒什麼有「意義」的東西。幾百萬美元就這樣給浪費掉了。

這本書所闡述的是人類心理結構中最古老的「印記」——卡爾・榮格（Carl Jung）將此印記稱為「原型」（archetype）——以及如何運用這些原型來為產品注入意義，進而創造利潤。一股勃發的力量隱含在這印記之中，如果我們能夠正確地理解這股力量，便可為一項產品或一家企業帶來難得的活力。

然而，請容我事先提出「警告」。在我看來，意義並不是某種可以被移植到產品（尤其是劣等產品）上的東西。要想吸引顧客、留住顧客，所選擇的意義就必須忠於該品牌的內在價值——也就是產品真正的內涵和功能。因此，意義的管理必須早在企畫廣告之前就開始了。當你準備開發一項具有實質價值的產品或服務時，便是意義管理的起點。

這樣的概念一點也不新奇。幾世紀以來，許多創意之士已經透過他們的直覺和天才為某些品牌找到了正確的原型。自從廣告存在以來，他們已經在他們的廣告中講述了各種故事。不過，以系統化、科學化的方法來尋找正確的原型與正確的故事，倒是前所未見的嘗試。但是，這本書做到了。

事實上，這書本身就是一則新故事。它讓我們了解到，在這個令人迷惘的新世界中，品牌行銷是什麼。

前揚雅廣告公司（Young & Rubicam）
創意總監、執行長暨董事長

亞歷克斯・柯羅爾
（Alex Kroll）

目錄

第一篇

古老的珍貴資產

一套意義管理系統

　　品牌，就好比我們的工作場所或周遭環境的地標一樣，已成了我們日常生活中重要的一部分。

　　歷久不衰的大品牌最後會變成某種標誌──不只是企業的標誌，而且是整體文化的標誌。可口可樂不僅擁有全球最為人所熟知的商標，這個商標還成了西方生活方式的象徵。

　　在今天，品牌就像一座倉庫，它不僅儲藏了功能性的特徵，也儲藏了意義和價值。如果我們要找出並有效運用品牌的基本要素或「常數」，則我們非得精通各種原型的意象和語言不可。

　　這個簡單的事實，偉大品牌的創造者們早就意會到了。舉例來說，演藝界的超級巨星和他們的經紀人都知道，他們的知名度之所以能夠持續不墜，並非單靠他們所拍攝影片的品質、票房或他們的曝光率就夠了；他們必須創造、維護，並且不斷地重新詮釋某個獨一無二、引人入勝的形象或「意義」。瑪丹娜（Madonna）再怎麼改變她的生活方式和髮型，她總是那個驚世駭俗的叛逆分子；傑克‧

尼柯遜（Jack Nicholson）無論在幕前還是幕後，都是那個壞壞的亡命之徒；梅格‧萊恩（Meg Ryan）和湯姆‧漢克（Tom Hanks），則在他們所扮演的每個角色身上注入了天真者的無邪氣質。

這些形象不但前後一致，而且極具魅力。無論是喜歡還是討厭，你都免不了要注意到他們。事實上，我們很難不對他們的人和他們隱含的象徵意義感到著迷。在無線電視收視率逐步下降而有線電視頻道高達三百個的時代，O‧J‧辛普森（O. J. Simpson）的審判案卻能持續創下破記錄的收視率。是因為這個案子很聳動嗎？還是因為比佛利山莊的魅力？又或者是因為它所隱含的種族議題？

上述每一個因素固然都有助於吸引民眾的注意，但是，促使觀眾日復一日不斷轉回該頻道的原因卻是更深層的原型意義。從品牌的角度而言，無論辛普森的人格或私生活真相如何，他都被視為一個能夠打倒任何競爭者的勇猛戰士。然而，他施虐和施暴的事實在審判期間曝光了以後，許多人因此認定他謀殺了自己的老婆，即使他最後被宣判無罪。結果，他不再受到歡迎，反而成了眾人嘲笑和鄙夷的對象。辛普森的故事，和莎士比亞筆下奧賽羅（Othello）的遭遇如出一轍──勇猛戰士終被自己嫉妒的怒火毀滅。

戴安娜‧史賓塞（Diana Spencer）無論在世時或去世後，一直是世人矚目的焦點。她傳奇的一生或許會讓你想起灰姑娘故事的迷人魅力──這個美貌但柔弱的少女雖然贏得了王子的青睞，卻必須在占有欲強烈的繼母的不斷監視之下生活。即使離了婚，戴安娜的故事仍以羅密歐茱莉葉式的情節繼續發展：她突破社會傳統尋找真愛，最後卻香消玉殞。

戴安娜王妃的故事讓我們看到了迷人的人物在原型故事中的發展。這名少女要是嫁給了白馬王子卻並未從此過著幸福快樂的日子，事情會怎麼樣呢？她離了婚，適應了新的生活，成為一個深愛

世人的人，同時也鼓舞著世人表達出對她的愛。

戴安娜的一生雖然包含了許多不同的篇章、風格和具體的呈現，但她的故事總圍繞著「情人王妃」這個原型主題打轉。要是這個原型沒有了基本統一性，我們是不可能對她如此著迷的。

曾經引發國際搶人事件的古巴小男孩伊利安‧岡薩勒斯（Elian Gonzalez）的故事，也在各新聞媒體的頭條版面上出現了好幾個禮拜。在一個有許多孤兒的世界裡，為什麼這個小男孩的處境特別引人關注？只因為他那戲劇化的遭遇嗎？——他的母親與其他乘客在船難中全數溺斃，而他卻能夠幸運生還。或是，體現在自由選擇與家庭親情之間的根本價值衝突所引發的爭議？——該把他送回共產古巴讓父親照料，還是讓他能夠因此留在自由美國？又或者，這項爭議提醒了我們，是該放下冷戰時期的思維模式，邁向新時代了？無疑的，這些說法都有道理，也都有其各自的原型主題。

《華盛頓郵報》（*Washington Post*）的記者保羅‧理查（Paul Richard）在評論這則新聞的象徵性時，將伊利安的故事類比為英雄原型的神話模式。他說：「蘆葦叢中的摩西和躲在車輪內胎中的小伊利安，有某種程度的關聯——我們以為他們會溺死，但卻沒有。在海上重生像是一種恩典，他能夠獲救簡直是一個奇蹟。這名小男孩將成為一個男子漢。」於是，伊利安背負了文化救贖的希望。理查還提到：「摩西……在埃及享受了幾年的榮華富貴，之後才前往應許之地。」這樣的說法就好像暗示了：伊利安來這裡是為了要把美國人從拜金主義中拯救出來，還是要解救深陷於卡斯楚統治和貧窮深淵之中的古巴人？

能夠深深吸引住大眾注意力的新聞，總帶著某種原型的特質。理查的說法是：「當下一件大事發生時，我們仍都將為之著迷；」因為，每一個以如此神奇的力量吸引住我們的事件，都是某一種版

本的「很久很久以前……」——它們是一則則在現實生活中上演的神話。

新聞媒體對小約翰・甘迺迪（John F. Kennedy, Jr.）悲劇性死亡的報導，也可以證明理查的論點。當時，媒體大多從甘迺迪家族中其他幾個俊美迷人的男性成員之死（包括約瑟夫、羅伯和約翰・甘迺迪）的脈絡來加以報導，因此喚醒了人們內心深處關於所謂家族詛咒和最完美的人犧牲能夠帶來救贖力量等等的原始信念。在古代，某些宗教儀式會以俊美的年輕人為祭品（他們並不是因為悲劇性的意外或謀殺而喪生的）——不過這一點在此原型意義中並不重要；重要的是，這一類的殉難故事仍然會一再地打動人類心靈中的某個角落。

同樣的，賣座電影幾乎也都具備了原型的架構。最近的六部奧斯卡「最佳影片」得主，便都是古典原型故事的例證：《阿甘正傳》（*Forrest Gump*，1994）講的是大智若愚的傻瓜；《英雄本色》（*Braveheart*，1995）講的是勝利的英雄；《英倫情人》（*The English Patient*，1996）和《鐵達尼號》（*Titanic*，1997）描述了蛻變的情人；在《莎翁情史》（*Shakespeare in Love*，1998）中，創造者（作家）將失戀的痛苦轉化為高貴的藝術作品；而在《美國心玫瑰情》（*American Beauty*，1999）中，我們看到了凡夫俗子的神秘體驗（因為一次中年危機，男主角從靈魂的闇夜邁向神秘的開悟經驗——悲哀的是，這個故事的結局將他帶向了死亡）。

有時候，編劇、導演和製片只是剛好想到了某個原型而已，有時候某個原型的體現則是整個有意識的發想體系所導引出來的結果。電影《星際大戰》（*Star Wars*）系列及其衍生而來的動作片人物和其他產品，對觀眾的吸引力一直未曾間斷。在拍攝這些電影的過程中，喬治・盧卡斯（George Lucas）便受到了喬瑟夫・坎伯

何謂原型？

具有集體本質，透過神話的元素出現在世界各地的形式或形象，同時也是個人身上源自潛意識的產物。

——榮格《心理學與宗教》（*Psychology and Religion*）

原型的概念，是榮格從西塞羅（Cicero）、普利尼（Pliny）、奧古斯丁（Augustine）等古典大師的思想中借來的。阿道夫・巴斯倩（Adolf Bastian）稱之為「基本的意念」。在梵文中，原型被稱為「主觀感知的形式」；在澳洲則被稱為「夢的永恆之物」。

——喬瑟夫・坎伯《千面英雄》

榮格在某種程度上採取了和行為主義相反的取向，也就是說，他不從外在來觀察人。他不問我們如何行動、如何打招呼、如何交配、如何照顧我們年幼的子女；相反的，他研究我們在做這些事情時有什麼感受、有什麼幻想。對榮格而言，原型不僅是基本的意念，而且是基本的感受、基本的幻想、基本的影像。

——馬利路易斯・馮・法蘭茲（Marie-Louise Von Franz）《心靈與物質》（*Psyche and Matter*）

（Joseph Campbell）的著作《千面英雄》（*The Hero with a Thousand Faces*）的啟發。坎伯的這部著作，將英雄的旅程中各個意義豐富且發人深省的階段都勾勒了出來。每一集的《星際大戰》之所以能夠大受歡迎，有一大部分要歸功於盧卡斯在有意識傳達原型人物和神

有翼女神耐吉（Nike），一如同名的品牌一
樣，和勝利有關。

話情節上的成功。

　　一個產品能夠抓住並持續吸引我們的注意力，也是因為同樣的
原因：它是某個原型的具體展現。舉例來說，長久以來，淨化儀式
就不只象徵著身體的潔淨，還象徵了洗去罪惡與羞恥，讓參與儀式
的人能夠改過自新、重新做人。象牙香皂（Ivory）便從這裡得到了
靈感；象牙香皂不僅和清潔有關，也和更新、純淨與天真有關。多
年來，象牙香皂雖然改變過它廣告內容的細節，更新過其所使用的
文化參照架構，也在目標受眾的年紀和文化上變得更加多樣化，但
其廣告的中心意旨——也就是它的意義——卻一直未曾改變，始終

保持著它深刻的象徵性。象牙香皂之所以能夠成功，是因為它的品牌意義符合了淨化的深層本質。

　　一個品牌若能掌握其所屬類別的基本意義，並將該訊息以巧妙、精緻的方式加以傳達，這個品牌便能占有市場，就像戴安娜王妃、Ｏ・Ｊ・辛普森、柯林頓、陸文斯基和伊利安占據了大幅的節目頻道一樣。

1

前所未有的
第一套意義管理系統

　　原型的意象，一直被廣告用來促銷產品。以「綠巨人」（Jolly Green Giant）為例，說到底，它的原型其實就是「綠人」（Green Man）——一個與肥沃、豐饒意象相關聯的人物。這一類的象徵符號若能妥善加以運用，便能夠造就出成功的品牌。不過，品牌標誌的功能還不僅止於此。原型的象徵或意象除了能夠被用來為品牌定位之外，慢慢地，品牌的本身還會帶上象徵的意義。象牙香皂不僅和天真有關，它還是天真特質的具體展現。媽媽們用象牙香皂來為她們的孩子洗澡，不只是為了讓他們免於細菌和刺激性化學物質的傷害，也因為象牙香皂「看起來就很適合」她們寶貝的小孩。要明白這種現象的威力，我們必須先了解象徵的本質。有些象徵便具備了最深刻的宗教意義或心靈意義。譬如在基督教中，洗禮是淨化的儀式，聖餐禮則提供了一個受領神恩的儀式。當然，若濫用任何信仰的特定象徵來促銷產品，可能會褻瀆神明。然而，關於「更新」的神聖象徵和世俗象徵，事實上共存在一個由同一個原型所統合的

連續面上。宗教象徵對意識所產生的力量，固然比世俗的象徵大出許多，但一個原型對潛意識所產生的力量，即使在全然世俗的脈絡底下，也同樣大得驚人。

意義是一種品牌資產

對原型意義的了解和運用，在過去只是有效行銷的一個有趣的「紅利」，如今卻成了一個必要條件。為什麼呢？

曾經，要成功地創造、建立和促銷品牌並不需要源源不絕的靈感，也不需要無限的資本。在當時，需求超過了供給，市場的狀況也並不混亂。大致而言，產品和產品之間都有實質上的不同，而這些差異就成了品牌建立的基礎。

以上所述，是行銷或銷售界長久以來的狀況。但是，當競爭達到了一定程度，無論是跨國的可樂公司還是地區性的乾洗店，每家業者都會面臨一個新的挑戰。那就是，無論這家公司的製造和配銷系統再怎麼有效，無論它的乾洗技術再怎麼先進，競爭者都能夠加以摹仿或複製。在這種情況下，企業會發現它們只有兩大對策可供選擇：一是減價，二是為它們的產品注入意義。

顯然，意義的創造和管理是比較可行的方案。

然而諷刺的是，儘管意義已經變得如此重要，到目前為止卻還沒有人發展出一套系統可以用來了解和管理品牌的意義——無論這個品牌是產品、服務、公司，還是公益活動。我們有製造產品用的生產系統，有創造候選人政見用的文宣設計系統，有銷售產品用的營運系統，卻沒有一套系統可以用來管理這個如今對品牌而言最有價值的資產。

為什麼沒有？部分的原因是，意義管理這項需求是個相當新的

現象。如果你在某個地方（譬如中國的杭州好了）販賣唯一的一種非酒精飲料，你可以根據產品的特性和優點來行銷。如果你是你附近地區唯一的乾洗店，你可以用便利性、環保的包裝和乾洗的效率來為你的商店打廣告。

然而，在數量越來越多且競爭激烈的產品類別中，能以可供辨識的產品差異來做到品牌區隔的例子是越來越少見，甚至不存在了。更何況，一家公司就算能成功地創造出以產品為基礎的可辨識差異點，這個差異點也會很快被競爭對手模仿、複製。

事實上早在1983年，保羅‧霍肯（Paul Hawken）已經指出，產品「質量」和產品「意義」的相對重要性已經有了重大的轉變，而這項轉變也促使我們必須在企業經營的模式上做出相對應的調整。之後不久，華爾街也發現到類似的現象：有些公司之所以將另一家企業全部買下，只是為了取得它的超級品牌——即使有別的品牌已經提供了幾乎一模一樣的產品。某種新的現象正在發生。有企業願意花下數億美元去購買某些品牌，是因為這些品牌具備了某種特徵或特質，這個特徵或特質雖然未被完全了解，卻能夠成功地擄獲消費者的心。

事情的真相是，這些品牌之所以變得價值連城，並不光是因為這些品牌具備了創新的特徵或優點，也因為這些特質已經被轉變為強而有力的意義。它們之所以值好幾百萬美元，是因為它們已經擁有一種普遍且巨大的象徵意義。

新一代的管理者無論是否有意識地明白這一點，他們都已經成了原型品牌的「管家」。這些品牌所具備的意義就好比主要資產，必須像金融投資一樣審慎地加以管理。不過，大多數的公司都還沒做好這樣的準備，原因很簡單，他們沒有任何系統可以指導他們。

以Levi's為例。它曾經是個有力且清晰的探險家品牌，後來從

亡命之徒變成了英雄，再變回探險家，然後又變成凡夫俗子，再變成弄臣，有時候甚至以大雜燴的方式同時呈現出各種原型形象。這一點反映了它在管理母品牌與子品牌（如501、Five Pocket、Wide Leg等）上的混亂。於是，該公司的市場占有率也隨之下降。

另外，有史以來最棒的英雄品牌耐吉（Nike），後來卻變得了無新意，並且對自己的角色感到不自在，結果他們竟公開表現其自信心的喪失，還更換了廣告代理商和品牌經理。然而他們真正的解決方案應該是：對英雄的旅程進行更深刻、更堅定的探索。畢竟，英雄的旅程才是這個原型永不枯竭的靈感泉源。

這些公司雖然擁有一些智慧及才華出眾的行銷專家來為他們掌舵，但是他們卻迷失了方向。結果就像一個財務主管在沒有任何財務管理系統或會計系統的支援下，企圖以編造各種事實的方式來管理財務一樣，最後的局面只能是一團混亂。

意義的管理，不僅和營利的世界息息相關，非營利組織和政治候選人也面臨了前述的困境，只是情況沒有那麼明顯而已。一特定目標對其支持者而言或許獨一無二，但潛在的捐款者卻可能同時面臨了多個募款的請求。要支持哪個目標，捐款者的最後決定大半取決於這樣的思考：哪個組織的意義最符合他個人的價值觀。相同的，同一政黨的候選人在各個議題上的立場多半大同小異，要獲得提名，他們必須以適合當時社會局勢的意義承諾來爭取選民的認同。約翰·甘迺迪就以亞瑟王的凱姆洛特（Camelot）王朝意象成功地做到了這一點。

意義，是一個品牌最珍貴也是最無可取代的資產。不管你賣的是非酒精飲料還是總統候選人，你的品牌在大眾心目中的意義，跟它的功能一樣重要（如果不是更重要的話）。因為，能夠傳達出「這個人感覺不錯」或「這是我要的東西」這種訊息的，正是意

義。意義訴諸的是大眾的情感面或直覺面，它會創造出一種親和力，讓更理性的論證有可能被聽到。

行銷北極星

在缺乏一套意義管理系統的情況下從事行銷，就好比古代的航海者在沒有星光的黑夜、危機四伏的海上尋找港口一樣。他們需要的是一個耐用可靠的羅盤，一個固定的指標，為他們指明其所在的位置及其必須航行的方向。對行銷人員而言，原型理論便是這樣的羅盤。

我們之所以撰寫本書，就是為了介紹這一套前所未有的意義管理系統。這套系統和許多精妙的思想一樣，也採擷自一些非常古老恆久的觀念。

刻畫在我們心理結構中的「印記」，影響了我們所喜愛的藝術人物、文學人物，以及世界各大宗教和當代電影中的人物。柏拉圖稱這些印記為「基本形式」（elemental forms），並將其視為構成物質現實之基模的概念結構。精神分析學家榮格則稱之為「原型」（archetype）。

在行銷界，我們未曾有過類似的概念或語彙。不過，事實上，品牌是這些恆久的深層模式在現代最生動的展現之一。無論是透過有意識的努力或幸運的意外，有些品牌——不論是候選人、超級巨星、產品或公司——確實因為具體展現了永恆的原型意義而達成了深刻且持久的區隔和重要性。事實上，最成功的品牌一向如此。

這樣的現象指的並不是在一閃即逝的廣告裡「借用」意義，而是要變成一種一致的、持續的意義展現——基本上就是要讓你的品牌變成一種標誌。一些超級品牌就做到了這一點，例如Nike、可口

可樂、勞夫羅倫（Ralph Lauren）、萬寶路（Marlboro）、迪士尼、象牙香皂，還有《星際大戰》、《外星人》（*The Extra-Terrestrial*）、《亂世佳人》（*Gone with the Wind*）等電影，以及戴安娜王妃、賈姬、喬・狄馬奇歐（Joe DiMaggio）、約翰・韋恩（John Wayne）等知名人物。達到了這個地位的品牌，無論是意外的結果或天才的創造，一直吸引著群眾的想像力。而且，這些品牌的行銷人員如果夠聰明的話，他們會一直維持現狀。因為，這些品牌所代表的意義已經和消費大眾建立起了極為良好而持續的共鳴。

　　然而，天才的能力畢竟有限，也不是可以長久依賴的。一個品牌遲早都會因為下面這個事實而受害：我們並沒有一套有關意義開發和意義管理的科學。當產品上市了以後，企業並沒有羅盤來指導他們如何做出不可避免的選擇或左右品牌命運的決定：要如何跟上時代又不會喪失品牌的本質？要如何在激烈的競爭下求得生存？要如何同時吸引多個不同的消費族群（或許是不同的文化），又不違反品牌的「核心」意義？要如何以負責任的態度，以及不會對消費者或時代造成負面影響的方式從事行銷？

　　若缺乏這樣的科學或羅盤，則品牌意義這個不可取代且價值連城的「商譽倉庫」，便要遭到浪費。

　　本書所探討的便是下面這個要緊的需求和大好的機會：如何運用深刻的原型根源來創造、維護和培養品牌意義？

　　要做到這一點，我們必須先提升意義管理方法的地位。在今天，即使是制度最完善的公司，仍把這個至關重大的過程交給運氣、美術總監、廣告撰稿人的突發奇想，或者是腦力激盪的意外結果來決定：「我們應該要呈現友善的親和力呢？還是要散發出冷漠的魅力？」

　　遺憾的是，行銷人在發展品牌意義中這個最重要成分的時候，

卻經常是漫不經心、吊兒郎當的。也難怪行銷團隊會不斷地重塑品牌，因而使得品牌的意義遭到稀釋或破壞了。

我們之所以撰寫此書，就是為了分享我們發展和運用這第一套有系統的意義管理法的經驗。在我們合作之初，我們原以為原型心理學可以為創造有效行銷的科學提供一個更有實質內涵的基礎。然而，我們卻發現到一個更深刻的事實：原型心理學可以幫助我們了解產品類別的內在意義，也因此可以幫助行銷人員創造出歷久不衰的品牌形象。這些形象不但能夠占領市場，也能夠為顧客提供意義、激發顧客的忠誠——而且，這些可都是以對社會負責任的方式辦到的。

以上所說的並不只是一張空頭支票而已。在過去三十年間，卡羅‧皮爾森發展了一套合理、可靠，融合了榮格學派和其他心理學派概念的心理學架構，並將這些概念應用在行銷、領導力與組織發展等領域上。瑪格麗特‧馬克也有類似的經驗；她從原先的揚雅廣告公司，到後來自己的公司，都運用了其深入的人性洞見和觀念在客戶的行銷企畫上。因此我們敢說，我們在書中為讀者介紹的這些方法，已經持續地獲得了一些沒有負面效應的成果。這套系統，影響了包括金融服務業、非酒精飲料業、服飾業、點心食品業、電視企畫、公益行銷和其他許多產業中各家領導品牌所使用的行銷方法，也定義或重新定義了營利事業與非營利事業中許多組織的品牌定位。

我們所發展出來並且在書中與您分享的這套系統，提供了一個描述原型的架構——這些原型，已經為許多成功品牌提供了穩固的形象定位。有了這套系統，您就不必手無寸鐵地在您的公司運用原型品牌的策略，而可以遵循一套立論嚴謹並經過驗證的方法，來為您的產品、服務、公司或甚至您自己，建立品牌形象。我們在探討

成功品牌的原型基礎時發現，在今天的商業活動裡，最常被表現出來的主要原型有十二種。

　　圖1-1列舉出這十二種原型的名稱，描述它們在人們生活中所發揮的主要功能，並為這些原型形象各舉了一個品牌或品牌標誌作為範例。

圖1-1

各種原型及其在人們生活中的主要功能		
原型	幫人	品牌範例
創造者	創造新的東西	Williams-Sonoma [1]
照顧者	照顧他人	AT&T（Ma Bell）
統治者	發揮控制力	美國運通（American Express）
弄臣	快樂一下	美樂淡啤酒（Miller Lite）
凡夫俗子	自在地做自己	溫蒂（Wendy's）
情人	尋找愛並愛人	賀軒（Hallmark）
英雄	做出勇敢的行為	NIKE（耐吉）
亡命之徒	打破規則	哈雷機車（Harley-Davidson）
魔法師	蛻變	Calgon [2]
天真者	維持或重塑信仰	象牙香皂（Ivory）
探險家	保持獨立	Levi's
智者	了解周遭的世界	歐普拉讀書會（Oprah's Book Club）

欠缺的一環：原型與顧客動機之間

　　原型補足了顧客動機和產品銷售量之間那個欠缺的環節。基本上，所有的行銷人員都知道，他們必須了解人性的動機。但一直到

目前為止，還沒有一套科學的方法可以讓他們把消費者最深層的動機和產品的意義連結起來。這個欠缺的環節就是對原型的認識。原型式的產品形象，能夠直接對消費者內心深處的心靈印記說話，並喚起他們對品牌的認同、深化品牌對他們的意義。

原型意象所發出的訊息滿足了人類的基本欲望與動機，也釋放了深層的情感和渴望。不然，你以為我們為什麼會在某些時刻心頭狂跳、哽咽，或開始哭泣？這些時刻包括：一名奧運選手贏得了金牌（英雄）；一名年長的非裔美國男人在聽到自己的孫子被叫去領取學士文憑時本能地站了起來（黑人聯合大學基金／United Negro College Fund的廣告——凡夫俗子的勝利）；一個媽媽從別人手中抱來自己剛生下的寶寶（嬌生產品／Johnson & Johnson的廣告）。以上每一則廣告，都來自相同的泉源。

關於這些反應，心理學上的解釋是，我們要不是在潛意識裡重新經歷了自己過去生命中的重大時刻（譬如電影《外星人》中最後那幕分離的場景，就喚醒了我們自己的失落經驗），就是我們對這些時刻有所期待。這些原型的意象和場景，召喚著人們去滿足他們基本的人類需求和動機（在上一段所舉的例子裡，這些需求分別是：自由與認同、成就、親密）。在一個理想的世界中，商品提供了某種中介功能，讓某個需求與該需求的滿足之間產生連結。

一套結合動機理論與原型理論的系統

簡單來說，動機理論可以濃縮成兩道軸上的四大人性動機：歸屬／人際vs.獨立／自我實現、穩定／控制vs.冒險／征服（請參閱圖1-2和1-3）。

用人類的日常用語來說，這代表我們大多數人都很想要被人喜

圖1-2

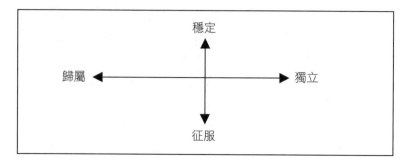

歡，很想要歸屬於某個團體。在此同時，我們又很希望成為獨立的個體，很希望走自己的路。兩種欲求都是深層的人性動機，但是卻將我們往相反的方向拉扯。歸屬的渴望讓我們想要取悅他人、服從他人（至少在某種程度上）；個體化的渴望則促使我們獨處，並做出可能不被我們親近的人所了解的決定或行為。

　　同樣的，大部分的人也都很需要安全與穩定。這樣的渴望，可以從例行公事、舒適感和墨守成規中獲得滿足。買保險、為了退休金而一直待在同一個地方工作，或虔誠地服用維他命，就是在回應這樣的需求。但是，一個人無論多麼想獲得安全感，大多數的人仍會受到企圖心和征服欲的驅使。然而，要獲得成就的喜悅，我們就必須冒險。因此，當我們很想要在這個世界留下一些什麼的時候，我們可能會採取爭議的立場，也可能自行創業，或嘗試其他冒險的新投資。

　　生命要求我們不斷地在這些極端之間取得平衡。當我們為了這兩個連續面上的一端而犧牲了另一端時，我們的心理便會有尋求平衡的傾向。這也是有些人會經歷中年危機的原因之一：他們的心理失去了平衡，而內心壓抑已久的那一部分開始希望也能夠有表達的

機會。

　　我們兩人在合作之前的工作中，都使用過類似圖1-2這樣的圖示——兩道軸和四個獨立出現在一個人思考當中的主要欲求。我們兩人也都發現，我們的客戶很自然地就能夠理解這個圖示的意義和重要性，因為他們已經在自己的生命中體驗過這些衝突了。此外，這個圖示也提供了一個迅速的診斷功能，可以幫助我們找出客戶的組織任務和品牌定位背後的基本動機。當我們開始合作以後，為了使用一致的語言溝通，我們在用語上做了些許改變，不過，我們所列出的基本類別仍舊是一樣的。

　　在我們看來，前述的每個欲望對大部分現代人而言都是有力的動機因素，但有些理論家卻將其中的某些欲望歸入不同的發展階段。從他們的思考方式來看，有些動機比其他的動機更為根本。

　　我們的動機類別和亞伯拉罕‧馬斯洛（Abraham Maslow）所定義的階段（請參閱《動機與人格》／ *Motivation and Personality*，1954），關係最為密切（馬斯洛對我們兩人都影響至深）。馬斯洛最為人所知的是，他定義了所謂的「需求階層」；這個階層描述了人類欲望會如何隨著初級需求獲得滿足而進一步發展。圖1-3總結了馬斯洛及另外三位二十世紀動機心理學大師的發現。其中，影響我們關於人類欲望的想法的是艾瑞克‧艾瑞克森（Eric Erickson）；他指出了人生歷程的各個發展課題，這些課題若能獲得解決，便能幫助個人養成主要的人格德行[3]。羅勃‧齊根（Robert Kegan）是傑出的教育心理學家暨哈佛大學教授，他開創了一套兼顧意義創造與社會發展的人格發展理論（請參閱《發展中的自我》／ *The Evolving Self*，1982）。肯恩‧威爾伯（Ken Wilber）是超個人心理學界（transpersonal psychology）首屈一指的理論大師，他指出了一個人從自我導向進展到較靈性（即超個人）導向時的意識發展階段。圖

圖1-3

人類發展階段理論與動機類別

理論家	穩定/控制	歸屬/享受	征服/冒險	獨立/實現
齊根的主/各體架構	帝王式的(2)	人際的(3)	體制的(4)	個體間的(5)
馬斯洛的需求階層	安全(2)	歸屬(3)	尊重/自尊(4)	自我實現(5)
威爾伯的關聯架構	物質互動(1)	情感互動(2)	心理互動(3)	靈魂/靈性互動(4、5)
艾瑞克森的發展挑戰/德性	信任 vs. 不信任 二希望（嬰兒期）	自主 vs. 羞恥 二意志（2-3歲）	魄力 vs. 愧疚 二目的（3-5歲）	認同 vs. 混淆 二忠誠（12-18歲）
	生產力 vs. 停滯 二照顧（35-65歲）	親密 vs. 孤立 二愛（19-35歲）	勤奮 vs. 自卑 二能力（6-12歲）	統合 vs. 絕望 二智慧（65歲以上）

1-3簡略地列出了這些理論的要點，有興趣的讀者可以將我們的動機類別和這些發展模式做個對照。（圖中若未提及某個模式的第一階段，是因為該階段太過著重於生存的基本課題，和當代的消費者行為並不相關。）

　　藉由提供一種無形的意義經驗，原型成了商品和顧客動機之間的橋樑。我們在圖1-4中列出了滿足四個基本人性需求的一些最重要的原型。

圖1-4

原型與動機			
動機： 穩定與控制	歸屬與享受	冒險與征服	獨立與實現
創造者	弄臣	英雄	天真者
照顧者	凡夫俗子	亡命之徒	探險家
統治者	情人	魔法師	智者
消費者的恐懼 財務危機、病痛、失控的混亂	被流放、遺棄或吞沒	無用、無能、無力	被陷害或出賣、空虛
幫助人…… 感到安全	得到愛、得到團體的歸屬	獲得成就	找到幸福

　　本書將告訴讀者，原型理論如何提供一個經過驗證的合理方法，來建立令人難忘、扣人心弦的品牌形象。這套方法將能通過時間的考驗，並跨越生活方式與文化的疆界，造就持久的成功。

---

1 [編注] 美國最大家用品零售商。

2 [編注] 鈣光公司,美國特殊化學產品生產和供應商,提供水處理、造紙、化妝品和殺虫劑所需的化學產品。

3 [原文注] 可參閱艾瑞克・艾瑞克森所著之《童年與社會》(*Childhood and Society*,1963)與《認同:青年期與危機》(*Identity: Youth and Crisis*,1968)。

2

原型

長壽品牌的心跳

在古代的希臘與羅馬,原型構成了神話的基礎,它們在神話中被描繪成各種男神和女神。這些神祇(以及其他古文化的神祇),為本書介紹的十二種原型提供了一些特定的相關形象。在今天,神話故事中的那些演員雖然都只是凡人而不是神,同樣的情節仍令我們沈醉不已。柯林頓總統為什麼經得起陸文斯基緋聞案的打擊?想想古希臘人吧!宙斯(統治者)四處拈花惹草和他妻子希拉(Hera)倍嘗辛酸卻仍堅貞以對的故事,令他們深深著迷。至於柯林頓,他那宙斯般的風流行徑雖然緊緊抓住了全美人民的眼光,卻並未讓他身敗名裂。由於人們普遍認為他是個有效率的總統,因此他對選民的忠誠,被認為比對婚姻的忠誠更為重要。更令人驚訝的是,當希拉蕊成了希拉般雖遭背叛卻仍忠貞不二的妻子的具體化身時,她的聲望竟也跟著扶搖直上,而且還維持了至少好一陣子。

一個總統無論屬於哪個政黨,只要他的品牌形象清晰一致,便能成功。擁有祖父形象的雷諾・雷根(Ronald Reagan),在面對醜

聞與爭議之際仍然深得民心，因而獲得了「鐵弗龍總統」（Teflon President）的稱號。當過演員的他，深知品牌經營的重要性。說起來，他對自己的原型形象（一個父親般的照顧者）的維護，很可能是相當刻意的，也因此他會一直向全國人民提出保證：一切都不會有問題的。

相反的，許多競選失敗或再選失利的政治人物，就從未建立起一致的原型形象。以美國前總統老喬治・布希（George Bush）為例，行政經驗豐富的他，原本將自己定位為睿智的統治者，但是在競選連任期間，他卻在戰士和孤兒之間搖擺不定，以至於功敗垂成，未能蟬聯總統寶座。

同樣的情況也出現在企業身上。蘋果電腦（Apple）雖然犯過許多經營上的錯誤，但顧客的耿耿忠心卻一再挽救了它（這些顧客不管怎麼樣就是愛蘋果電腦）。該公司的座右銘（「與眾不同地思考」）、商標（被咬了一口的蘋果——暗示亞當和夏娃違抗神旨，偷吃了知識樹上的果實），以及該公司勇於創新的聲譽，都令人聯想到這樣的原型：一個有建設性的、獨立的亡命之徒。相較之下，微軟（Microsoft）的形象則變得等同於比爾・蓋茲（Bill Gates）那兒性大發的統治者形象，就像一個兇狠的惡霸，因而危及了大眾對它的支持。

商品就像一齣原型戲劇中的道具

原型的作用力能夠引發深層的情感。有時候，這些情感會帶有一種靈性的色彩。在西方的宗教傳統中，食物經常被賦予神聖的意義，例如，基督教聖餐禮中的「麵包」和「酒」，猶太教踰越節中的羔羊等等。另外，食物也會以較尋常和較世俗的方式孕育出象徵

性的文化意義。比方說在美國，吃火雞是感恩節的一項傳統，由於這項習俗十分普遍，因此，一個感恩節像不像感恩節，可能就是取決於火雞的有無。就更深層的意義而言，火雞這個文化象徵只是「豐饒角」[1]這個原型的眾多表現形式之一──而在世界各地的豐收慶典中，也都會出現豐饒角這樣的原型。

　　同樣的，某一類的商品也可能被賦予某種意義，使得這些物品在我們的生命中具備了象徵的力量。例如男用晚禮服（還有黑色領帶）便代表了這是個很重要的場合；香檳則告訴別人，我們正在慶祝。在過去，金戒指象徵婚姻，但是，有一則成功的廣告卻強化了社會傳統，因此今日的人們會認為，「鑽石即永恆」。

　　某些種類的商品則很適合作為特定場合的禮物，因為這些東西可以被當作一個人所正要進入的生命階段的道具。例如，送鋼筆給參加猶太成年禮的少年，送公事包給剛畢業的企管碩士，送車子給剛成年的男子或女子，送家庭用品給新婚夫婦等等。當父母送墨西哥餡餅機給小孩時，便代表他已經有能力自己弄東西吃了，就算爸媽很忙也沒關係。

小木偶效應

　　當你了解你產品潛在的原型力量之後，行銷起來就能夠變得更簡單、更有效率，也更值得人敬重。意義管理講的不只是銷售產品，還包括以誠信的態度來銷售意義。一家公司若能以其製造高品質產品的努力來實現其對意義的承諾，就是在幫顧客兩個忙：第一，提供有用的產品或服務；第二，幫人們在日常生活中體驗到意義的存在。要是沒做到這兩點，便難以建立起顧客對品牌的忠誠度。

　　原型可以突顯生命的意義，並讓生命變得更加高貴。舉例來說，某人可能在沒有體會到任何意義的情況下被另一個人吸引，但是，當兩個人和愛情故事產生共鳴的那一刻起，便喚醒了情人的原型，也讓他們的世界頓時變得生氣勃勃。同樣的，一趟長途旅行可能會讓你玩得愉快盡興，但如果這一趟旅程是為了尋找失散已久的父親（或為了探尋美國精神、認識自己、追求自己的幸福等等），朝聖者或探險家的原型便會因為這樣的原因而出現，而讓這次的經驗變得充滿意義。

　　就某種角度而言，原型的意義正是一個品牌能夠在消費者心目中「活起來」的原因。想想那些無生命之物活起來的故事，如《木偶奇遇記》（*Pinocchio*）或《天鵝絨兔子》（*The Velveteen Rabbit*）。原型，是品牌的心跳，因為它傳達了某種讓顧客以為自己在跟一個有某種生命的產品互動的意義。於是，顧客和產品建立起了關係，他們會關心這個產品。

品牌的暱稱傳達出了大眾對原型品牌的情感所有權

Budweiser（百威）	Bud（好夥伴）
McDonald's（麥當勞）	Mickey D's
Coca-Cola（可口可樂）	Coke
Federal Express（聯邦快遞）	FedEx
AT&T（美國電話電信公司）	Ma Bell（媽咪貝爾）
Volkswagen Beetle（福斯金龜車）	The Bug（後來更有人稱之為 Buggie）
Kentucky Fried Chicken（肯德基炸雞）	KFC*

*該品牌的名稱最後改成了KFC，有部分原因是為了回應消費者為他們取的暱稱。

　　顧客和原型品牌之間發展出來的親密關係，有一種表現的方式是：產品的使用者常常會替這些品牌取暱稱，就好像為親朋好友取綽號一樣，用來表示某種更親密的特殊關係。例如，Coca-Cola（可口可樂）長久以來被稱為Coke，Budweiser（百威啤酒）被稱為Bud（好夥伴），McDonald's（麥當勞）被稱為Mickey D's，Volkswagen Beetle（福斯金龜車）被稱為the Bug（小甲蟲）等等。品牌真正的情感「所有權」於是變得曖昧不明。顧客會用憤怒或堅持來伸張他們對品牌意義的「權利」。當可口可樂的「新可樂」（New Coke）上市時，消費者便表示了他們的氣憤。當有人要將《綠野仙蹤》（*The Wizard of Oz*）或《耶誕頌歌》（*A Christmas Carol*）等深受喜愛的經典故事重新搬上舞臺時，觀眾也會要求新版本必須完全忠於原著的故事情節。人們會說：別亂搞，這些東西的意義這麼豐富。它們是我生命的一部分，回憶的一部分，也是我個人歷史裡的一部分，你沒有權利改變它！

　　有些產品很容易就可以辦到這一點，因為，這些產品的功能本身就有一個清楚的、可以被證實和傳達的意義。哈佛、耶魯和麻省理工學院等菁英級的大學，銷售的通常是智者的意義，就好像在暗示你一個承諾：你要是上了這樣的學校，你將會懂得更多，思考變得更清晰，並且比入學前更聰明。用原型的語言來說，當你從這些學校畢業了以後，你內心的智者將被喚醒——這些大學如是宣稱。然而，無形的「意義」和有形的結果關係十分密切，因此，要破壞他們營造出的這個意義，你必須透過拒絕唸書、考試作弊等方式來削弱這個學校實現此一承諾的能力。

　　相對的，比較普通的商品（如洗潔精或乳酪），看起來或許比較不可能實現其所承諾的原型意義。不過，無論是哪一類的產品，只要是在消費者心目中具有生命的品牌，都能夠做出一些我們不認

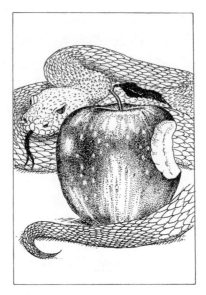

最好的企業商標往往與古代的象徵遙相
呼應，例如，蘋果電腦的商標便令人聯
想到伊甸園中的首次叛逆行徑，生動地
表現出該品牌的特立獨行形象。

為一個無生命、沒「心腸」的東西做得到的事情。

　　醫學研究為什麼總是要設置控制組以防止「安慰劑效應」
（placebo effect）呢？因為，光是病人對藥物或醫師的信任，就可能
使病情有所改善。研究者需要控制組來幫他確定，實際產生療效的
正是他所測試的藥。同樣的，我們也都必須開發出能夠發揮其所允
諾之功能的產品。不過，在意義的領域裡，安慰劑效應卻很重要，
因為意義本身就可以為消費者帶來正面的效應。比方說，一個女人
可能買了一件新衣就覺得自己美若天仙；一個男人（或女人）也可
能為了在別人面前炫耀一番就拿出美國運通信用卡來付帳，然後覺
得自己好像是個國王（或女王）。

許多人在受到心理創傷或情緒上的侵犯後會沖個澡，好像水除了可以沖去髒東西之外，也真的可以沖走情緒似的。還有些人沖澡則可能只是為了洗去一天的疲勞。雖然在理性上，他們知道水只能清潔他們的皮膚，但是，他們替這項行為所賦予的情感意義，事實上卻將一個平凡的經驗轉變成了一項洗滌肉體和靈魂的儀式。倘若他們已經將象牙香皂的更新與純淨的品牌意義融入自己的靈魂當中，那麼，這塊香皂就會在過程中發揮出一種中介的功能，幫助沐浴者獲得精神和情緒上（以及肉體上）的清潔感。

以上所述，是安慰劑效應的正面表現。行銷人員不但不應該去除這種效應，還應該努力地加以了解，這麼一來，他們不但能運用信仰的力量來銷售產品，還能夠幫助人們，並獲得他們對品牌的忠誠。這裡的重點是，原型意義無論是被人有意識還是無意識地體驗到，都可以引發這種安慰劑效應。

用原型意義帶動產品的開發

原型意義的運用，不光是不知取捨地把意義「黏」到產品上而已。雖然說原型意義確實可以發揮區隔商品品牌的功能，但是，這個功能卻不是它最好或最上乘的用途。能取得偶像般地位的品牌，才算徹頭徹尾地具備了原型的特質。

這項原則在當代的一個最佳示範，或許要算是福斯金龜車了——包括早期的福斯金龜車和日後重新推出的款式。60年代的反主流文化，將自己帶向了一個有趣的困境；汽車，尤其是他們父母那一輩的那種大型轎車，象徵了這些60年代青年所反對的所有東西：過度舒適、重視地位，以及浪費能源。不過，他們很重視機動性，而搭便車又載不了他們多遠。

　　而被稱作福斯金龜車或「小甲蟲」的小型車，便是這個問題的解答。這種車子在各方面都符合了天真者的原則。就當時底特律的標準來看，這種車小得令人無法置信，它的車身線條是如此圓滑，簡直可愛極了。它沒有車鈴，沒有喇叭，也沒有任何多餘的裝飾。它的省油功能非常完美，而且價格便宜、修理容易，似乎可以一直跑個不停。另外，它的外型從不改變。由比爾・伯恩巴赫（Bill Bernbach）所設計的精彩廣告也掌握了它獨特的精神，以巧妙的手法為這種新型的「反汽車」定位。在他那慧黠幽默的得獎廣告中，我們看到天真的「小甲蟲」勝過了體積龐大的吃油怪物：小男孩打敗了大巨人[2]。

　　今天，當我們看到重新推出而且極為成功的金龜車時，我們總不禁要發出會心的一笑。我們可能不明白到底為什麼，但我們就是覺得，要是能擁有一輛金龜車，開著它兜風該有多好。由於某種莫名的緣故，它那鮮豔明亮的顏色，就好像我們第一次在幼稚園看到的色彩表上的顏色，是如此地吸引著我們。身為消費者的我們，感受到了一股無法言喻的直覺，那就是，我們很高興，有人以如此巧妙、嶄新的手法讓赤子之心復活了。

　　以上所述，是一個與消費者相關且在當時極具區隔作用的原型的充分展現。一個產品如果品質不良卻只是把原型形象「移接」到自己身上，能夠和它相提並論嗎？答案便在行銷史的史料中。最好的原型品牌，其最重要的條件就是，它是個能夠滿足並實現基本人性需求的原型產品。

量化分析為品牌常勝軍的原型基礎提供了佐證

　　根據我們早期對世界各個最成功品牌所做的觀察，我們相信，

這些品牌的意義和普通品牌的意義有品質上的不同；這些意義表現了永恆而普遍的原型。不過，雖然我們的觀察結果看似不容爭辯，但我們也曉得客戶們得面臨多少風險。因此，我們需要一套客觀的、量化的、以真實數據為基礎的方法，來檢驗我們的理論。很幸運的是，揚雅廣告公司對此也很感興趣，而且他們還有一套功能強大的資料庫可以用來探討這套理論。

本書筆者之一瑪格麗特‧馬克原先擔任揚雅廣告執行副總裁，後來又轉任該公司顧問，因此有權使用該公司的「品牌資產評估系統」（BrandAsset Valuator ／ BAV）。這是世界上最深入、最廣泛的一份品牌研究，涵蓋了在三十三個國家所做的七十五份調查，也讓揚雅廣告可以持續地探討消費者對於超過一萬三千個品牌的態度。為充分評估每一個品牌的定位，這套系統的模型是以一個包含了至少一百種商品類別，廣泛涵蓋各種文化環境的「品牌廣場」（brandscape）來作為評估背景架構，並使用超過五十五種測量數字來評估每個品牌。截至目前為止，已經有超過十二萬名的消費者接受過該研究的訪談。

在揚雅廣告公司品牌資產小組的艾德‧勒巴（Ed LeBar）和保羅‧福克斯（Paul Fox）的合作下，瑪格麗特發展出了一套計算消費者對品牌的認定和原型形象之一致程度的演算系統。BAV中的四十八個描述性屬性，如樂於助人、粗獷、自在、真實、大膽等等，都被賦予了權數。消費者的評分，要先進行品牌內和品牌間的標準化，然後每一個品牌都會得到它在每個原型上的累積分配分數。據此，研究者便能找出一個品牌是否和任何原型有密切的相關，如果有，便可以再找出該品牌主要和次要的原型定位等等。

品牌範例：	英雄	弄臣	天真者	探索家	亡命之徒	照顧者	凡夫俗子
Hertz							
Avis							
Budget							
Alamo							
National							
Dollar							
Enterprise							

原型的評分

在上表中，原型的評分方式如下：

• 將分數予以品牌內和品牌間的標準化。

• 計算出每個品牌在每個原型上的累積分配分數。

• 在進行實際分析時，將分數填入上方的例表中（例表中的商品類別為出租汽車）。

由於BAV的涵蓋範圍很廣，因此品牌一旦依原型予以分類之後，使用者還能針對更廣的消費者基礎和「品牌廣場」進行探索，使他們能夠就多產業、多種消費者區隔和多種品牌進行檢視。

接著，瑪格麗特、勒巴和福克斯開始提出關於品牌之原型定位的假設，再根據資料庫的資料加以檢驗。檢驗的結果總是很能夠說明事實，這套演算法則似乎能夠適當地將品牌分類，暗示這些假設

具有相當高的表面效度（face validity）。例如，資料顯示，消費者把可口可樂看成是一個天真者的品牌，這一點幫我們解釋了很多事情，比方說，為什麼那支可愛又好玩的「北極熊」廣告，能夠在當時那股嘗試另類創意的熱潮中脫穎而出，獲得了其他廣告所沒有的成功。另外，這個結果也說明了為什麼先前成功的廣告都含有樂觀地表達團結與愛的內容，像是「Mean Joe Green」、「我願教世人歌唱」（I'd Like to Teach the World to Sing）等等。每支廣告都用了符合其時代精神的獨特方式，傳達了天真者的願望——讓世界變成更美好、更快樂的地方。這些資料解釋了為什麼原本的罐子和原本的口味一樣，對該品牌的定位來說如此重要。正如「新可樂」遭到腰斬一事所顯示的，換掉天真者的原型，比其他任何形式的替換都更要算是對消費者信賴的侵犯或背叛。相形之下，資料顯示，百事可樂則被消費者看作是弄臣——這個形象定位說明了，為什麼這個品牌的多變是被容許的，以及為什麼當它對「神聖」的可口可樂做出無傷大雅的揶揄時，反而賣得更好的原因了。

　　由於BAV是一份長時間的歷時性研究，因此，我們也可以探討一個品牌的原型定位的演變（無論是變得更好還是更糟）。舉例來說，為診斷出服飾業某大品牌喪失其銷售優勢和文化優勢的原因，我們曾經進行一項BAV原型分析。資料顯示，1997年時，這個品牌被15歲到50歲以上的各個年齡層一致地認定是一個英雄品牌（請參閱下頁圖表）。

　　然而，不過兩年以後，該品牌的英雄地位卻在某個年齡層的心目中重挫——不幸的是，就其當前的「文化標誌」和未來的前途而言，這卻是最重要的年齡階層：青少年。

　　對此，揚雅廣告的研究團隊認為，這個品牌必須找回它堅強、能幹的英勇形象，並為新一代的青少年加以詮釋。

1997年服飾品牌的英雄原型指數	
年齡：	
15-17	100.12
18-29	101.12
30-49	102.55
50+	95.41

1999年服飾品牌的英雄原型指數	
年齡：	
15-17	33.62
18-29	104.00
30-49	101.06
50+	104.72

　　雖然，這些個案研究戲劇性十足而且發人深省，但是，要對原型理論進行最有效的檢驗，光是將個別品牌簡單地加以「分類」還不夠，我們還必須探討原型品牌如何運作及如何影響數項成功要件的概括模式。就是在此一目的的前提下，揚雅廣告公司的分析師們發現，品牌和原型之間的關聯強度，會對至少一項基本的實質經濟價值指標——資產評價（asset valuation）——造成重大的影響。

　　當時，BAV研究員們運用的是若干關於經濟績效的先進概念，這些概念是由極富盛名的史坦史都華財務顧問公司（Stern Steward）發展出來的。研究員們的分析顯示，與原型定位有關的品牌能夠為該公司的實質資產評價帶來正面且深刻的影響。

　　該研究所使用的衡量指標包括：市場增值（Market Value Added／MVA）和經濟增值（Economic Value Added／EVA）。所謂市場增值，衡量的是一家公司為其股東的投資增加或減少了多少價值；換

言之，它衡量的是投資大眾對該公司未來獲利將高於資本成本或低於資本成本的預期。MVA如果升高，代表該公司目前的投資報酬率或未來可能的投資報酬率高於其資本成本；MVA如果降低，代表該公司的營運績效不如預期，或其所挹注的新投資在市場上反應不佳。

至於EVA這個財務績效指標，則比其他的指標更能夠評量出一個企業真正的經濟利潤，也是與企業在某期間內所創造的股東財富最直接相關的指標。它預估的是淨營業利潤扣除掉投注於該企業中之所有資本的機會成本後的結果。因此，EVA反映了真正的經濟利潤，或者說盈餘和必要的最低投資報酬率（後者指股東或借款人藉由投資於其他風險相近的證券上可得之報酬率）相比時，超出或短少的金額。當EVA出現正向的變化時，便表示一家公司在實質價值的創造上有了進步。

以上兩個數字至關重大，因為，雖然大部分公司用傳統會計方法來看好像是獲利的，但事實上卻不盡然。一如彼得‧杜拉克（Peter Drucker）於《哈佛商業評論》（*Harvard Business Review*）上的一篇文章中所說：「企業所創造的利潤除非大於其資本成本，否則就是處於虧損狀態。別以為你的公司要納稅就代表它真的有獲利。企業在經濟上創造的利潤仍低於其對資源的耗損。因此，在利潤大於資本成本之前，它並未創造財富，而是在消耗財富。」

揚雅廣告的分析，探討了包括美國運通、American Greetings、Fruit of the Loom、迪士尼、柯達（Kodak）、席爾斯（Sears）、海因茲（Heinz）、哈雷機車和The Gap等五十個備受肯定的知名品牌，從1993年到1996年在EVA和MVA上的變化情形。研究者將品牌分為兩組，分別列示了其基本財務指標的變化關係：一組是原型定位「定義清楚」的品牌，其次要原型和品牌的關聯度都比主要原型低了10%或者更多；一組是原型定位「模糊不清」的品牌，其次要原

型和品牌的關聯度則都在10%這個界限以內。兩組包含了相等的品牌數目。

分析顯示，與單一原型關聯密切的品牌，其MVA的增長幅度比模糊的品牌高出了97%；在研究所涵蓋的六年期間，與單一原型關聯密切的品牌，其EVA的增長幅度也比關聯薄弱的品牌高出了66%。

當然，研究者本來就相信原型理論，自然很滿意這樣的結果（這一點也不令人意外）。不過，這些發現的暗示意義是相當深遠的：一個品牌的形象若能成功地奏出某個基本的人性旋律，便能夠影響到衡量品牌成功的最基本經濟指標。更令人吃驚的可能是，資料顯示，單單一個完整的原型便如此重要，它可以成功地決定品牌的定位並影響到它的表現。傳統上創造品牌形象的方法是：「從A欄挑選一些特徵，再從B欄挑選一些特徵」；但是，這樣的方法已經受到原型理論的挑戰；這些古代的心靈印記是渾然一體的完整概念，它們要求獲得充分的實現和運用。

如今我們知道，一個品牌若能一致地表現出適當的原型，便能以實在且持久的方式造就獲利率與成功。它們也不會對消費者或社會文化造成額外的負擔，因此是一個非常正向的因果循環。事實上，這些品牌訴諸的是深層且持久的人性需求。揚雅廣告公司的研究顯示，了解原型形象是主要的企業資產並加以維護，對行銷而言無疑是非常重要的。

原型如何影響意識？

除了傳統的產品和服務，許多超級巨星、電影與公眾人物也因為意外踏進了原型的領域而獲致無比的成功。事實上，一個人只要將意義和產品連結在一起，就已經進入了原型的世界。問題是，行

銷專業人員大多沒受過相關的訓練，對於原型這個主題並不了解。因此，他們雖然接觸到了這個極具威力的原料，對它卻沒有充分的認識。然而，原型形象的創造、維護和管理，卻可以，也必須變成一套慎重的、以洞察為基礎的實用方法。要運用這套理論，我們必須了解：原型是什麼？它又能發揮什麼作用？

　　要一窺原型的堂奧，你可以用這樣的方式開始：將我們在文學和電影中一再看到的出色故事型態拿來檢視。這些電影的情節可能是一場露水姻緣，可能是某個人在公司裡力爭上游，也可能從一個人蹺班到海邊散心的場景開始。不管這些故事或這些故事背後的幻想可能有也可能沒有文學的價值，你都能很快地辨識出，它們的情節架構分別是浪漫愛情故事、乞丐變富翁的故事和放逐文學的變體。佛洛依德假定，我們的經驗和制約條件是我們的幻想的唯一來源，而榮格則特別提出：各種幻想其實相當容易預測，因為它們總是依循著眾所周知的敘事架構來發展。榮格的觀點是，全人類都擁有一份超越了時間、空間和文化等表面差異的共同心理遺產。

　　如果要衡量這些神話是多麼深刻地表現出了人性所關注的基本事物，我們可以先看看這些神話有多麼不朽和普遍。神話學家和人類學家發現，某些同樣的主題、情境和故事，便一而再再而三地在世界各地、老老少少身邊上演。

　　原型之所以如此恆久，背後的一個可能因素是，這些原型基本上都反映出了我們內心的實相與掙扎。外在的特定細節固然可能有所差異，但這趟人生旅程的本質卻總是相同的。

　　喬瑟夫‧坎伯等神話學者主張，在世界各地所發現到的各種神話和原型，基本上都在表現人類的內在「戲碼」；我們可以把它們視為從創造的奧祕中找出「身而為人的意義」這股永恆驅力的不同表現。我們之所以能夠「認出」它們，是因為我們天生就被設定好

這麼做了。假設你只有幾秒鐘的時間傳達你的訊息（電視廣告、平面廣告或網頁廣告的情形就是這樣），那麼，如果能夠運用我們已經知道的故事來傳達這項訊息，你的廣告便比較能夠發揮效用。就榮格和坎伯等人的觀點來看，這些原型之所以能夠引發我們的本能共鳴，是因為我們心智的設計方式所致。因此，只要引用一個能夠讓觀眾本能地認出某個可被辨識的基本真理的故事或概念，產品的意義就能夠迅速地傳達出去。

原型是心靈的「軟體」。某個原型程式會隨時不斷地作用著。舉例來說，有些人一直是從探險家那「不要把我困住」的觀點，或統治者那「不照我的方式做就拉倒」的觀點來生活的。這些原型可以被視為是這些人的「預設模式」，就好像某個電子郵件軟體或文字處理軟體是你電腦的預設程式似的。一個品牌若是被人和這些原型聯想在一塊兒，就會讓表現這些原型的人覺得舒服自在，並以某種有趣的方式為這些人的生命增添意義。

想像一部電腦已經灌了某套軟體。你不可能一打開這套軟體就馬上全部學會；原型和軟體一樣，在它被開啟或喚醒以前，是一直沈睡在潛意識之中的。一套軟體可以幫我們寫作、編報表、做投影片，而原型則可以幫助我們實現自我、發展潛能。比方說，當我們內在的英雄被喚醒了以後，我們就能夠學會振奮起勇氣，為他人和自己而戰。

有時候，有些原型之所以浮現出來，是因為我們正處於某個會引發該原型的人生階段。當一個孩童變成青少年時，他會忽然體驗到探險家那種想要與眾不同的需求，因此他會想離開父母，去探索外面更廣大的世界。不過，沈睡中的潛力或許要一直等到外在的事件或意象將它喚醒之後，才會被體驗到。譬如，當戴安娜王妃和德蕾莎修女（Mother Teresa）所樹立的博愛典範引起了大眾的熱烈回

響之後，原先瀰漫在80及90年代大半時期的那種自戀的、以自我為優先的探險家意識也跟著消退——相反的，在兩人先後過世的那段期間，照顧者的原型則在更廣泛的社會環境中獲得新生。

　　一個年輕人或許有冒險的打算，但這樣的渴望可能會一直潛伏不現，直到一則汽車廣告、航空公司廣告或機車廣告觸動了它。不久，年輕人便買來一部交通工具作為他冒險旅程中可資信賴的駿馬。一個人一旦接觸到了包括文學、藝術、電影、電視或廣告等外在環境中的原型意象，一陣子之後，便常常會有某個原型從沈睡的狀態進入作用的狀態。廣告中的原型意象能喚醒某個原型故事，就像你在電腦螢幕上按下某個圖示便會開啟某個程式一樣。

　　當然，所謂廣告內容能喚醒沈睡中的原型的說法，其社會意涵是龐大且驚人的。但是，我們並沒有一套可靠的辦法可以避免我們在這個應用方法中犯錯，我們只能夠學著去了解自己正在做什麼，以及為什麼這麼做。一個人只要涉入意義管理的領域，便已經是在原型的層次運作，以影響眾人與時代的意識了。因此，這種工作最好秉持著謹慎、誠信，以及最重要的，對原型的充分了解為之。我們預測，幾年後一個人如果未具備原型的相關知識就從事意義管理，將好比現代人不具備解剖學知識就貿然行醫一樣不負責任。雖然說，毀滅一個品牌不比殺死一個人來得邪惡，但這樣的情況畢竟不是我們所樂見的。而且即便是最好的品牌，也可能因為意義管理不當而停止心跳。再者，一項產品的意義一旦銷售了出去，銷售者的行為是不可能不影響到當代的集體意識的。如果我們打算向廣大的閱聽人強化某些意義模式，那我們起碼應該知道，自己具備了什麼樣的影響力。

警告

在繼續下去之前，我們必須先警告讀者，原型是集體意識與個人意識中的強大力量。我們在Ｏ・Ｊ・辛普森和柯林頓總統的案例中已經看到，當原型作用於一個人的意識中時，雖然可能為此人帶來美滿的結局，但也可能將此人推向不愉快或甚至悲慘的下場。當你在原型的層次進行開發時，無論你是刻意或碰巧這麼做的，你心中和你周遭的這些能量便會受到引動。這些能量的表現方式是否合乎道德或健康，取決於引動這些能量的人（或公司）的意識狀態。不過，當你對各種原型了解得越多之後，用句隱喻式的話來說，它們就越能夠像是盟友般幫助你。一旦你認識了一個原型以後，你就能決定要不要，以及如何把它表現在你的生活、工作和行銷策略當中。這麼一來，你也就比較不可能被這個原型帶著跑，或深陷於它的掌控。

然而，如今卻有許多行銷人已經在準備不周的情況下，不知不覺地闖入了原型的世界。由於廣告是我們文化中一個如此重要又無所不在的媒介，因此我們只能預期，我們的廣告中必定充斥著各種原型商品。這正是我們撰寫此書的一個主要原因：我們希望意義管理不會造成副作用。我們承認，有些人可能會利用這些資訊來剝削他人。這樣的可能性令我們感到擔憂，這不只是因為我們不希望這套系統遭到誤用，也因為我們相信這麼做會危害到消費者與誤用者本身。還記得迪士尼的電影《幻想曲》（*Fantasia*）中，擔任巫師學徒的米老鼠闖了禍以後的那個壯觀場面嗎？這種狀況，正是原型意義遭到無知的不當使用後最可能出現的下場。

---

1 [編注] cornucopia，希臘神話中，為幼時的宙斯哺乳的羊角，後來便引申為豐
　饒的象徵。

2 [譯注] 此典故出自舊約聖經：這個巨人名叫哥力亞（Goliath），而殺死它的小
　男孩便是後來的大衛王（King David）。

3

後現代行銷

　　在今天，幾乎每一位以消費者為書寫主題的作家都同意，某種嶄新的現象正在發生。「現代」已經結束，「後現代」來臨，舊有的規則不再全然適用。新一代的消費者不像過去的消費者那麼容易對你推心置腹、忠心耿耿，也不再那麼容易受人擺佈。現在的顧客知識豐富，對廣告噱頭抱著非常懷疑的態度，而且，他們比較在乎的是尋找自我和表現自我，而不是符合社會的規範。他們追求意義，但他們也不指望會在任何文化成規中找到。儘管時間緊迫，他們仍肯花時間充分了解他們想買的東西，可能的話，他們還喜歡發號施令。此外，他們十分重視獨立與真實，也不容易上當，再加上網際網路的發達，他們如今可以更方便地取得各品牌和各家公司的相關資訊。因此，你最好說實話，要不然他們遲早會發現的。

　　雖然這群新世代的顧客讓許多行銷專業人員跌了一跤，但你大可不必跟著失足。想想看，我們生活在一個豐衣足食的時代，許多人不但可以說想要什麼產品就可以取得什麼產品，也可以取得教

育、旅遊和資訊。然而,關於價值觀的文化共識,在很大程度上已經瓦解了。現在的我們,就算有什麼共同的神聖故事可以為我們的生命賦予意義,也已經少之又少。對此,喬瑟夫‧坎伯這樣形容:「今天的人類,和那些生活在相對較穩定的時代中的人比較起來(當時有偉大的神話發揮統整的作用),面臨的問題恰恰相反。在當時,所有的意義都存在於團體、存在於那些偉大的無名形式當中,半點也不在表達自我的個人身上;在今天,團體中沒有任何意義,外在的世界沒有任何意義,所有的意義都在個人身上。」[1]於是,人類失去了外在的依靠,他們能依靠的只有自己。他們必須發現自己,知道自己的想法、感受、欲求,以及自己所代表的意義。就品牌而言,這意味著探險家(找到自己的定位)和智者(探索自己的內心世界)的原型可能會成為顯著的誘因。此外,當一個人渴望成為獨特的個體,有能力做出獨立的選擇時,他也會被其他原型的較高層次所吸引,原有的層次再也無法吸引他了。

　　舉例來說,灰姑娘的故事,是個和情人原型有關的原型敘事結構。許多運用此一主題之各類變體的電影,票房成績都相當不錯——《麻雀變鳳凰》(*Pretty Woman*)只是其中一例——顯見這樣的敘事結構仍然能發揮原型的功能。不過,一個文化的精神水平會影響人們對故事的詮釋。一個人如果處於該原型的較低層次,他可能會以相當膚淺的角度來閱讀這個故事,認為灰姑娘只需要一套華麗的衣裳和一輛拉風的跑車(馬車)就可以得到王子的垂青了。至於王子自己呢,除了英俊的容貌和萬貫家財之外,他也不必具備太多優點。事實上,我們從〈誰想和百萬富翁結婚?〉(Who Wants to Marry a Multimillionaire?)這類電視節目的高收視率中就可以看到,起碼對這些參賽者而言,情人原型的這個層次還是有作用的。不過,即便如此,這些觀眾之所以愛看這類節目,部分的原因無疑

在於，他們想看看是什麼樣的女人會單單為了錢而嫁給一個她們根本不認識的男人，而什麼樣看似有成就的男人又會以姿色為主要考量去娶一個女人。這樣的行為，就現代人的眼光來看，著實怪得足以激起人們的好奇。

我們必須認知到，如今已經有非常多人不再膚淺到會去相信，使用正確的產品就可以帶來愛情。他們並不認為一個女人擁有漂亮的衣服、天使的臉孔和魔鬼身材，一個男人擁有大筆銀行存款，就是真愛的公式。相反的，他們期待灰姑娘和王子都是自我實現的個體，有自己的個性、自己的價值觀和自己的優缺點——即使他們只看過歐普拉的節目，也會這麼想的。

大多數懂得思考的人或許已經從美國社會的高離婚率中得到了教訓，他們知道，王子如果為了美貌而娶，灰姑娘如果為了城堡而嫁，他們很快就會幻滅，領悟到自己的另一半畢竟只是真真實實的血肉之軀。

這並不是說好的廣告不能運用灰姑娘的故事。這一類的原型故事，禁得起你一再重複，就算說上千百遍人們也聽不厭倦——這正是所謂開發原型故事架構的意思。不過，在人類意識進化的同時，大家對故事的詮釋也有所不同。較具思考能力的人很容易就可以看出灰姑娘這個童話故事裡對人物性格的描繪，但那些思考較膚淺、發展層次較低的人或許就會錯過這個訊息。灰姑娘除了充滿愛心之外，還具備了善良、勤勞的特質；王子也不只是迷人而已，他還擁有足夠的深情和毅力，讓他願意在全國上下尋尋覓覓，為的是找到那個只見過一次面的女孩。當你的顧客族群擁有相對的心理成熟度時，如果你的廣告能進而探索原型的較深層次，而不只停留在它的表面排場，這些廣告將更具說服力。

一如我們在灰姑娘的例子中所看到的，你若要選擇情人原型的

品牌意義，卻又強調某種會削弱此一形象的歸屬感，結果將令現代消費者大為反感，而這種反感是老一輩消費者不會有的。同樣的，如果你選擇了統治者的品牌定位，那麼你就必須了解到，現代的消費者雖然願意當人民，卻不願意當舊制度下的老百姓。隨著帝制到民主的演變（好比我們從媒妁之言進步到自由戀愛），一般人的個體化能力也跟著進步，因此，他們也會期待擁有自我定義的權力。

每一個原型都涵蓋了廣泛的行為，其中有些很單純，有些比較複雜。以情人這個原型為例，你可以在其中發現到：1. 蠢蠢欲動的肉慾；2. 想要吸引情人的深切渴望；3.希望擁有深刻、永恆的浪漫愛情；4. 與家人、朋友或同事建立親密關係的能力；5. 對全人類甚至眾生的精神之愛。

然而，當我們研究現在的廣告和品牌中的原型時卻發現，從占最大比例的那些廣告的設計方式來看，這項改變好像尚未發生似的。事實上，他們還是以各種原型的較低層次──即尚未實現自我之人表達其原型的方式──來和觀眾溝通。就以我們如今到處都可以看到的探險家式廣告作例子。行銷人顯然很清楚這個原型很對現代人的胃口；然而令我們失望的是，這些廣告很少能夠探索到這個原型較深刻和較有趣的層次。在我們探討過的探險家廣告中，絕大多數都只不過強調置身於大自然或孤立的感覺而已，極少有廣告是在幫助觀眾學習這個原型較深刻的課題，那就是，真正地找到自我。

諷刺的是，在一個提供了無數選擇的社會當中，一個人如果沒有能力做出有意義的選擇，這樣的人往往會將自己的缺陷怪罪於社會。於是，他們抱怨社會的拜金主義，斥責那些製造消費性產品的企業，而不肯為自己的消費決定負起責任。弔詭的是，一家公司若未能幫助消費者養成自我定義和為自己的選擇負責任的能力，未來它將成為消費者反撲的對象。

超越市場區隔、超越刻板印象

　　更重要的是，由於行銷人大多不懂什麼是原型，也都以市場區隔的角度來思考，因此他們往往很容易就把原型矮化為刻板印象。就拿一個頗有成就的主管來說好了。通常這樣的人很容易被統治者類型的產品廣告給吸引。因為這樣的廣告加強了她對地位與權力的感受，並幫助她發揮對世界的影響力。當她閱讀一本航空雜誌時，如果有一則廣告呈現出的是一份更有效率的行事曆、一套新的電腦軟體，或一套讓她看起來更有權威感的裝束，就可能引起她的興趣。雖然有很多產品都可以幫助她獲得權力、維持權力（或者只是讓她覺得擁有權力而已），但真正吸引她的卻是產品背後關於權勢、地位和控制的意象。如果行銷人員以市場區隔的角度來思考的話，或許便會輕易地以刻板印象來定位這個人，以至於將她的心理狀態歸類到一個極為狹窄的動機類別裡頭。

　　但如果我們能夠將她視為一個完整的人，便不難理解，或許她有時候也會覺得自己已經被困在這樣的高地位中了；就和我們許多人一樣，她可能因為太賣力工作而開始覺得喘不過氣來。基本上，每個人都渴望能夠成功。但這樣的欲望卻可能已經掌控了她的生活。另一方面，我們每個人也都有享樂與冒險的需求，但這位主管可能甚至沒有意識到這樣的渴望，或自己也有尋求平衡的需要。而儘管她還沒有意識到這一點，她卻突然被廣告上象徵自由的畫面給吸引住了。

　　弄臣的原型可能會透過下列這些廣告出現在她面前：一群人愉快地喝著某個牌子的啤酒、某航空公司的飛機載著一對夫婦前往異國、幾個人興高采烈地在海邊開著一輛敞篷車兜風。不管這位女主管會不會去分析自己的反應、有沒有領悟到她的生活需要更多平

衡，她都很可能對這個原型的吸引力做出反應，因而買來那個牌子的啤酒開了一場派對、向那家航空公司預訂下次旅行的機位，或者買下那個牌子的敞篷車（就算她實際上並沒有把車子開到海邊去）。

對身兼多重角色的婦女來說，英雄原型那克服重大挑戰的能力，或統治者臨危不亂的能力，也許能夠啟發她們的力量。但真正吸引住她們的或許不是那些只單單反映了其生活體驗的原型，反倒是那些能夠滿足其渴望的原型。因此，會令她們產生共鳴的，或許是天真者的平靜與單純，也可能是情人的濃烈激情。

現今廣告裡所呈現出的現代「女超人」形象，不但無法讓她們聯想起被賦予力量的意象，反而成了刻板的陳腔濫調。那一幕幕對現代婦女的描繪——身兼老婆、媽媽和職業婦女的她們工作過度得幾乎快抓狂了——只會讓大多數的女性感到生氣而已。這讓她們覺得，自己不僅沒有被了解，而且還被矮化，就好像當初那些家庭主婦的刻板形象讓她們覺得受到侮辱一樣。

一則廣告若不能打動消費者的心，他們的眼神便會開始渙散。這或許便是現在的行銷人很難吸引到消費者注意力的主要原因。今日的消費者面臨著多重挑戰，這些挑戰要求他們必須是複雜而且真實的。但是，那些無聊的刻板印象（其中暗示著市場區隔類別和關於人性動機的幼稚假設）又並非他們生活的真相。要做好原型品牌行銷，你最好運用原型裡頭較深刻、較具人性吸引力的特質，別隨隨便便地把它們當作是沒血沒肉的刻板印象。

跨越疆界

原型雖然是世界性的，但它的「周邊裝飾」卻隨著文化而有所

不同。舉例來說，在美國，普遍的個人主義價值觀強化了探索家的原型，也使得他們比較重視發掘與表現個人獨特性。相較之下，其他文化則比較強調關係。在拉丁美洲，子女們在婚前一直和父母住在一起，他們的文化強調的是對家庭與社群忠實，而不是個人主義。這樣的傾向在前蘇聯、中國和日本也相當強烈。關係式的文化展現的是不同於個人主義文化的生命故事。

即使在美國，不同類別、產業的職場也反映了不同的慣例和原型情節。譬如許多營利企業（微軟即是一例）所抱持的價值觀，便是要成為產業界的龍頭老大（統治者）。相形之下，大部分非營利組織則比較可能強調要讓世界更美好（照顧者）。大專院校強調的是認識與發掘真相（智者）；娛樂業、點心業（如班傑利冰淇淋／Ben and Jerry's）和休閒業（如Patagonia休旅運動用品）的許多公司則強調享樂與趣味的特質（弄臣）。不同企業抱持的價值觀一定不同。當企業描繪出了自己的遠景、價值觀和目標以後，這些差異就變得顯而易見了。一家上好的公司，其最低目標不可能只是利潤與收益而已。

在過去，一家公司會讓人聯想到什麼樣的形象，一部分或許和它有意為之的行銷決策有關，但這其中可能有更大部分是源自於行銷人員潛意識裡的設定。有些人因為喜歡照顧人而走了入護士這一行。同樣的，一家製造健康醫療產品的公司（想想嬌生公司），或許也具備了照顧者的價值觀。一個聰明絕頂的年輕駭客，可能會喜歡那種需要不停學習、不斷發明的工作。一家追求技術創新的電腦公司，其動力或許就來自智者原型的動機。

這些公司的管理階層往往不太自覺地就被某些品牌形象所吸引，這些品牌形象，與塑造其行為及其企業文化的原型是一致的。某些具領導地位的公司就這樣誤打誤撞地選擇了他們的品牌定位，

並努力加以維持──尤其當領導階層相信自己的內在直覺時更是如此。一般來說，他們喜歡和自己相像的品牌形象。但情況若不是這樣，再加上行銷公司又老在說服他們趕流行的話，這些企業必然會在不同定位之間一變再變，創造不出任何清晰持久的形象。

　　行銷與廣告公司也各自有其不自覺的偏好。在這個領域裡頭，每個人早上起床準備上班的理由可能都不大相同。我們都知道這樣的廣告人：他們在抽屜裡放了一部小說，或者有很多拍錄影帶或拍電影的點子。他們之所以從事廣告業，是因為這一行提供了一個可以發揮創意與藝術天分而酬勞又不錯的工作。同樣的，我們也知道有些人喜歡的可能是行銷界的激烈競爭──比賽所帶來的快感讓他們不斷努力邁進。還有一些人，他們喜歡行銷策略的腦力刺激。用原型的術語來說，這些例子反映了創造者、英雄（好勝的英雄）和智者的原型。這一行的人要是對原型一無所知，那麼他所採取的銷售策略可能只反映了他潛意識裡的偏好，對客戶而言卻不見得是最有利的。

　　要找出一家公司會喜歡什麼原型定位，最好先了解這家公司對自己的認知──就其所表現的原型而言。我們從成功企業領導人的自傳當中可以看到，一般而言，他們會被某個領域或產品所吸引是有原因的。即使就社會的脈絡來看（財富和成就在此是最重要的），個人較深層的價值觀也會反映在其理想抱負的細節上──也就是推動他不斷前進的夢想。這些價值觀和夢想創造了一個形象鮮明的組織文化，而這個組織文化也會反映在它的品牌定位上（如IBM和蘋果）。根據這些價值觀，我們便可以追溯到它背後的原型（就上例而言分別是統治者和亡命之徒），進而能夠將組織的原型運用在對原型定位的討論上。

　　不同的個人、社會與組織，通常擁有不同的主要原型，但無論

是哪個原型，它總是能夠在這個個人、社會與組織之中找到某種出口。就個人來說，一個執行長的主要原型固然可能是統治者，但他也可能會為自己的兒子買玩具來滿足他內在喜愛樂趣的弄臣，或他想要疼愛孩子的渴望（照顧者）。他可能會想要送太太一副項鍊，用來表達他內在的情人，他也可能花更多的時間發展其企業的技術面，以滿足他內在的智者。成功的企業通常也是如此。因為，各種原型都能夠在企業內部找到某個發揮的地方。事業興旺的組織，在每一個動機象限中都至少有一個活躍的原型來幫助它找出自己獨特的目標（個體性）、培養團體的感受（歸屬）、完成工作（征服），並創造具穩定作用的架構（穩定）。

然而，一個品牌形象要吸引人，它必須是簡單而容易辨認的。這意味著，塑造品牌形象的最好辦法是：牢牢地定在某個原型上——而且只能有一個。品牌原型就好比信號燈，指引著我們每個人內心與之相對應的動機。在產品更新速度極快的今天，明智的做法通常是：不僅塑造產品或服務的形象，也塑造公司的形象。一家公司若能清楚表達出最符合其價值觀、目標和理想的原型，並允許該原型大放光芒——一如燈塔內的信號燈將別的船隻吸引到岸邊來——這家公司的成功機會就最大。

到目前為止，大多數公司都還未能出於自覺地在組織文化、企業價值觀與品牌形象之間做出有系統的聯結。而我們介紹的這套系統，便能夠提供一個發現、表達和強化這些相關聯結的方法。組織的品牌形象就好比一個人的人格面具，是我們呈現在世人面前的形象。當一個人的人格面具和他的實際自我相差過大時，這個人便會精神錯亂。組織也是一樣；一個組織的品牌形象如果與其實際的企業文化、政策、運作方式歧異過大，這個組織就會變得不健康。如此一來，員工的士氣和顧客的信任也會急遽下降。

　　組織和個人一樣，並不需要向世人坦露它的一切，當然也不必展示自己醜陋的一面。然而，在這個全球各地的人都能在線上和你的員工聊天的世界裡，如果你的公司表裡愈一致，就能夠愈成功。如果你了解你的價值觀、你的組織文化及品牌形象中的原型核心，也能夠讓這些原型核心彼此相輔相成，並且具備了一套協助你達成上述目的的邏輯思維和語言，你便不只能夠避免在意義管理的過程中掉入發生醜聞和尷尬的陷阱中，還能夠更進一步激發員工與顧客的忠誠。

顧客忠誠與意義的體驗

　　新世紀中影響行銷最巨的轉變是，在這個沒有神聖故事來為我們的整體文化提供共同意義的社會中，行銷扮演了類似祭師的角色。就某方面來說，這類故事的缺席為我們帶來了一種前所未有的個人自由。人類學家告訴我們，在已開發國家中，這是人類史上第一次，我們無法用一個人的性別及其出生時的社會地位來預測他的生命故事。現在的人們，能夠自由地定義自我，也能夠自由選擇自己的人生道路。

　　當然，這樣的自由帶來了無上的力量與狂喜，卻也創造了前所未有的壓力。現在，我們事事都得靠自己。例如對職業婦女而言，她們便沒有什麼角色楷模可供依循。而對那些希望能夠在育兒方面扮演積極角色的男性朋友來說，他們自小和父親相處的經驗恐怕沒有多少參考價值。首先，他們的父親不在家裡工作，因此在家裡看不到他們。此外，他們在生活上所依循的那套男性倫理，就好像傳統的女性倫理一樣，如今已經不合時宜。

　　1960年代，人類生活發生了急遽的轉變。嬰兒潮世代及此後的

其他各個世代過著與他們的父母極為不同的生活。很多父母是醫師或律師的人選擇了成為社工人員或開店，而很多父母是勞工的人則當上了醫師或律師。擁有這種自我定義和決定自我命運的機會真的很棒，但這同時也是沈重的負擔，因為我們必須成為自己生命旅程的開創者。過去那些為人們提供了生活楷模的個人偶像和英雄，如今多半已經被我們身旁的親朋好友取代——然而，無論你多重視或深愛你的親朋好友，他們卻不見得能夠為你的生命提供重要或有用的典範。

雪上加霜的是，當我們進行自我追尋的此刻，我們的文化卻無能提供任何指導。就在我們最最需要的時候，村里長老、聖經、偉大的口述傳說和經典故事卻都已經棄我們而去。

但人類需要原型提供導引的這項需求並沒有因此稍退，反而變得益發強烈。就像所有的人性需求一樣，原本提供滿足的來源一旦消失，就會有別的東西取而代之。這個「別的東西」，對年輕人來說是同儕團體和幫派，對我們大部分人來說，則是好萊塢與麥迪遜大道[2]——它們是我們這個時代的「神話機器」，不斷地將「意義」灌注到我們的文化之中，但卻一點兒也不曉得自己在做什麼。簡單來說便是，我們正在沒有意義管理的情況下創造意義。

這也難怪大眾對意義，尤其是原型意義，的渴求是那麼強烈，以至於會如此熱情地擁抱並激烈捍衛各種原型品牌了（這些品牌可以是名人、公眾人物或企業所提供的商品）。

每種產品都有可能成為意義的媒介，就像是各種儀式中所用的道具一般。小孩子在抱泰迪熊的時候感受到的是愛，但事實上這隻熊根本沒有生命，它並不可能愛這個小孩。不過，它代表的卻是母親對這個孩子的愛，而孩子也在擁抱它的當下釋放了自己的愛。同樣的，一個扛了沉重壓力的年輕女性上班族則在踏進自己的敞篷車

時，感受到了自由。也許她其實只是要開車回家而已，但雙手握著方向盤和清風從她髮間吹過的感覺，卻讓她的身心得到了解放。

這名女子所感受到的自由，並不是某種其他經驗的替代品，也不是某個不實廣告承諾的結果。起碼就那一刻而言，它是真的。一個品牌承載的意義所訴求的，便是人類心裡深層的需求與渴望。

那麼，這跟上癮──讓人不顧毀滅地不斷渴求某種東西的情況──有何不同呢？一樣東西會令人上癮，是因為它承諾了無法給予的東西而操縱了我們的心靈。相反的，原型行銷植根於產品事實，能夠真正滿足人們深層的渴望。

人需要真實的意義。狄巴克‧蕭普拉（Deepak Chopra）引述研究指出，缺乏意義和心臟病發作有高度正相關。維克多‧法蘭柯（Victor Frankel）也相信，意義能幫助一個人在集中營裡生存下去。

一個人生命的意義主要來自他的信仰、家庭或使命感，如果他無法從這些地方得到意義，他的生命將出現任何商業行為都無法填補的空洞。不過，既然各種商業訊息、產品和服務已經滲透進我們生活的每一個部分，這些東西就應該也要承載意義和價值──尤其是如果行銷人員了解，大多數產品所傳達的意義其層次和人們在生活中所經驗到的意義比較起來其實低了許多，便更應該如此。

有意識地運用品牌及這些品牌的產品來提供意義，不僅能培養顧客的忠誠，也可以幫助人們在自己的生活和工作中體驗到更大的滿足感；起碼可以從一些小地方做起，慢慢提高我們日常生活的品質。而這便是培養穩固顧客忠誠度的辦法。

想像一下，要是我們能夠以有意識、負責任的適切方式達成上述目的，那麼，我們將可能是有史以來最早訴諸於永恆、普遍之人性需求的行銷人，並進而建立起永恆、普遍、具有商業效益與正面心理作用的品牌。

望遠鏡與朝鮮薊

　　古人運用辨識圖案與形狀的本能將群星劃分為不同的星座，再以這些星座為指引，幫助他們在變幻莫測的海洋上航行。同樣的，這第一套意義管理系統就像某種望遠鏡，它可以幫你辨識出品牌世界中眾多「星辰」所組成的不同圖案。如果缺少了一套系統，你或許看不到這些圖案；也或許你能夠以對自己有意義的特有方式來連接這些點，但卻無法引起別人的共鳴。

　　本書的第二篇到第五篇將幫助你辨識原型品牌和原型廣告背後的基本型態，進而了解它們的威力為何如此之大。這些章節將著重在四大動機類別中的十二種原型，探討各種原型在典型廣告（其中有許多都還未反映出統整的品牌概念）、品牌形象、顧客動機、組織文化和行銷策略中的表現方式。（想更了解這些原型是如何影響著個人心理，請參閱卡羅‧皮爾森所著之《影響你生命的十二原型》；想更了解這些原型在塑造組織文化上所扮演的角色，可參閱她的另一著作《看不見的力量》。）[3]

　　我們在書中所舉的例子大多屬於短期性的品牌廣告，而非持續、完整的定位。此外，這些章節的寫作觀點都是價值中立的，絕不應將其視為是任何品牌、廣告或組織的背書。

　　相較之下，第六與第七篇則比較像是朝鮮薊。在吃朝鮮薊的時候，你必須剝掉多餘的菜葉才能吃到菜心。同樣的，要決定哪個原型意義最適合你的品牌，你也必須先剔除掉表面的資訊，才能夠發現較深層的核心意義，讓你的產品、服務或組織成為勝利品牌，如第六篇的第16章所述。第17章則將告訴你，該如何述說你的品牌故事才能引人入勝——不僅廣告如此，你所做的每件事都應當如此。接下來的第18章則以個案研究的方式，將先前介紹的所有內容加以

總結，讓你看到原型的概念如何為美國兒童慈善組織「小錢立大功」
（the March of Dimes）注入新的使命感。

在第七篇中我們將告訴你，如何找出對你品牌的產品類別而言
最重要的原型（第19章），如何讓你的品牌定位和企業文化協調一
致（第20章），以及如何思考與意義行銷息息相關的深刻道德議題
（第21章）。

整體而言，本書深入探討了品牌意義對消費者心理與時代集體
意識的影響。本書的主要寫作對象是行銷專業人員和負責行銷決策
的主管，但對那些能夠幫助一個組織調整其政策、流程和文化，使
之符合其品牌形象的組織發展人員和管理人員而言，也同樣有相當
大的助益。此外，本書或許也有助於消費者智能（consumer literacy）
的培養。

---

1 [原文注] 摘自喬瑟夫・坎伯的著作《千面英雄》。

2 [編注] Madison Avenue，紐約街道名，美國主要的廣告與公關公司多集中於
　此，因此後來多引為廣告業之代名詞；就如同好萊塢之於電影工業、華爾街
　之於金融業一般。

3 [原文注]《影響你生命的十二原型：認識自己與重建生活的新法則》
　（*Awakening the Heroes Within: 12 Archetypes to Help Us Find Ourselves and
　Transform Our World*）。《看不見的力量》（*Invisible Forces: Harnessing the
　Power of Archetypes to Improve Your Career and Your Organization*）。

第二篇

嚮往天堂

天真者、探險家、智者

　　還記得《南海天堂》（*Brigadoon*）嗎？瞥見過天堂一眼，之後就註定要忍受那平凡的一生。今天的消費者多少都經驗過和記得他們生命中那美好的一刻——當時，完美的生活似乎就在眼前。於是，在此後的生命中，我們努力地要去滿足這個追求理想國度的渴望——在那裡，我們可以完全地做自己，並覺得自己回到了家。

　　有些心理學家解釋，這樣的嚮往，是一種想要重新體驗子宮內的安全感和一體感的渴望。就比較精神層面的角度來看，這樣的渴望是因為我們離開了靈性的國度，來到這個物質世界所引發的某種「精神性鄉愁」。在〈兒時記憶中的不朽暗示〉（Intimations of Immortality from Recollections of Early Childhood）一詩中，英國浪漫派詩人威廉・渥茲華斯（William Wordsworth）暗指，人在幼時記得一種我們一直認得的光輝，但隨著年齡增長，我們卻逐漸淡忘了，而自甘於平凡的生活：「兒時，天堂就在我們四周！／但牢房的陰影開始逼近／逼近這成長中的少年……最後，男人看著它逐漸

圖2-1

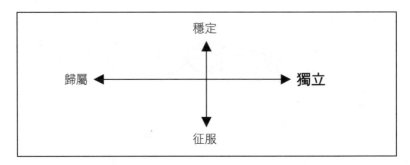

消逝，／消逝在平凡生活的蒼白光線之中。」不過，到了詩末，渥茲華斯卻在山頂上再度體驗到靈性的喜悅，好像自己又進入了天堂一般。

　　事實上，今天的消費者有許多就生活在某種天堂之中。從物質的層面來看，我們如今享受著前所未見的財富，然而許多人卻仍然找不到幸福，因為我們的意識狀態並未隨著我們的物質優勢一起成長。就如何追求個人的命運而言，我們的選擇很多，然而能幫助我們找到正確道路的路標卻幾乎一個也沒有。這就是為什麼能夠提供自我實現指引的原型和原型故事，在今天會比過去都更加重要的緣故了。

　　本篇要介紹的三個主要原型便為這項渴望的滿足提供了不同的策略。天真者就像可愛的小孩或睿智的神秘主義者，對生命的美好滿懷驚嘆，並且仍然相信當下置身於天堂的可能。一個人如果處在這個原型的較低層次，會認為這是他與生俱來的權利，因此當生活不如其意時就變得忿忿不平。處在較高層次的天真者，則會選擇比較樸素、比較注重價值追求的生活，並依據這樣的選擇採取行動，而得以進入天堂。

　　現今社會中的天真者意識可以從兩個地方看出端倪。第一，現在的父母極渴望讓自己的子女過完美無缺的生活——他們願意給子女任何東西，對子女幾乎沒有任何要求，並允許他們自由地表現自我。第二，自1990年代以來，大眾再度興起了對心靈和價值的關切，並視之為清明、幸福人生的基礎。

　　至於探險家，則是被一種覺得自己不太屬於周遭環境的感覺驅使著，就好像醜小鴨希望能找到自己的同類一樣。他們的內心有一股不滿足感和不安定感折磨著他們，不斷追尋著某個更美好的東西，卻一而再再而三地說「不是這個」，然後繼續上路。他們就像當初離開埃及的希伯來人，可能得先在荒野中流浪四十年（這暗喻著「不管多久我都可以等」），最後才會抵達應許之地。

　　就人的發展而言，這個原型有助於學習「尋找自我」這項任務。所有的外在探索其實都只是一項策略，為的是幫助一個人探索各種與探險家的內在真實相呼應的經驗、環境、關係和產品。而他們也將在旅程中碰上許多美妙的冒險遭遇。

　　天真者在當下追尋圓滿，探險家在旅途中追尋，而智者則告訴我們，幸福是教育的結果。生活在這個如此自由和富庶的世界，一個人需要具備高層次的意識狀態和隨之而來的選擇能力。智者的原型可以幫助我們培養這樣的意識狀態，以善加利用我們的自由和富足，讓生命變得更加美好。

　　在比較世俗的層次上，探險家尋找的是對其發現自我之旅程有助益的產品和服務，天真者尋找的是能夠在當下提供平靜與美好經驗的產品和服務，而智者則是在尋找輔助學習和取得智慧的產品與服務。

　　身為消費者，探險家具備獨立思考的精神和強烈的好奇心，也喜歡嘗試新鮮的事物，因此，要得到他們的忠心，很重要的就是要

「綠巨人」這個品牌，反映了「綠人」
──象徵豐饒自然的神話意象──天
然的純淨氣息，也將天真者的理想轉
移到綠巨人那「剛從農地上採收的」、
新鮮的冷凍蔬菜上。

不斷地對產品進行創新與改進（軟體公司就具備這個特質）。相形
之下，天真者喜歡找到一個能夠信任並持續使用的品牌，他們的信
念是：「東西沒壞就別修。」讓生活變得更簡單的品牌，他們也很
喜歡（如方便使用者操作的電腦）。至於智者，他們喜歡在購買產
品前先取得所有相關的資訊，以做出明智的抉擇。另外，他們也喜
歡學習，因此需要花時間學習如何操作的產品也很吸引他們（例如
電腦）。

　　這裡所介紹的三種原型，全都強調自我更勝於他人，也強調自

主更勝於歸屬（請參閱圖2-1的動機圖示）。它們的作用，經常和本書第四篇中的幾個原型相互抵觸（後者對歸屬的重視更勝於自我的真實）。當然，要進入應許之地，一定要先想辦法在個體化的欲望和連結的欲望之間取得平衡才行。

4

天眞者

座右銘：「自在做自己」

　　每一個文化，都有其關於某個太平盛世的傳說和烏托邦的夢想；前者講述當時的生活有多麼完美，後者則想像這樣的盛況如何能夠再現。宣告耶穌誕生的伯利恆之星、出現在圓桌武士面前的聖杯、有爬滿藤蔓白色籬笆的小屋——這一類的象徵都暗示著：快樂是有可能透過某種簡單的純潔或良善找到的。我們每個人心裡頭那個天真的我，都希望活在這樣一個可以「自在做自己」的完美國度裡。

　　天真者原型的允諾是，生命不是非得過得很辛苦不可。只要遵循一些簡單的原則，你就可以隨心所欲地當你自己，也可以在此時此地活出你最棒的價值。像《心靈雞湯》（*Chicken Soup for the Soul*）和《簡簡單單生活》（*All I Really Need to Know I Learned in Kindergarten*）之類的暢銷書，訴諸的是我們內心裡頭那個相信某種終極單純的自己。在這個緊張忙碌的時代，天真者的原型格外吸引人，因為它提出了這樣的保證：你可以離開快車道，放鬆一下，真

正地享受你的人生。

天真者的品牌包括：電影明星桃樂絲‧黛（Doris Day）、梅格‧萊恩和湯姆‧漢克、電影《嬰兒炸彈》（*Baby Boom*）和《小鎮英雄》（*Local Hero*）、美國公共電視網（PBS network）、Keds鞋、迪士尼、Breyers自然冰品、麥當勞叔叔之家兒童基金會（Ronald McDonald）、三一冰淇淋（Baskin-Robbins）、貝氏堡食品的麵糰寶寶（Pillsbury Doughboy）、象牙香皂、棉花（「為你編織人生」），以及大多數未加工的食品或有機食品。這些品牌向我們保證，你可以回歸純真——生活，可以是純樸、簡單又美好的。

電影《意外的旅客》（*The Accidental Tourist*）就運用了天真者的一個夢想：我們或許可以在沒有任何不便的情況下旅行。同樣的，《阿甘正傳》也隱含了下面這個信念：只要我們保有道地天真者那單純的善良與愛，我們就可能安然度過60到80年代的各項考驗。雖然我們大家都不希望自己的智商像阿甘那樣有限，但這部電影驚人的成功卻告訴我們，阿甘那純真的心靈和堅忍的毅力，確實令人讚賞不已。

在過去，許多廣告會委婉地運用天真者的原型，方法是：它保證會以某種可預期的方式將你從不完美的世界當中解救出來。一個男人有頭皮屑、襯衫領子的周圍有一圈黃斑、提案書可能沒辦法在截止日期前寄達——這些廣告其實都在訴諸人們希望得到拯救的心理：「這是個不公平、不安全的世界。你要是做錯事情，你可能會遭到排擠、遺棄、解雇或放逐。但只要你買了我們的產品，便可以

天真者

主要的渴望：體驗天堂
目標：得到幸福
恐懼：做錯事或做壞事而招致懲罰
策略：正正當當做人
天賦：信心與樂觀

重返伊甸園。屆時，你的頭皮將變得健康有吸引力，你的服裝將看起來一塵不染，你的提案將被接受，而生活也將再一次變得安全無憂。」不過，這種直截了當地提出簡單解決辦法的商品保證，可能不再那麼受到現今消費者的歡迎。儘管如此，只要以較含蓄的方式來加以表達，天真者的原型還是很有魅力的。事實上，在生活越來越複雜的同時，它的吸引力也在持續增強中。

迪士尼的許多電影（還有迪士尼樂園與迪士尼世界）和華納兄弟出品的許多兒童電影，都屬於這個原型的電影。另外，像是〈誰來守護我〉（Someone to Watch Over Me）、〈夏日時光〉（Summertime）、〈水瓶世紀〉（The Age of Aquarius／裡頭唱道：讓我們回到花園裡……）、〈快樂頌〉（Don't Worry, Be Happy）等經典歌曲，則表現了人們對童真的渴求。

> **天真者**也可能是無可救藥的樂觀派、長不大的人、烏托邦主義者、傳統主義者、純真無邪的人、神秘主義者、聖人、浪漫主義者、夢想家。

對天真者原型起共鳴的人，渴望擁有完美的工作、完美的伴侶、完美的家庭、完美的小孩和理想的生活。這個原型的主要允諾是，你可以過得跟在伊甸園一樣。想想耶誕節、耶誕節特別商品，以及隨之而來的驚奇和希望——只要我們相信幸福的可能，做我們自己覺得對的事，生命可以是很美好的。而這個原型的次要允諾則是，即使被逐出了伊甸園，我們仍然有可能得到救贖——挫折或磨難最後會導向幸福的結局，生命的困頓也終將帶來重生。

在所有原型中，天真者具備了最多的層次，因為我們在人生旅程的起點和終點都會體驗到這個原型（請參閱下表「天真者的層次」）。最初，這個原型具有某種童稚的無邪氣息和一種單純的、甚

至不自覺的依賴性。小孩子當然可以理所當然地認為父母和其他的親人會照顧他們。不過,許多人卻會將這樣的心態延續到不見得適合抱持此種信賴的成人情境中。舉例來說,現在就有很多員工懷有一種不合乎其年齡的期待,以為雇主一定會照顧他們,甚至不管他們的工作績效好不好。要是管理階層無法做到他們所期望的那樣,就可能給他們帶來極大的幻滅。

最高層次的天真者則是神秘主義者。多瑪·牟敦[1]就是著名的例子。他是特拉普修會修士,大半輩子都遠離塵世隱居在修道院中,但他的著作卻對當代造成了深刻的影響。用一種更平凡的意義來看,退休後選擇修行之路的人,反映了一個事實:不僅稚齡幼兒,年邁的長者也會受到純真之光的召喚。他們得天獨厚之處便在於:信賴生命,相信天地間存在著一股超越自我的靈性力量,即使在我們死後,這股力量仍將護佑著我們。

天堂的允諾

人間天堂的概念一直是現代人的想望,也因此海明威(Ernest Hemingway)才會說,所有的美國文學都在追尋天堂——「那美好的妙境」。在許多神話裡頭,家居風光便常常是這樣的理想國度的象徵:花園、神聖的果園,也或許是牧場。在這些地方,生活總是輕鬆的,死亡、痛苦和磨難在這裡並不存在,你無須為了維持生計而努力工作。

天堂什麼都不缺。以峇里島人為例,這個島嶼對他們來說就是一個人間仙境。由於確信自己將擁有所需要的每一樣東西,因此他們活得快樂又簡單,也不需要太多財產,而且他們也不喜歡競爭,連在藝術創造上都能夠互相合作。他們的日常生活中充滿了靈性的

天真者的幾個層次：

動力：對純潔、良善與樸實的渴求

層次一：赤子的單純、無邪、依賴、服從、信任他人、理想化

層次二：更新、正向思考、再造、淨化、重回應許之地

層次三：近乎神秘主義式的一體感（此時的天真是發自個人的價值觀與統整性，而非外在的經驗。）、安然（being）而非造作（doing）

陰影：否認、壓抑

氣息，簡樸的生活便過得意義十足。當然，這裡的自然環境也極富田園之美。不過，峇里島人認為自己住在天堂的信念，其實也是一種自證預言（self-fulfilling prophecy）。

即使在比較物化、競爭比較激烈的社會裡，人們也會將天真者的原型與簡單的樂趣、基本的價值，以及某種健全的生活聯想在一塊兒，因而讓它成為人們選擇天然產品（例如棉花）、肥皂、早餐食品（尤其是燕麥和全麥的麥片粥），以及其他家用產品的意義所在。舉例來說，佛格士（Folgers）咖啡便已經成了天真者渴望的「居家伊甸園」——溫暖舒適的家、煮咖啡的香味、嶄新的一天——的具體表徵。

透過廣告來喚起完美經驗的可能性是無限的。雙樹飯店（Doubletree Hotel）就擺明了以此種渴望為訴求，端出風景如畫的田園景色和「通往完美的所在」這樣的文字。Nortel Networks（北方電信）則在他們的一支廣告中引用了卡羅斯‧山塔納（Carlos Santana）的話說：「這條路，通往一個沒有疆界、沒有邊境、沒有

旗幟，也沒有國籍分別的世界，在這裡，心是你需要攜帶的唯一護照。」這支廣告許下的承諾是：網際網路提供了通往完美世界的象徵之路。

有些品牌則承認，它們創造伊甸園的能力是有限的。這些廣告的訴求對象是已經體認到下面這個事實的消費者：只要能夠讓某一部分的生活變得更美好，就已經很了不起了。Rockport鞋在他們的廣告中擺出一雙舒適的鞋子，旁邊寫著：「至少在腳踝以下，生活是完美的。」理財經紀公司摩根史坦利（Morgan Stanley Dean Witter）也曾經推出一則廣告：一位自然大方又成熟的氣質美女身著棉質襯衫，一頭秀髮飄逸動人——這樣的畫面先在觀眾的心裡勾起了某種天真者的渴望，之後卻又出現一個令人意外的轉折：「你是如何衡量你的成就的？我呢，有人照顧我。那就是我自己。」這支廣告體認到了天真者們想要獲得關懷的渴望，也暗示了這家公司給予了某部分的關懷，但它同時也呼應了女性朋友們對獨立的渴望：這名女子並不是在等待白馬王子前來救援；她對自己的生命負起責任，也為創造自己的完美生活做出了貢獻。

在今天這個複雜的世界裡，即使是育兒經驗最老到或對育兒一事最苦惱的父母們，也都希望能夠盡可能地保有他們孩子的童真，越久越好。也因此許多父母會給予子女任何他們想要的東西，好讓他們不會感受到任何的匱乏。Babystyle（寶貝樣）便曾經以這種童真對父母們的吸引力開了一個輕鬆的玩笑。在一張可愛無比的小寶寶的照片下，文案是這樣寫的：「他逗你笑，也惹你哭，還會讓你為他買好多好多東西。」

當天真者的原型被引用時，即使是以成年人為對象的廣告，也常會不害臊地放進一些很孩子氣的東西。網路零售商Value America在宣告破產以前，就曾經推出裡頭有拖鞋畫面的廣告。這些拖鞋不

但很舒服，而且還是有著長長兔耳朵的粉紅色拖鞋。輕鬆購物，是這家公司在這份廣告許下的承諾。「不用去管你的車停在哪裡、別理那些咄咄逼人的售貨員，也不用對商品的有限選擇失去耐性。只要穿著你的購物鞋」——就是這雙拖鞋。不過，粉紅色的兔耳朵拖鞋所隱含的承諾，則不僅僅是輕鬆購物而已，它還象徵了逃離正式服裝與職業婦女身份的束縛，再當一次孩子。同樣的，JCPenney在它的廣告和商品目錄中，也以柔軟、有花邊的粉色服裝來裝扮女性和小孩。而Land's End則推出了一支廣告：一名全身白衣的女子在一間有法式門可通往後花園的白色房間內，忘我地跳著舞。廣告詞寫著：「你要的不只是衣服，而是能夠讓你自由自在做自己的衣服——就像你六歲時候穿的一樣。」

天真者通常想要回歸自然的懷抱和自然的生活。可麗柔草本菁華系列（Clairol Herbal Essence）便以春天的鮮花嫩草為廣告畫面，保證要帶給你「一次風格獨具的全然有機體驗」。你可以想想當初在美國提倡儉樸自然生活的梭羅，或者在印度鼓吹回歸簡單生活以脫離英國統治的甘地。同樣的，你也可以回憶一下1960年代嬉皮們的回歸自然風潮。在經濟富庶、生活步調卻相當緊張快速的今日社會裡，這種回歸更簡單生活的渴望卻以迥然不同的方式呈現出來。像《極簡》（*Real Simple*）這樣的高級雜誌，雖然向讀者許下了「無壓力的生活、簡單的晚餐、更容易的護膚方法、實穿的衣服、溫暖的友誼與寧靜的空間」這樣的承諾，但其實現承諾的方式卻是——為超貴的復古服裝打廣告。

以「做得更少，擁有更多」為座右銘的《極簡》雜誌，在視覺設計上運用了天真者原型。柔和淡雅的色調，簡單凝煉而典雅的畫面，內頁版面編排也格外清爽，足夠的留白讓文字與訊息不至於讓人眼花撩亂。

　　有時候，新科技也懂得善用天真者的允諾，將一項產品可能令人生厭的特徵轉變成某種感覺起來自然健康的東西。多年來，由李奧貝納廣告公司（Leo Burnett）設計的綠巨人廣告，就完美地呈現了該品牌冷凍蔬菜的新鮮與健康。別擔心冷凍的蔬菜可能會讓人覺得不是那麼完美。綠巨人和它那青蔥富饒的山谷，已經有力地傳達出了這樣的概念：瞬間冷凍的蔬菜或許更能夠將農場的新鮮帶到你的餐桌上呢！同樣由李奧貝納廣告公司設計的貝氏堡麵糰寶寶，也充分體現了烘焙的天然與健康，即使「烘焙」這個詞已經被重新定義為：將產品從包裝袋中取出，放到烤箱裡。就算在科技領頭的匆促時代，把熱騰騰的食物從烤箱裡拿出來（別管它被送進烤箱前是什麼樣子），仍然可以帶給我們一種「生活本應如此」的感受，就好像以前我們還未進入這麼忙碌的時代一樣。

　　即使在所謂的「邪惡的」產品類別中，天真者原型也同樣運作得非常成功。例如，庫爾思啤酒（Coors beer）在一開始推出全國性促銷活動時，便借用了洛磯山脈的自然風貌與原始形象，讓喝酒的人聯想到約翰・丹佛（John Denver）與潺潺的清澈流水，因而得以將庫爾思啤酒與生活必需品區隔開來。後來，就連一些地方性的啤酒品牌也成功傳達出這種精神。當消費者想到這些啤酒的製造過程時，腦海中出現的不是偌大的工廠，而是充滿地方風味的小釀酒廠。他們相信，在享用這種啤酒的過程中，多少也體驗到了當地的風味與特色。

　　對環保類廣告而言，強調天真者的原型是很自然的。美國有電力公司便曾經推出這樣一支廣告：一個可愛的小女孩正徜徉在陽光普照、風景如畫的森林裡，廣告詞則疊在畫面上這麼說：「我們正努力讓我們的孩子能繼續享有一個畫眉鳥仍願意在其中歌唱的世界。」

回到基本面

詩人奧登（W. H. Auden）曾經寫到，世界上的人可以分成兩種：一種是烏托邦信徒，這些人構築出來的美好世界存在於未來；另一種則是伊甸園信徒，他們相信，即使現在的生活不盡完美，但它一定曾經完美過。因此，懷舊情感便常常成為天真者廣告的訴求。在Belvedre伏特加的一則廣告中，一位精力旺盛的老先生說：「我父親也是這麼釀造伏特加的。我祖父也一樣。我曾祖父也是⋯⋯」接著，這支廣告便進一步說明，他們的伏特加是「五百多年古法釀造而成」。宣稱自己起源於1835年時的布魯克林的萊茵黃金啤酒（Rheingold beer），在重新上市時也被注入了懷舊的氣氛，就像福斯金龜車重新推出的時候一樣。萊茵黃金啤酒早期的廣告也訴諸於天真者的樂天態度：「突然間，這世界的杯子又是半滿的了。」

天真者就像個乖小孩似的，總在盡力追求美好的生活。麥斯威爾咖啡（Maxwell House）有一則廣告，裡頭就出現了天真者原型必備的柔和色調，以及一名穿著寬鬆白襯衫，看來善解人意的少婦。她捧著一只淡藍色的咖啡杯下了這些決定：「我要原諒我先生打鼾的毛病。我不再打斷別人的話。我要買向日葵和秋牡丹送給自己。我要讓爸媽到阿拉斯加玩一趟。我要讀完每一篇用文字寫成的東西。」廣告的最下方是天堂的允諾：「讓每一天的點點滴滴都是美好的。」

不過，天真者原型不僅只是緬懷過去，它也和回歸基本價值觀與簡單的樂趣有關。Crystal Light低卡檸檬汁有一則廣告是這樣表現的：一名披著鵝黃色披肩的白衣女子佇立在沙灘上，看起來非常心曠神怡。一旁以手寫筆跡呈現的文案，看起來好像是朋友寄來的信，上面寫著：「穿小號的衣服不保障你就一定幸福。騎馬打仗一

下午勝過單調忙碌的一天。片刻歡笑治百病，怎麼做對你有效就怎麼做。這正是Crystal Light最棒的地方。」在紙草屋（Papyrus）的廣告中，一名女子——也是一身白——坐在柔軟的黃地毯上讀著一張卡片，卡片上繪有清麗的薰衣草花，而且同樣以手寫的字跡寫道：「資訊時代的一塊綠洲」，後面接著印刷文字：「書寫的簡單樂趣依然存在。而那些最令人念念不忘的信，也都是用筆寫下的。」

當生活的步調不斷加速，科技逐漸掌控我們的生命時，天真者要的則是平靜、輕鬆、自然，以及最重要的，某些恆久的東西。天真者這個原型說明了安曼教區之旅[2]、震教徒[3]所製作的傢俱和Ikea的魅力所在。而Ikea的廣告也告訴我們，Ikea這個字的意思便是：常識。

可口可樂：天真者原型的傑作

大致說來，可口可樂公司一直非常清楚自己天真者的品牌定位。只不過此一定位是源起於它將自身品牌與美國聯結在一起的附加效應。

在南西·米佛德（Nancy Mitford）的小說《祝福》（*The Blessing*）中，有個角色為可口可樂的涵義下了這樣的註解：「當我提到可口可樂時，我指的是它的隱喻意義。我將它看作某種內在精神的外顯象徵。就好像我們偉大的美國文化藏身為可口可樂裡頭的精靈，隨時準備好要從每一個瓶子裡一躍而出，將整個地球覆蓋在它巨大寬闊的羽翼底下一樣。」

在第二次世界大戰期間，可口可樂大大證明了它身為清涼解渴的非酒精飲料對士兵而言的重要性。艾森豪將軍（Dwight D.

Eisenhower）便對可口可樂的激勵效果篤信不移。事實上，在一次關鍵性的襲擊行動之後，他還要求該公司增設足夠的生產設備，以生產三百萬瓶可口可樂供士兵飲用。

大戰結束後，可口可樂開始和美國主義中全球化的一面產生連結，而它的理想色彩也將它和哈雷機車的那種美國主義區隔開來。1970年代初期，可口可樂以其主題曲中的幾句歌詞打出了漂亮的銷售成績，這段歌詞是這樣唱的：「我要為世界建立一個家，一個用愛裝點的家／我要在院子裡種蘋果樹，養蜜蜂，還要養雪白的斑鳩。」這首歌當時紅透半邊天，還一連播了六年。

就連「道道地地的可口可樂」這句標語，也暗示了這個原型對誠信與真實的重視。「新可樂」的上市是這家公司真正犯過的一次錯誤。「新可樂」推出之後，消費者馬上要求該公司恢復原有的口味，舊可樂的銷售數字也隨之回升，而這項錯誤則讓我們見識到了令人眼紅的顧客忠誠度。

再生的允諾

美國這個國家不僅與永恆而健全的價值觀有關，也和「新的開始」密不可分。從最初來到這個新世界的移民，到前往西部拓荒的篷車隊，這個國家給人們的承諾是：你可以白手起家，甚至再造一個全新的自己。「西進吧，年輕人！」，這是記者侯瑞斯‧葛雷利（Horace Greeley）在19世紀後半葉時發出的鼓舞。荷瑞修‧阿爾哲[4]於20世紀初所寫下的故事，則將這股不斷向前推進的充沛能量，灌注到一套獎勵美德的經濟體系中。

迪士尼的米老鼠卡通便是說明如何以毅力將失敗化為成功的最佳示範。事實上，迪士尼本人也是經歷了許多次失敗，最後才獲得

驚人成功的。在創造這隻家喻戶曉的老鼠時，他希望能夠表現出美國那種力爭上游的傳統中最優良的品質，並藉以宣揚樂觀與堅忍的價值觀。在他死前，他為自己影片背後的動力做了這樣的總結：「我討厭看那些悲觀的、令人意志消沈的電影……我曉得生命不是那樣，而且也不喜歡有任何人來告訴我生命就是那樣。」

根據我們對美國中老年人的研究調查顯示，他們比一般美國人更喜歡在廣告中看到嬰兒和兒童。對他們而言，小孩子的天真無邪特別容易打動人心；那是新的開始中最美好的一種，肯定了個人的存在與生命的延續。

寶鹼公司（Procter & Gamble）一篇題為〈美國人的最愛——象牙香皂百週年慶〉的文章，一開頭便肯定它延續了「六個世代的美國人所珍愛的傳統。每當新的一代拿起一塊象牙香皂，每當這個品牌又一次實現了它對品質的承諾，這個傳統便又再生了一次。」而且，「象牙」象徵的不僅僅是延續中的再生，它還提供了某種類似救贖的保證。

對於宗教如何讓精神再生，我們並不陌生。根據學者默希亞・伊萊德（Mircea Eliade）的說法，象徵著世界再度被創造的年度儀式，是原始社會中最重要的儀式之一。在基督教裡，也有所謂復活節再生與神恩可以洗淨罪孽的說法。在天主教的儀式中，告解和懺悔能夠讓罪愆得到寬宥。對猶太教徒而言，從猶太新年到贖罪日（Day of Atonement）這段期間[5]，他們不但應該反省自己犯了哪些戒律，還應該盡力加以彌補，以求能夠在新的一年裡改過自新，重新開始。

宗教教導我們，寬恕的儀式可以幫我們重拾單純的信仰、樂觀與良善，這很合乎情理。比較令人驚訝的是，像象牙香皂這樣的產品居然也試圖塑造出一個無異於宗教意義的世俗意義。這家公司有

這麼一個傳說：坐在教堂裡的寶鹼公司創始人之一，哈利·普拉克特（Harley Procter），正思考著該如何為某種碰巧會浮在水面上的肥皂促銷。這時候牧師剛好朗誦到舊約聖經詩篇第四十五，那描述伊甸園的文字正好就是普拉克特苦尋不著的解答：「你的衣服，都有沒藥沉香肉桂的香氣；象牙宮中有絲絃樂器的聲音，使你歡喜。」於是，香皂有了「象牙」這個名字，而將它和純淨、善良、再生等特質連結在一起的概念也由此而生——「純淨得可以浮在水面上」。象牙皂最初的包裝是白底黑字，後來為了更貼切地表達出清新乾淨的形象，才改成白底藍字。至於廣告的標語，則當然是「百分之百的純淨」[6]。

　　寶鹼公司很聰明，懂得運用這樣的品牌意義來作為早期營運的方針。19世紀時，他們蓋了一座叫作「象牙谷」（Ivorydale）的肥皂工廠來實現下面這樣的理想：工廠應該是個讓人能夠愉快地工作的地方。這個廠房裡裝設了大片的玻璃窗，採光和通風都非常好，此外還有精心維護的草地、花圃和休閒區。一百年來，他們在廣告中所呈現的，一直是可愛的小寶寶，以及被該公司喻為「象牙般膚質」的各種健康形象——膚色柔嫩的兒童與母親。長久以來，此一訴求的一致性讓象牙香皂能夠建立起某種意義，將它在物理上的純淨（和其他品牌相比，它幾乎是零缺點），轉化為某種象徵式的精神上的純淨。此外，這種純淨的特質也和美國、家庭價值，以及各種美德產生了某種特殊的關聯。

天真者組織：以麥當勞為例

　　巷口的家庭式小雜貨店、社區型小企業，以及各種提倡簡樸價值的組織，都可以說是天真者式的組織。創新是他們的短處，掌握

顧客忠誠則是他們的長處；他們強調可預期性更甚於變化。

此外，如同電影《電子情書》（*You've Got Mail*）中描述的一樣，天真者這個原型也和現代人的一項憂慮有關：那些我們不知其姓啥名誰的大型企業集團，如今正一步步購併或消滅掉那些以社區及獨特價值觀為基礎的小型企業。企業全球化的趨勢經常被天真者視為某種生活方式的終結。反諷的是，天真者類型的消費者卻往往沒有意識到，全球化風潮正和他們對廉價產品的欲求有關。就是為了滿足這樣的欲求，企業才不得不擴大規模以取得足夠的競爭力。企業的連鎖化，正是解決這個困境的一種方式。

我們可以從麥當勞的成長歷史中看到天真者行銷的傑出案例。它不僅只是一家在世界各地都極為成功的企業，更是一個整體企業的典範。專為兒童與家庭設計的麥當勞，對消費者所許下的承諾是：這是個好玩的地方——也就是「美好妙境」的變奏。拱門一向是「進入應許之地」的極佳象徵，而麥當勞那金色的m字雙拱門，更宣示了這裡有「食物、人群與歡樂」。對某些人來說，麥當勞的金色拱門讓他們聯想到主日學校中一幅著名的插圖：寫上了十誡的寫字板。雖然麥當勞公司當初不太可能有這樣的意圖，但如果人們真有此聯想，也仍在情理之內：畢竟它的金色雙拱門和天真者這個原型的信念——只要我們願意遵守規則，便可以重返伊甸——的確有某種程度的關聯。

對小孩子來說，麥當勞叔叔、快樂兒童餐，以及以原色為主的裝潢，都和遊樂設施具有一樣大的吸引力。另外，麥當勞在慈善活動上的努力，也符合了他們想要為兒童創造更美好世界的期望。舉例來說，麥當勞叔叔兒童之家就幫助了許多兒童和他們的家庭面對致命的疾病。

海明威的經典短篇小說〈一個乾淨、明亮的地方〉（**A Clean,**

Well-Lighted Place），說明了許多人內心的一個願望：他們希望至少能夠暫時逃離現代生活的模糊性和不確定性。麥當勞也具備了同樣的魅力。他們的速食店總是又乾淨又明亮，提供的食物也都一模一樣——至少在美國本土是如此。他們提供的選擇不至於多到讓消費者眼花撩亂。而且，除了炸雞以外，他們的主要餐點也是最典型的美國食物：漢堡。

天真者喜歡可預期性和確定性。在美國你不管走到哪裡，你都很清楚在麥當勞可以看到哪些東西：一樣的菜單、一樣的裝潢、甚至一樣的特餐。1940年代晚期，迪克‧麥當勞和摩里斯‧麥當勞（Dick and Maurice McDonald）這對兄弟意識到，當美國的生活步調逐漸加速的同時，速食食品和購餐車道將變得日益重要。此外他們也了解到，儘管顧客希望餐廳供餐的速度很快，但他們也希望食物的內容是可以預期的。在雷‧克拉克（Ray Kroc）的協助下，這對兄弟開始將他們這家生意超好的餐廳連鎖化。

克拉克知道，麥當勞連鎖店的型態必須和那種巷口的家庭式小雜貨店類似。最好的店長人選不是那些資本雄厚的有錢人，而是願意將個人生命與畢生積蓄孤注一擲的人，這些人又以夫妻居多。品質管制成了這家公司的內部信仰。他們訓練連鎖店的店長們以完全相同的方式做事，結果造成了一個看似矛盾，實則屬於天真者原型本質的現象。麥當勞所招募的對象，是那種有足夠的創業野心，願意嘗試自己做做小生意，但創新能力又不是特別強的人。他們必須願意以同樣的方式、以正確的方式做事。簡單來說，就是那些醉心於美國大夢，但又不想要改變任何現狀的人。他們必須相信，完美的麥當勞世界已經被創造出來，不需要再加以改進——至少，不是由他們自己來改進。

雖然麥當勞給員工的待遇並不是特別好，但它確實提供了一些

讓青少年和外國移民工作的機會，也讓他們從中開始學習良好的工作習慣，包括準時、良好的顧客服務，以及最重要的——品質穩定的餐點。具備天真者特質的員工希望能夠確知公司對他們的期望，而且也至少在某種程度上希望管理階層能夠照顧他們。他們通常表現得像個乖孩子，願意服從命令、遵守規則，以換取工作上某些合理的保障。

　　天真者式的組織不僅存在於連鎖企業，也出現在安麗（Amway）和梅琳凱（Mary Kay）這類多層次傳銷公司當中。他們鼓勵那些企圖心強的業務員，要賺大錢不但要拉自己的親朋好友來買他們的產品，還要鼓勵他們加入銷售的行列。通常，這些公司賣的不僅僅是商品，還包括明確的價值觀。一如梅琳凱所說的：「最重要的是上帝，其次是家庭，再來是梅琳凱。」而員工之所以願意冒極大的風險投入其中，是因為他們信仰公司的價值觀，也相信只要自己堅持到底、努力打拚，成功便指日可待。

天真的神秘主義者

　　如今，許多產品的廣告都表現出一種比較具有靈性的色彩，有時還會以調皮的手法來加以表現。現代人大部分都體認到修養心性的重要，以至於有些人會願意為了獲得解脫而終身努力修持。層次較低的天真者希望得到這樣的結果，卻不願意接受鍛鍊和吃苦。在雀巢狀元咖啡（Taster's Choice）的一則廣告中，一杯咖啡「端坐」在沙子上，旁邊寫著：「為了尋求內心的平靜，有人花好幾個鐘頭靜坐，有人卻可以立刻得到它。安詳、平靜、和諧，這些東西全在這裡——熱騰騰地在你的咖啡杯中，香濃、醇厚的狀元咖啡。」當然，狀元咖啡並不指望消費者真的會相信一杯咖啡抵得上好幾年的

靜坐，但是，它確實為消費者在當下提供了片刻的寧靜。看到這一則廣告後，你可能會發出會心的一笑，它說：「說不定，哪一天我真的會開始努力修行。但我現在只想停下來好好品嚐這杯咖啡的香氣與味道。」

在今天，大家都過得很累。現代生活的忙碌步調、英雄的努力奮鬥、探險家的蠢蠢欲動，讓我們幾乎得不到片刻的寧靜。這意味著，光是放慢步調或許就能夠讓我們覺得自己更有靈性。舉例來說，在歐美極具影響力的一行禪師（Thich Nhat Hanh）就教導累得半死的美國人放慢腳步，安住於當下。和那些訴諸於探險家的廣告比較起來，以天真者為對象的廣告，節奏必須更慢，風格必須更和緩。比方說，你可以想想印象派的畫、大自然的聲音、溫柔的手法和意象等等。

天真的顧客

當天真者的原型活躍在一個人的內心當中時，這個人就會被確定性、正面樂觀的想法、簡單懷舊的意象，以及對解救與救贖的期盼所吸引。除此之外，他也會努力成為好人，這可能意味著找尋「正確的」產品，但也可能代表著棄惡擇善、修身正性。天真性格強的人通常很容易信任別人，有些還會不自覺地依賴他人，或表現出孩子氣的行為。他們相信權威和體制，並期待權威和體制可以實現他們的夢想。

在此同時，天真特質強的人也很有獨立於主流社會之外的能力。當這一類型的消費者相信，某個產品或組織是立基於永恆的價值之上，或是能夠實現天堂的承諾時，他們便願意為了體驗某種他們認為更有價值的東西而拋棄主流的社會及其價值觀。弔詭的地方

在於，天真的消費者一方面傳統（希望和過去的價值連結），一方面又願意為了擁抱更恆久的價值觀而放棄社會所帶給他們的歸屬感。舉最極端的例子來看，美國的安曼教徒、各宗教和社會中的基本教義派份子、為體驗簡單生活的喜悅而和高壓力、成就導向的文化「告別」的人，就屬於這一類型的人。

另一方面，這類的盲目追求及隨之而來的能量消耗，也可能造成天真者的退化，使得某些人因而表現出該原型較低的層次。在很多消費者身上，天真的特質通常和某種程度的自戀與孩子氣特質有關。今天的消費者很多都缺乏耐性，不喜歡等待。當他們想要一樣東西的時候，便希望馬上得到它，也希望這個東西的樣子是他們想要的。速度，便成了最重要的條件，絕佳的顧客服務也是。

不成熟的天真者，通常不喜歡別人對他們的問題提出抱怨或過於注意。事實上，只要有任何人讓他們看到了生命中負面的可能性卻又未能提出解決之道（其中包括那些為自己的反應遲鈍找藉口的公司），他們都不喜歡。今日大多數的天真型消費者都希望成為企業的價值中心；換言之，企業應該聽命於他們的期待。

此外，天真者的內心或許也存在著憤怒的陰影；憤怒的對象則是那些他們認為會導致現代生活中的價值與禮儀崩解的外在力量。於是，保守主義者怪罪自由主義者，自由主義者也回過頭來怪罪保守主義者。屬於強勢族群的天真者怪罪弱勢族群，弱勢族群則又怪罪於種族歧視。

此外，天真者還有一個傾向：他們會否認問題的存在，直到問題嚴重惡化時才來面對。原因很簡單，他們希望生命「此刻」是完美的。納粹德國便是這種現象最極端的例子。當時，大部分善良的好人都對大屠殺事件抱持否認的態度。在美國，野牛遭到屠殺、印第安文明遭到系統性的破壞等等，也是類似的情況。這樣的態度會

如何影響商業行為呢？這意味著，天真者可能很自我中心，他們可能無法同情你的困境。舉例來說，今天有很多消費者都希望他們和美國企業的交易是完美的。要是你無法滿足這樣的幻想，沒關係，他們樂得去找別的公司。但同樣的，這些受天真者原型吸引的消費者如果和你有正面的交易經驗，他們以後便可能會忠心耿耿地支持你的品牌；因為，他們和探險家不一樣，他們喜愛可預期性更甚於新奇。舉例來說，天真型消費者可能會成為戶外休閒用品品牌L. L. Bean的忠實顧客，原因是，這家公司擁有近乎完美無瑕的顧客服務，而且它所塑造出來的形象是一家位在緬因州某處，尚未被企業貪慾「腐化」的乾淨店鋪。

　　比較新一代的天真者和40、50年代的天真者，你會發現一項重大的轉變。40、50年代的天真者確實天真得很，他們很容易信任別人，很死忠，甚至願意聽從專家發號的施令。但是，到了60年代，天真的特質變得更為複雜。回歸自然的嬉皮運動有部分的催化力量便是來自探險家的一個信念：主流社會是膚淺而且物化的。在這個環境下的天真者，強調產品品質的重要性；他們需要的東西不多，但那些他們需要的東西必須是手工製的，而不是大量製造的。80年代，天真者的能量開始導向New Age（新世紀）這個烏托邦式的靈性運動。某些New Age的想法反映了幼稚的天真者期盼獲得拯救的渴望，例如：會有外星人來救我們、有外太空的力量正在地球上運作，因此人們無須努力，這個世界就會自己變成一個更具靈性的時代等等。然而，根據比較務實的New Age思想，完美世界的創造須透過意識的轉變方能達成。在這個脈絡底下，天真者變得更為成熟，也更懂得利用來自瑜珈、靜坐、原住民儀式等各種傳統的心靈鍛鍊技巧和能力。

　　到了90年代，天真者的期待和夢想都集中在兩個可能性上。一

個是千禧年的電腦「臭蟲」；之前許多人都預測，這將會造成原有的科技、物化社會的瓦解，並促成一個更樂於彼此合作、更以社區為基礎、更懂得關懷他人的社會的誕生。他們的另一個期待則是，科技進步（尤其是網路）將帶來文化變革。

　　從許多人對網際網路及其對我們生活的影響的反思裡頭，我們可以聽到許多不同原型的聲音。其中，帶有天真者性格的人往往會訴諸宗教的意象和烏托邦式的語調。瑪格麗特・魏特罕（Margaret Wertheim）在《空間地圖》（*The Pearly Gates of Cyberspace*）一書中引述馬克・畢西（Mark Pesce）的話說：

> 讓我們從欲望的對象談起。這個東西存在著，從古至今一直存在著，以後也將永遠存在。歷來所有的神秘主義者、巫師和駭客都受到它的吸引。那就是聖杯。聖杯的神話就像是內在啟示示現的原型。聖杯示現，一向是獨特的個人經驗……就因為我已經從世界各地的許多人口中聽到過無數次這樣的故事，因此我知道，這個示現的時刻是我們集體經驗中的共同元素。聖杯，便是我們堅定的磐石。

　　畢西將他初次接觸網際空間的體驗比為一個「示現的時刻」，就像宗教的顯靈一樣。這樣的描述儘管誇張，但是在許多人筆下，網路確實提供了一個創造和諧平等世界的機會。在網路世界裡，「四海一家」似乎變得觸手可及，每個人都可以跨越距離與國界的限制去認識別人。

　　就我們所知，並沒有人真的擬定過一套計畫來為網際網路塑造出心靈烏托邦這樣的品牌形象。而之所以會有這樣的形象出現，是因為有許多人將網際網路視為實現人類潛能中最崇高夢想的工具。而這樣的聯想所造成的月暈效應，則是網際網路相關產業可以好好

運用的。透過網路，我們擁有和別人連線的無窮能力，也使得「四海一家」成為有可能實現的夢。一如魏特罕所指出的，許多世紀以來，人類一直認為肉體會讓我們向下沈淪。但網路上的互動是一種純粹的心靈溝通，它和人類的肉體毫不相干。因此，網路可以被當作一個不受物理現實阻礙，讓智慧與心靈得以自由交會的地方。當然，要實現這樣的夢想，人們必須得先面對更複雜的事物。畢竟即使是天真者，在實現他們的烏托邦美夢之前（就算只實現了其中的一小部分），也得先學會使用這些科技產品，並且與那些和他們不同的人建立起實際的連結。

我們的重點並不是說，我們即將進入天堂，而是，從事行銷工作的人必須明白，現代人儘管已經不再像以前那樣單純或天真了，但他們仍懷有那種常見於天真者身上的，對天堂的渴望。只要回顧一下90年代的奧斯卡最佳影片，我們就可以實際看到天真者意識在這十年間的演變軌跡。從早期的《阿甘正傳》到後來的《鐵達尼號》（它象徵了在新的千禧年即將來臨之際，人類文明有可能被毀滅的威脅），一直到最後的《美國心玫瑰情》。新一代的天真者雖然精明

天真者的原型為下列種類的品牌提供了良好的定位：

- 為某個清楚可見的問題提供相對簡單的答案的品牌。
- 與善良、道德、樸實、懷舊或童年有關的品牌。
- 在功能上和乾淨、健康或美德有關，而且可以不斷複製的品牌。
- 中、低價位的品牌。
- 由抱持傳統價值觀的公司所製造的品牌。
- 希望和某個形象不佳的產品有所區隔的品牌。

且多疑，但他們同時也很疲倦。而一個人越是疲倦，美夢對他的魅力就越大。所謂天真，事實上與「現實」無關，而是和「懷抱希望」有關。

在《美國心玫瑰情》中，男主角告別了令他倍感空虛的事業（他從事的剛好是行銷，真諷刺），並且體認到自己那虛有其表的家庭的病態，因而逃入退化的生活型態中，到速食店賣漢堡、對少女想入非非。最後，他忽然獲得典型的天真者式神秘頓悟，領會到自己生命中那些簡單的喜樂已然足夠。男主角對生命這份禮物所表達的深刻感謝，以及這部電影意外地獲得了觀眾的熱烈迴響，都表示了在今日世界中，新層次的天真者已經誕生。這樣的天真者在體認到生命的侷限之後，仍能領略生命中美好的一面。

<hr />

1 [編注] 多瑪・牟敦（Thomas Merton，1915-1968）幾乎是20世紀最有名的修道士，他同時也是一位多產作家，寫了80本有關文學、社會、靈修的自傳、詩集與評論小品。他的作品中展現出強烈的信仰，流露出他希望做比從世俗世界退隱更多事的渴望。下文中提及的特拉普修會（La Trappe）為熙篤會（Cistercians）的一支，以嚴守沉默著稱。

2 [譯注] 安曼教派（Amish）為一基督教教派，訂有許多嚴格的行為戒律，例如必須身著傳統服裝，不能使用電話、汽車、電視等現代科技產品等等。該教派在美國賓州與俄亥俄州等地擁有自己的土地，教徒們過著與世隔絕的日子。

3 [編注] 震教派（Shaker）為一基督教教派，主張獨身、共有財產與簡樸的生活。他們所製作的傢俱具有簡樸、典雅的風格。

4 [譯注] Horatio Alger，美國作家，其作品有許多都是描述貧苦人家小孩如何透過自身奮鬥或幸運之神的眷顧而功成名就、富貴顯達的故事。

5 [編注] 猶太人有兩種曆法：宗教曆與民事曆。宗教曆以尼散月（Nisan）為正月，約當國曆的三、四月間，為一年之首；民事曆則以七月（Tishrei），約當

國曆九、十月間，為一年之首。猶太曆的七月一日為吹角節，也是新的一年的開始，而贖罪日則為七月十日。

6 [編注] 此一廣告語的原文其實為：「99 and 44/100 percent pure」，意指象牙香皂的原料純粹度為99.44%。

探險家

座右銘：「不要把我困住。」

　　天真者希望能夠活在天堂（無論他們認為這是他們的權利，還是一念之善的轉變），探險家則是主動向外追尋一個更好的世界。探險家所經歷的旅程同時是內在的也是外在的；他們的探險動力來自於，深切地渴望在外在世界中找到與他們的內在需求、偏好和期待相呼應的東西。

　　探險家的故事是許多成功文體的根源，例如遊記（包括移民文學）、童話（故事的主人翁踏上一段旅程，遭遇某種危難，最後脫離險境；如《漢斯與葛瑞塔》／ *Hansel and Gretel*）、科幻小說（對宇宙的探索）、成年故事、出走的故事（從婚姻、工作或小鎮中出走）、流亡文學、追尋應許之地的文學，以及所有表現人類孤獨的荒謬文學。

　　偉大的探險家文學包括：馬克・吐溫（Mark Twain）的《頑童歷險記》（*The Adventures of Huckleberry Finn*）、F・史考特・費茲傑羅（F. Scott Fitzgerald）的《大亨小傳》（*The Great Gatsby*）、傑

克‧凱魯亞克（Jack Kerouac）的《旅途上》（*On the Road*）、雷夫‧艾里森的《隱形人》（*The Invisible Man*）、T‧S‧艾略特的〈荒原〉（The Waste Land），當然還有荷馬的《奧德賽》（*The Odyssey*）。著名的探險家電視影集則有〈孤獨的遊騎兵〉（The Long Ranger）和〈星艦迷航記〉（Star Trek）——英勇地前往沒有人去過的地方。

經典的牛仔老歌或許可以作為探險家的國歌：「給我土地，給我一大片土地，在星光點點的夜空下。不要把我困住。」而經典的鄉村歌曲「打打工再上路」（Take this job and shove it），或許是第二個選擇。總之，民謠屬於探險家的風格。

一項產品或服務若成功統合了探險家的原型，它便會在探險家的旅程中充當某種有用的道具，而這也是它建立品牌忠誠度的方式。從實際的旅程到比較抽象的旅程，探險家類型的品牌都能夠發揮這樣的作用。

> ## 探險家
>
> **主要的渴望**：藉由自由地探索世界來找到自己
> **目標**：體驗更美好、更真實、更令人滿足的生活
> **最大的恐懼**：受困、服從、內在空虛、虛無
> **策略**：旅行、追尋和體驗新事物、逃離枷鎖與無聊
> **陷阱**：漫無目的地流浪、與社會格格不入
> **天賦**：自主、企圖心強、能忠於自己的靈魂

> **探險家**也可能是追尋者、冒險家、標新立異者、流浪者、個人主義者、朝聖者、反英雄或反叛者。

旅途上使用的道具

探險家原型的一種表現方式是下面這個簡單的渴望：踏上旅程，進入大自然那原始、開闊的原野中體驗發

現的樂趣。因此，某些產品往往很自然地就成為探險家旅途上的道具，例如：汽車（福特探險家說：「沒有疆界」）、任何類型的越野交通工具（Jeep Wrangler說：「把你的身體帶到你的心已經飛到了的地方」），以及各式各樣的船。

想一想這類產品的典型廣告，你就知道探險家們最自然的場景是什麼：廣闊浩瀚的天空、通衢大道的吸引力、各種風貌的大自然（尤其是邀請你前去攀登的崇山峻嶺）、不斷後退的地平線（無論你走多遠，地平線永遠在遙遠的另一頭），以及充分訴說著外太空無限可能性的夜空。

當然，探險家們通常都喜歡運動，但不見得是為了好勝。相反的，他們比較喜歡個人運動，甚至單獨的運動，比方說划船、滑雪、騎自行車、長跑等等，反正就是能夠讓他們走入大自然，有時間讓腦袋休息一下的活動就是了。Backroads這家旅行社專門規畫為期較長的旅遊，並且在世界各地都提供了這樣的經驗，這顯然很吸引我們每個人內心裡頭的探險家。

當然，要創造偉大的探險家品牌，你必須進入探險家的故事裡頭，而且不只是場景，還包括服裝。一個探險家會想要穿什麼樣的衣服呢？當然是讓你有足夠空間伸展、質料堅固耐用的衣服（像

探險家的幾個層次

動力：孤立、不滿、浮躁、渴求、乏味

層次一：展開新的旅程、走入大自然、探索世界

層次二：找尋自我、個體化、實現自我

層次三：表現自己和自我的獨特性

陰影：因為太過孤立而無法適應社會

Levi's REI、Pantagonia、Land's End這些品牌。）

　　探險家對自由的渴望會讓他們特別小心不被任何東西給綁住，其中包括高額貸款和分期付款。山葉機車（Yamaha）在一則廣告中就用了這樣的旁白：「宣示你的獨立。不要第十一條[1]。」

　　一旦踏上旅途，音樂就成了路上的絕佳慰藉。新力公司（Sony）就懂得好好利用這個需求，先是生產隨身聽（探險家在自己的空間裡聽自己的音樂），現在又推出Memory Stick（「你的數位影像、你的音樂、你的工作、你的點子」，全都可以收錄其中）。肚子餓了，你可以在漢堡王（Burger King）稍作休息──這家速食店吸引的是探險家型的顧客，因為，你可以吃到「你要的漢堡」。

　　除此之外，你會想在路上喝些什麼呢？一杯香濃的咖啡如何？在過去，咖啡一直是屬於照顧者原型的產品類別（想想佛格士咖啡廣告中的歐爾森太太在她舒適的廚房裡一邊倒咖啡一邊殷切叮嚀的畫面就知道了）。但是，星巴克（Starbucks）卻看到了他們有機會創造出一個成功的探險家咖啡品牌，其作法之一就是：強調咖啡這種舶來品的異國風味。

星巴克：探險家品牌的傑作

　　被國際品牌顧問公司Interbrand列為「二十一世紀二十五個最佳全球品牌之一」，以及《財星》（*Fortune*）雜誌評選為「一百家最值得為它工作的公司」之一的星巴克，是一則當代的成功故事，也是一件探險家品牌的傑作。不過，這並不只是因為這個品牌在它的名稱、商標、包裝、零售店、產品、服務和神話上一致地表現了探險家這個原型而已。探險家這個主題，起自星巴克這個名字。它源自一部古典文學著作：赫曼・梅爾維爾（Herman Melville）的《白鯨

星巴克的商標強化了這個探險家品
牌中關於海洋的主題。它令人聯想
起圖上這個取自1659年某張法國木
刻畫上的女海神。

記》（*Moby Dick*）。在這部小說中，星巴克是皮考特號（Pequod）這
艘捕鯨船的大副。儘管這次的出航屬於商業性質，但曾經被鯨魚咬
掉一條腿的船長哈伯（Ahab）為了報一箭之仇，一心一意想殺死那
頭大白鯨，以至於忘了對股東們的義務。最後，皮考特號毀了，船
員們也幾乎全數喪命。

　　相較於哈伯偏執式的瘋狂，星巴克提供了一個穩定可靠的對
比。在今天這個世界，哈伯對大白鯨的瘋狂攻擊可以被喻為現代人
對環境的摧殘，而星巴克（以及這家公司）對大自然的愛護與對顧
客負責的態度，則可以提供一個現代的環保典範。此外，星巴克會

　　捐出一定比例的盈餘給咖啡生產國，也藉此強化了它與環保概念及異國風味的關聯。此外，星巴克也強調他們店內用的是環保的建材和設計材料，而且一定都會擺上一個資源回收桶。

　　星巴克的商標是一名滿頭捲曲長髮的女海神──人類學家安哲羅斯・雅里安（Angeles Arrien）認為，螺旋狀的物體和下意識裡想要蛻變的欲望有關；這樣的商標，為星巴克這個陽剛的名稱提供了互補，也為這家店帶來了某種特別中性的味道（就像今天的青少年一樣）。綠色的色調強化了環保和自然的意象；結合金屬管和木製品的裝潢風格，則令人聯想起帆船。

　　當然，星巴克也進口了許多高品質的咖啡，提供給每一位浮躁好動的探險家──不論他們需要的是一個舒適的地方（仿效米蘭的咖啡屋）休息一下（或許還會聊個天），還是急著帶一杯咖啡上路。

　　在星巴克，要喝什麼樣的咖啡、加不加牛奶或糖漿，你有很多選擇。這一點讓點咖啡成了個人身分的一種表述（有支廣告就刻意強調點咖啡可以表現顧客的獨特性）；另外，這個地方的高級質感也暗示了某種個人品味。在這裡，點咖啡從來不必等太久，畢竟探險家們是耐不住性子的。還有，起碼在美國本土，這家店到處都有。無論你在哪裡，你幾乎都可以停下來點一杯拿鐵帶走。

　　如今星巴克不但走向國際，在美國，他們還和航空公司、船運公司（強調探索家上路的意象）、邦諾書店（Barnes & Noble／人們來這裡是為了尋找自我成長之道和探索新思想的方式），以及大專院校（年輕人往往擁有充沛的探險精神）等許多組織合作。畢竟，我們每個人內心裡頭的那個探險家都是年輕有活力的。星巴克曾經模仿傳統上小孩子們初次喝咖啡的方式，促銷一種牛奶比例為四分之三的拿鐵咖啡──你要是點這種咖啡就酷斃了！

　　現在，星巴克已經成了美國文化中極為重要的一部分，因此，

魔術強森（Magic Johnson）也開始在哈林區（Harlem）和南加州這樣的地方投資新店，因為他確信，一個經濟蕭條的地方如果有一家這樣的店，將可以為這個地方帶來更多的希望和活力。

　　問題是，星巴克是如何打動消費者，讓他們願意花超過美金兩塊錢的代價去買一杯咖啡的呢？答案很簡單。那就是，從產品、包裝、店面、商標、名稱，以至於點餐的經驗，在每個細節上都巧妙地表現出探險家的原型——這也正是這個原型的威力所在。

在家裡也可以有旅行的感受

　　就算你不是真的在旅行，探險家式的產品也可以帶給你開闊空間的感受。舉例來說，Trex Decks有一支精彩的探險家廣告：許多圓形的甲板從家中以螺旋狀的方向堆疊而上，直到一座浩大的峽谷盡收眼底。此時，你的視野可以無限延伸，旁邊的標題寫著：「要是沒有任何阻礙，你想看多遠？」另外，銷售漂亮的西式玻璃屋、木屋和石屋的Timberpeg則用過這樣的標語（而且通常會秀出一個令人歎為觀止的風景）：「要享受遼闊的天地，誰說非得到戶外不可。」

　　在今天，探險家們可以一個人坐在家裡上網，透過整個資訊世界進行比較不是那麼實體性的探險。亞馬遜網站（Amazon.com）的名字令人聯想起在亞馬遜河上泛舟的畫面，儘管你此刻正舒舒服服地坐在自己家中。為照顧到探險家們的個人主義，這個網站讓你一天二十四小時都可以查詢到各種來源的書籍和音樂，他們會記錄每一位顧客的訂購與查詢情況，並向你推薦你可能會喜歡的產品。而且，這家公司還可能就要開始出版你很想閱讀的書。無論亞馬遜找不找得到獲利的辦法，無可置疑的是，它的創業經驗樹立了一個幾乎立即建立起品牌形象的典範。

　　此外，亞馬遜這個原型化的名稱也令人聯想起傳說中古希臘女戰士的形象[2]，因而和深厚的女性力量有所連結。他們有一大比例的讀者屬於女性，而許多女性（當然不是全部）也都把她們想追尋新體驗和尋找自我定位的期望投入在閱讀而非實地探險當中。也因此，這個名字對女性有一種特殊的吸引力。

　　討論至此，亞馬遜的形象之所以具有深刻的原型意義，也就不言而喻了。因此，我們並不意外，最早在網路上建立起真正品牌形象的幾家公司之一，其所以能達成前述目標的部分原因就是，它採用了一個能夠引發適當意義的原型化名稱。

　　那麼，哪一個國家最適合探險家呢？有人可能會說是澳洲，但總歸來說，擁有移民傳統與強調政治權力的美國，才是探險家品牌的典型國家。美國的立國基礎「獨立宣言」，宣稱要維護每個人「追求生存、自由與幸福的權利」。美國憲法在制訂之初也經過審慎的規畫，為的是提供適當的制衡以確保沒有一個政府機關能取得足以妨害自由的權力。美國的歷史始於歐洲的新移民，而它的西部拓荒史則為這個國家寫下了它的中心神話。當初激勵許多年輕男女前往西部墾荒的那句號召「西進吧，年輕人！」，為美國人性格中那躁進的企圖心注入了實質和方向。

　　如此看來，探險家原型的精神正是美國外銷品的部分魅力所在。當一名中國大陸的青少年購買一罐百事可樂，或一名羅馬尼亞人在黑市中購買一雙耐吉球鞋時，他們其實部分是在購買那一丁點自由與希望的感覺（儘管稍縱即逝）。

全球化的探險家

　　在日趨全球化的市場中，有一件事必須切記：並不是每個國家

都抱有探險家的價值觀。以亞洲文化和拉丁美洲文化為例，它們比較傾向於強調關係與連結，重視團體更甚於個人。不過，這並不代表這些文化的人對探險家原型沒有感覺。事實上，美國的探險家產品有部分魅力可能就在於，它們強化了自我追尋的正當性，即使一個人所屬的主要文化比較不重視這項重要的發展任務。所謂個人權利應當獲得保護的這個簡單假設，是美國最暢銷的出口產品之一，也是一個經常伴隨美國產品被銷售出去的價值觀。當然，美國人也同樣從其他國家所外銷的「價值」當中獲益。舉例來說，亞洲文化就向美國輸出了靜坐技巧這項產品，並因此鼓勵了美國人表現他們智者原型中發展比較不足的那個安詳的一面。

　　探險家太喜歡旅遊了，因此可以說任何的進口產品都可能有那麼一點探險家品牌的魅力，尤其是如果它來自比較原始或異國風味較濃厚的國家更是如此。而且就連具備世界性意義的本國產品都可能產生這樣的吸引力。舉例來說，早在星巴克上市之前，克拉夫食品（Kraft Foods）的前身，統一食品（General Foods）也曾經推出一系列叫作「統一國際咖啡」（General Foods International Coffee）的調味即溶咖啡。

　　在大多數咖啡品牌還是以廚房內的賢妻良母作為廣告意象的70、80年代，這些「國際」咖啡則提供了像是「橘子味的卡布奇諾」、「瑞士摩卡」等口味。這些產品的早期代言人是一個名叫卡羅‧勞倫斯（Carol Lawrence）的名人，在廣告中，只見她帶著最新的「發現」從歐洲飛抵國門。廣告中用的宣傳詞是：「統一國際咖啡——帶給你特殊的口味，也帶給你特殊的感受。」

　　結果，這個品牌不但銷售成功，它的利潤還比該產品類別的平均利潤遠高出許多。為什麼呢？有部分原因是，探險家的原型讓它得以和該類別的其他產品明顯區隔開來。再者，這個品牌也打動甚

至溫和地助長了女性顧客意識中，那個當時正逐漸浮現出來的探險家原型。

年輕的探險家

　　每一種原型在任何年紀的人身上都有可能表現出來。不過，幾乎在所有的文化當中，十來歲的青少年和二十來歲的青年都很有可能擁有探險家的一面，因為，找到自己的定位和未來的方向，正是他們的發展任務。無論他們所採取的方式為何（如60年代的長髮和緊身牛仔褲，90年代的體環和寬鬆的牛仔褲等等），他們會選擇某種特定的方式是因為他們要挑戰老一輩對禮儀的看法，建立他們自己年輕一代的個人風格。因此，能夠幫助他們做到這一點的產品自然便能夠大發利市。60年代的民謠和搖滾樂如此，現在的饒舌樂和MTV也是如此。

　　探險家們會認同局外人（outsider）的角色。這解釋了為什麼60年代青少年的服裝風格會受到美國印第安人的影響（例如頭巾），也解釋了90年代當高級住宅區的青少年開始追逐新流行時，市中心的小孩們反而開始穿起垮褲（baggy pants）的原因了。

　　吸收局外人影響的青少年服飾品牌，會在隱約之間（而且多半是無意識地）將局外人的價值和舉止納入主流文化當中，而造成反向的影響。當住在高級郊區的白人小孩開始穿高腰低褲襠的布袋褲時，Tommy Hilfiger那富家子弟風格的服裝卻像野火燎原般在市中心風行起來，因為，每一個青少年團體都會將「外來」文化的品味吸納到自己的生活當中。另外，儘管大多數人都對現在抽煙的青少年人數感到擔憂，但是，這個曾經被Virginia Slims [3] 以「尋找你自己的聲音」這個口號打響名號的東西——香煙，如今仍然是探險家

原型的重要象徵。遺憾的是，正因為這個想要與反主流文化聲音認同的需求，年輕人才會不懂得如何去分辨什麼是有害的產品，什麼又是有益的局外人品牌。

對許多年輕人來說，探險家的原型和離家上大學的經驗有關。不過，有些學生又比其他學生更容易受到個人主義式的探險家原型的影響。有些大學就猛打它探險家品牌的形象，其中最著名的有加德特學院（Goddard）、罕布夏耳學院（Hampshire）和安迪渥荷學院（Antioch）──它們都允許學生安排自己的主修課程。此外，這些學校的簡介也都強調學生有充分的自由去開拓自己的道路。

中年時期是探險家原型再度受到強烈引動的另一生命階段。無論在虛擬的故事或現實生活中，探險家們都真的可能不告而別。例如，在安・泰勒（Ann Tyler）的小說《漫漫歲月》（*Ladder of Years*）中，一名內心蠢蠢欲動的中年婦女有一天在海邊散步，忽然臨時起意決定就這樣一直走下去，此後就再也沒有回來過。

個人主義者的探險家

探險家的原型可能會表現在追求自立的渴望上。人力仲介公司FreeAgent.com，就把探險家們想要逃離企業希望建立企業精神的渴望在廣告中挑明了，說他們的公司「要拯救世人免於公司野餐會的侮辱。一次一個人就好。」

自由主義政治觀在矽谷非常普遍。這裡的探險家價值觀強調自由放任的態度和能夠賦予個人強大力量的產品。電腦和全球資訊網，不僅讓個人擁有取得資訊的超級能力，也為其中的競爭者創造了公平的條件──起碼，對那些有錢買得起電腦，並具備足夠的教育程度懂得如何操作電腦的人來說是如此。

　　雖然探險家們不是每一個都是自由主義者，但他們對體制通常都抱著批判的態度。不過，不像英雄們會努力地去改變世界，他們通常只會依照自己的人生觀來過活。這或許代表新型態行業的開創，也或許代表著到這一類的商店購物。說到化妝品公司，你可能預期他們會銷售情人原型的品牌，但美體小舖（Body Shop）可不是如此。由阿妮塔・洛迪克（Anita Roddick）所創設的這家美妝店，並未提出任何要改造顧客的噱頭或承諾。相反的，阿妮塔期待能夠找到和她同樣抱有地球觀、環保意識，關懷動物權和人權的顧客。

　　探險家們通常認為自己走在時代前面，並且很願意為他們所信仰的東西採取堅定的立場。美體小舖便將這種先進的形象和探險家們對所有異國事物的愛好結合起來。他們的有機產品是以來自亞馬遜雨林的原料製造而成的。洛迪克有一套哲學：「我們是在做生意，而不是在施捨」，因此，她一方面幫助經濟有困難的國家創造收入，一方面又致力於防止更多的雨林遭到焚毀。美體小舖時常提醒員工：「目標和價值，跟我們的產品和利潤一樣重要。」以及，「美體小舖是有靈魂的，別讓它給喪失了」。

　　探險家原型還有靈性的一面。這一點，你可以想像一個個圓桌武士進入人跡罕至的荒野中尋找聖杯的畫面。這樣的追尋在90年代形成了風潮，也促成了大批靈性書籍、靈性工作坊和靈性商品的誕生，例如，Mystic Trader、其他的New Age書籍目錄、新性靈讀書會（New Spirit Book Club）等等。

站在探險家顧客的角度

　　當探險家的原型活躍在消費者心中時，他的使命就是要探索世界，並且在過程中尋找自我，以認識真正的自己。有些探險家會展

現充沛的活力和冒險的精神，而有些探險家則好像對這整個旅程感到心不甘情不願，一直想要找到一個可以稱之為「家」的地方（如《綠野仙蹤》裡的桃樂絲）。無疑的，探險家的內在自我有時並不像他們在世人面前所呈現出來的那樣有自信。

　　要成功地推銷探索家的品牌，最好從內心去體會探險家的故事，例如，想像被自己的生活給困住了是什麼感受、渴望體驗更多刺激與冒險是什麼感受，好像你真的被自己的生活給綁住了似的。（80年代的北京青少年經常穿著上面印有「紐約、巴黎、羅馬」這些字眼的T恤，直截了當地訴說了他們想要擺脫那些令他們有時候感到窒息的環境的渴望。）

　　此外，對於你內心那個想要歸屬的部分，你或許會認為它很危險，它會讓你為了適應社會而犧牲掉自己的個性。這樣的感覺如果太過強烈，你或許會有意識地去做一些事來讓自己與眾不同——例如，現在的青少年會染粉紅色的頭髮、刺青，或者在身體上戴環飾——好像你必須透過自己的外表大喊「我跟你們不一樣」才能夠抗拒從眾的衝動似的。然而，你越是這麼做，你就會更加孤獨，結果，你想要歸屬的渴望就變得益發強烈。當歸屬的渴望越來越強，這樣的感受就會更加可怕，你也就退縮得更厲害。這樣的情形，你就算只體驗過一點點，也足以讓你從中去想像，一個人要是陷在這種困境裡會是什麼感受。

　　大部分的人都曾經有過下面這樣的感受：他們擔心自己如果太過忠於自我，便有可能會失去自己所關心的人對他們的支持。往往，在我們成長的過程中，我們的自我只有在我們真正的傾向和父母、師長或同儕的偏好發生衝突時才會被我們發現。要體會這種感受，你可以回想自己過去和父母、老師或上司對立的經驗，以及即使那個人把你當作是敵人，你也非得這麼做不可的感受。再者，你

也可以回想自己曾經為了保有骨氣而放棄某個東西的經驗，以及這樣做需要多大的勇氣。

再者，如果你曾經站在高山之顛或摩天大樓的屋頂，凝視著眼前廣闊的視野或漆黑的夜空，並在心底湧現一股包含敬畏、喜悅與孤寂的複雜感受，那麼你也可以回溯一下這樣的記憶，因為，這正是探險家的典型感受。

不過，有一點我們必須牢記：探險家們最基本的渴望，是要在最後找到那「應許之地」，那個他們可以完全忠於自我、獲得歸屬的地方。像「醜小鴨」之類的童話故事，和聖經裡記述從埃及到應許之地的出埃及記這種成人宗教經文，便具體呈現了這種渴望的力量。

然而，你一定也曾經體驗過比較樂觀進取的探險家精神——畢竟，探險家不一定都是孤立疏離的。或許，你只是熱切地想要充分體驗生命，因此盡量找機會旅行，在大自然的懷抱中快樂地做你喜歡做的事——即使這樣做能帶給你的只有旅行本身的樂趣，也無所謂。

當你在策畫探險家品牌的廣告時，你或許不想太明目張膽地處理探險家的孤獨，而選擇在他旁邊多安排幾個人。當然，探險家通常會有一個或一個以上的助手，例如：孤獨遊騎兵（Lone Ranger）身旁的湯托（Tonto），或是桃樂絲身旁的多多、膽小獅、錫人、稻草人等等。

接下來，你或許還可以從自己的經驗和各種探險家的故事出發，想像一下探險家和其他原型的關係。譬如，親切的弄臣、凡夫俗子或情人，可能會邀請探險家加入他們的團體或與他們結為伴侶，最後卻在探險家跑出去開拓自己的生命時，覺得大失所望或受到傷害。親密感對探險家來說，是一個可能會威脅到他們自我的東

西。另一方面，喜歡制訂規則的統治者，認為他們這樣做是因為他們知道怎樣做對別人最好。結果，當探險家對此感到生氣而突然離開時，他們就覺得自己被潑了一頭冷水。另外，一個照顧者如果拿探險家的自我中心來設下罪惡感的陷阱，他可能會被探險家視為敵人；但是，他如果能夠為探險家整理好旅途上用的保健箱，探險家可能會很高興地跟他做朋友。

此外，探險家也可能會找英雄、亡命之徒或魔法師作為可能的支持者，不過，他最後幾乎也一定會對他們所扮演的角色楷模感到失望，只好離開他們去尋找自己的實相。事實上，一個人只要具備了某個新的洞見或經驗，探險家們幾乎都會和他學習一段時間，不過，他很快就會發現這個人的罩門，然後再度告別，繼續上路。

探險家組織

探險家式的組織重視個體性，不強調規則和階級式的決策過程，而且通常會盡可能追求機會的均等。我們可以在一些地方看到探險家原型的影響，例如：較新、較扁平、較民主的組織，彈性工作時間之類的個人主義式政策等等。在這樣的組織中，員工被雇用通常是因為他們的專長，一旦開始工作，他們也希望自己大多數時候能夠依照自己的方式做事。就算績效的結果是由管理階層所設定的，員工也會被允許運用自己的判斷來決定如何達成這些目標。

一個人的探險家意識一旦覺醒，他通常會決定自己開間小公司、當顧問，或者在公司裡找一個開創或偵察的角色。這種人所經營的公司或單位，通常比傳統的階層式組織更自由化，權力的配置也更為分散。一般來說，探險家組織規模不大，規則越少越好，而且，它們要聘請的對象是能夠控制自己時間和進度的專業人才。當

然，在「虛擬辦公室」的推波助瀾下，這樣的工作型態在今天也比以往更有實現的可能。

就算這個探險家組織是一家大公司，員工的穿著也一定是休閒式的，它可能是戶外穿的、耐用的，也可能是適合旅行的。此種組織的價值觀，強調獨立與迅速掌握新契機，調整產品或服務以滿足特殊需求的能力。獨立與自主通常是這類企業內部的共同價值。至於它們所完成的工作，許多時候則是具有開創性的。

健全的探險家組織會提供足夠的架構來支撐住整個公司。在不健全的探險家組織裡，問題一旦發生，這家公司就可能陷入危險的無政府狀態中。儘管如此，最好的探險家組織是能夠容忍高度流動性的。

以「旅途上的舒適鞋子」做為其產品標語的Rokport鞋，有一個著名的事蹟是：它是頭幾家在兩天內就完成公司重整的組織之一。當初，它所採用的架構是哈里遜・歐文（Harrison Owen）的一套創新技術：開放空間科技（Open Space Technology）。在這套方法的指導下，這家公司的全體員工有兩天的時間集合在一個偌大的房間裡，分成幾個不同的小組，討論員工們所熱中的任何一個想法。無論一個人的職務是什麼，他都擁有和其他任何一個人相同的權力，而每個人也都允許就他所支持或反對的立場投票表決。

在Rokport鞋的這次「開放空間」經驗中，據稱，由某位監督人所主持的團體討論（當時公司董事長也在場），最後得出了一個開發新產品線的想法，後來，這條產品線極為成功，也大大改變了這家公司的未來。

在新的經濟體系下，會有許多人和虛擬組織合作。這意味著，傳統意義中的「上班」對他們已經不再適用。現在的他們，工作地點是家裡的辦公室，透過傳真機、電子郵件和電話等通訊方式，他

們就可以和自己可能很少見到面的同事聯絡。他們或許會設立正式的組織，但也可能只是因應特定計畫或為達成特定目標而和另外一個人搭檔合作。此種分權的、非階層式的短期效忠，一方面大大提高了個人自由、彈性與效率，一方面也大幅降低了結構性的東西和員工間的閒談。

探險家行銷與新型態顧客

　　在《新型態消費者的靈魂》（*The Soul of the New Consumer*）一書中，大衛・路易斯（David Lewis）與戴倫・布里哲（Darren Bridger）暗示，新型態消費者在做購買決策時會受到探險家原型的影響。根據兩位作者的論點，舊式的消費者是依據便利性與搭配性來做出他的購買決策，新一代的消費者則追求產品的真實性以作為表現自我的一種方式。在此同時，新型消費者也比較清楚狀況，積極參與購買決策，懷疑任何類型的廣告噱頭，極度浮躁，容易分神，而且常常時間不夠。

　　由於人們對自我認同和自由的態度，現在的人都想要像風一樣自由；他們想嘗試每一樣事物，又不想被任何一樣東西給限制住。這種現象所造成的結果是，集體的加速。路易斯和布里哲引述美國航太總署（NASA）署長丹尼爾・高登（Daniel Goldin）為太空計畫所下的註腳說：「更快、更小、更便宜、更好」。現在的人不僅行動快速，處理資訊的速度也很快（尤其那些三十歲不到的人）。對於電影和電視中那種超快的節奏——「鏡頭和鏡頭間的轉換是如此快速，以至於很多畫面在視線裡都停留不超過兩秒鐘」，大部分人都覺得甘之如飴。相反的，節奏要是不夠快，他們很快就會覺得乏味。

新式的媒體，其中當然包括電子郵件、網路、聊天室，和其他所有拜現代通訊科技之賜而能夠實現的立即互動模式，則滿足了這種想要立即經驗和認識每一樣事物的急躁渴望。在此同時，我們的視野也變得十分開闊。已經到達這種發展層次的人，往往也具備了世界觀。

除此之外，這些消費者也習於對他們所看到和聽到的提出批評，對於所有既定的想法、體制和產品（其中包括廣告），他們都有所懷疑。因為如此，創造流行或許是比廣告噱頭更有效的行銷策略。但是，這些新一代的消費者重視變化更甚於穩定，因此品牌忠誠對他們來說並不是一項自然而然的價值。不過，這並不是說他們沒有辦法變得忠誠，重點在於，你必須運用正確的原型——這一點，我們從《星艦迷航記》的狂熱影迷，只用美體小舖化妝品或只喝星巴克咖啡的那些人身上就可以看到。

活在探險家故事中的人，最有可能對帶有真實與自由之原型意義的產品建立忠誠（如果他們真的會忠誠的話）。對那些自由傾向強烈的顧客而言（一如我們大多數人在青春期和中年時所感受到的），這樣的產品能強化他們內心裡較深層的渴望。

事實上，即使是比較習慣表現自己對穩定、歸屬或掌控的渴求的顧客，「沈睡」在他們意識中那個熱愛自由的自己，也會和這些原型有所連結。比方說，一個相對而言比較傳統、比較不敢與眾不同的人，或許會透過買摩托車或越野車的行為來表現這個較自由的潛能。

在公元2000年的奧斯卡金像獎中，探險家的原型顯然就活躍在美國這個國家和影藝學院當中。在這次的大贏家裡頭，有幾個就來自規模較小的獨立製片公司（雖然其中有的其實隸屬於更大的電影公司）。

　　記住，年輕一輩的探險家喜歡上網搜尋，而且，他們比較喜歡自己去找到你，而不是你去找到他。因此，要讓他們可以很容易做到這一點。此外你還要明白，反主流文化的偶像比主流的名人更能夠影響他們。製造風潮是最好的方法。對於廣告噱頭，探險家們懷有很深的疑慮。他們喜歡看起來和他們一樣真實的產品，他們也會受看起來真實的人所影響。90年代初期，Wolverine World Wide原本打算停止生產Hush Puppies 的舊型麂皮休閒鞋，直到有傳言指出，紐約格林威治村的青少年們正流行到零售鞋店去買Hush Puppies，原先的計畫才被打消。該公司主管歐文‧巴克斯特（Owen Baxter）在探討這項風潮的時候發現，這些小孩是在追求一種真實性，他們希望能夠自豪地說出：「我穿的是原產鞋」。忽然之間，每個地方都開始流行Hush Puppies，因為，格林威治村那些酷勁十足、自我鮮明的年輕人們都喜歡這種鞋。很快的，服裝設計師們也開始跟進，這款鞋子也自然能夠保持它在整個產品線中的重要地位。

　　在紐約市蘇荷區一家嬉皮味十足的Ralph Lauren新旗艦店裡，你會看到新舊並陳的畫面。在簇新的口袋鞋（cargo pants）旁，擺的或許是一件破舊的法蘭絨工作服，也可能是一件具有五十年歷史、褪了色的老式Levi's牛仔夾克。這些老式的服裝，為這家店和它裡頭的一切賦予了一種清晰可辨的真實感——Ralph Lauren不只賣自己設計的產品，對於像Levi's等其他老牌公司所設計的一流款式，它也不吝加以推崇。另外，設計師在模特兒和衣架上所安排的奇特組合——例如，下半身是波紋綢舞衣，上半身是格子花紋的水牛皮露背胸兜，肩上再隨意披上一件飛行員皮夾克——更讓它的「混和風」顯得獨一無二。

　　拜這些舊款服飾和罕見組合之賜，在這裡買衣服成了一種尋

你的品牌若具備下述特點之一，探險家的原型或許是一個很好的定位：

- 你的產品給人自由的感受、你的產品與眾不同，或你的產品在某方面很有開創性。
- 你的產品很堅固耐用，或適合在大自然、道路上、危險的環境中或職業上使用。
- 你的產品可以從目錄、網路或其他的另類來源買到。
- 你的產品可以幫人表現自我（如服飾或裝潢產品）。
- 你的產品可以帶了就走或在路上使用。
- 你努力想將你的品牌和其他成功的凡夫俗子品牌或更大眾化的品牌區隔開來。
- 你的組織具備探險家的文化。

找、探索和發現的經驗。印在它入口處旁窗玻璃上的這些文字：「馬球運動：探索家、旅行家和冒險家——始自1970年」，則為這個整合完美的零售概念做了絕佳的總結。

最後，路易斯和布里哲在《新型態消費者的靈魂》中的分析如果正確的話，那麼在這21世紀之初，探險家的原型正強烈地影響著消費者的選擇。這或許是因為，我們正活在一個新的紀元。這樣的時代，不消說，對探險家品牌似乎特別有利。

---

1 [譯注] 指美國破產法中關於財務陷入困境的公司可以進行重整而無須宣佈倒閉的規定。

2 [編注] amazon 一字為希臘文「無乳房」的意思。古代傳說中的亞馬遜女戰士
　為了拉弓射箭之便而割除右乳房，因此這一個字也指希臘傳說中，居住在黑
　海邊的亞馬遜族女戰士。

3 [譯注] 美國某香菸品牌的名字。

6

智者

座右銘：「真理將使你獲得解脫。」

　　智者有他們自己尋找天堂的辦法。他們相信，人類有能力學習與成長，並藉此創造一個更美好的世界。在這個過程中，他們希望能夠自由地獨立思考和主張自己的想法。學者、研究員或老師是這個原型最顯而易見的例子。不過，這個原型也可以是偵探、晚間新聞主播，或任何與別人分享知識的專家（告訴家庭主婦某牌成功的洗衣粉背後有何科學原理的那種傳統的男性旁白也包括在內）。著名的智者包括：蘇格拉底、孔子、佛陀、伽利略、愛因斯坦，但是也包括喬治・卡林（George Carlin）、費立斯・狄勒（Phyllis Diller）和歐普拉・溫佛瑞（Oprah Winfrey）。其他可以看到智者的地方還有：所有的偵探故事（如憑著過人的智慧破案的福爾摩斯）、科幻小說（如阿西莫夫／Asimov的任何一部科幻小說）、知識性的書籍、雜誌與廣告等等。

　　電視影集《X檔案》（The X-Files）的大受歡迎（這部影集的開場幾乎就是這句話：「真相就在那兒」），說明了智者試圖從團團迷

霧中找出真相的鍥而不捨，也讓我們看到了當問題的答案模糊不清或難以尋獲時，會將一個人搞得如何精神錯亂。政治上，智者的原型和清晰的思考有關，但是，這樣的人卻可能缺乏個人魅力和社交風範。因為，儀態硬梆梆而經常遭人無情嘲弄的艾爾‧高爾（Al Gore）就是這樣的一個例子。另一個例子是愛因斯坦。他有一個出名的事蹟是：有一次他參加一個別人為他舉辦的宴會，結果卻好奇地研究起自己茶杯中的茶葉圖案，弄得全場興味索然。

> # 智者
>
> **主要的渴望**：發現真理
> **目標**：運用智能和分析來了解世界
> **最大的恐懼**：被騙、被誤導、無知
> **策略**：尋求資訊與知識、培養自我觀照的能力、了解思考的過程
> **陷阱**：可能會一直研究而不採取行動
> **天賦**：智慧與聰明

　　智者的品牌包括：哈佛大學、麻省理工學院、麥肯錫（McKinsey）和勤業管理顧問公司（Arthur Anderson）[1]之類的高級顧問公司、以診斷技術著稱的馬雅診所（Mayo Clinic）、教育測驗中心（Educational Testing Service），以及其他無數以探索及傳播真理為宗旨的公司、研究實驗室和期刊。

　　史丹佛大學在它的發展史上曾經矢志要成為「西部的哈佛」，於是刻意地設計了一套公關廣告，並在其研究單位上投注了大筆資金，以建立起權威的智慧形象。這一招果真奏效。

　　另外，受到大眾歡迎的智者們則包括：對觀眾進行教育和指導的歐普拉‧溫佛瑞與華爾特‧柯倫凱特（Walter Cronkite），以幽默手法傳播智慧的厄瑪‧巴姆貝克（Erma Bombeck）。在過去幾十年裡，許多品牌都曾經化身為智者，發揮了強大的教育功能，例如傳授家事技巧的Betty Crocker[2]，教導護膚常識的歐蕾（Oil of

---

智者的幾個層次

動力：迷惑、懷疑、想發現真理的深切渴望
層次一：尋找絕對真理、對客觀的渴望、尋求專家的看法
層次二：懷疑主義、批判和創新的思考、成為專家
層次三：智慧、信心、精通
陰影：教條主義、象牙塔、與現實脫節

Olay）；不過，後來的許多產品卻改弦易轍，以為時十五秒鐘的宣傳口號來為產品打廣告。事實上，50年代的平面廣告經常會在其中放入一些資訊或建議。一般而言，廣告都會企圖對消費者有所幫助，以一些知識或智慧作為某種「交換」來吸引閱聽人的注意。

　　如今，智者原型在行銷上的角色則有了改造的機會，這特別是因為，網際網路為現代的智者品牌提供了一個十分有效的工具。

當智者成為專家……

　　智者型的品牌可能會提供資訊，像《紐約時報》（*The New York Times*）、《消費者報導》（*Consumer Reports*）、國家公共廣播公司（National Public Radio）和CNN所做的事情就是。在嘉信理財公司（Charles Schwab）的一支廣告中，兩個憂愁滿面的的女人讀著《別被高額的利息給吃定了》（*Keep Ahead of the Sharks*）、《致富之道》（*How to Get Rich*），一名看來志得意滿的男子卻讀著《天啊，我好快樂》（*Boy, Am I Happy*）。旁邊的標題這麼解釋：「你永遠看得出來哪個投資人找了嘉信理財。這些人看起來比較聰明，比較睿智，

> **智者**也可能是專家、學者、偵探、預言家、評估者、顧問、哲學家、研究員、思想家、企畫人、專業人員、師父、老師、冥想家。

也比較懂得掌握局勢。」

　　智者原型的新聞詮釋者形象，近年來已經發生重大的轉變。從前，負責把新聞從一個人居住的村莊或城鎮傳播出去的，先是口頭傳播，後來是書面文字。描繪個人日常生活以外其他事物之「面貌」的視覺訊息，這個時候還非常罕見。然而，在許許多多年以後的美國，人們卻在街頭巷尾等待《生活》（*Life*）雜誌的出爐——在當時，人們要「看到」外面的世界發生了什麼事，最主要的媒介就是這份雜誌。

　　隨著電視新聞報導的誕生，尤其在電視台日復一日密集地報導越戰相關消息之後，一切都開始改變。有史以來第一次，電視成了最受信任的新聞報導來源。美國人開始相信「眼見為憑」，新聞主播、新聞記者和新聞評論員的角色也跟著改頭換面。

　　關於人類生活之資訊，其基本來源在很短的時間內就從口頭傳播轉變為文字傳播，再轉變為影像傳播。儘管如此，我們仍然有一個問題要問，那就是：我們的「影像解讀能力」夠嗎？在美國這個國家，是不是大家都天真地相信「眼見為憑」呢？還是我們明白影像解讀能力起碼和語文能力一樣重要（如果不是更重要的話）？舉例來說，即使不論攝影師在詮釋上的偏頗，數位攝影技術的日新月異也使得影像的覆蓋和改造成為可能。那麼，在這個以視覺影像為基礎的新世界，誰要來當我們的智者或嚮導？智者型的品牌承諾，它們可以幫助我們做更精準的辨別和更有效的思考。勤業管理顧問公司曾經發布一則新聞稿，裡頭引述其前管理合夥人吉姆・威狄亞（Jim Wadia）的話說：「在一個重視速度、連結和資訊的世界，傳統的財富創造和管理模式已經不敷使用。跨足全球而且服務完美無

瑕的勤業管理顧問，能幫助客戶實現有形資產和無形資產的價值。」

通常，這樣的公司會強調自己的研究和產品開發。像寶鹼公司就強調，該公司透過持續的研究獲致了許多創新的突破，並在全世界擁有超過兩萬五千個專利。在他們的典型廣告中（這裡以速威拂／Swiffer海綿抹布為例），你會看到「一名憂心忡忡的寶鹼公司科學家」，「一個天真無邪的寶寶置身於一個骯髒的世界」，一塊被形容為「專吸灰塵的磁鐵」的抹布，和一包上面印有「身負重任的抹布」等字樣的速威拂。透過這麼樣一個具有描述性的名稱，他們在技術上的突破也得到了一個恰如其份的形容：「一塊獨一無二、由布滿氫原子的纖維所構成的抹布，其所製造的靜電荷能發揮磁鐵般的功能，輕鬆地吸起家裡的灰塵、毛髮和一般的過敏原。」這樣的廣告，訴諸的是爸爸媽媽們想知道有哪些最先進的辦法可以將家裡保持得一塵不染的期望。

甚至，智者型的品牌可能會恭喜消費者擁有豐富的知識與充分的智力。奧斯摩比汽車（Oldsmobile）有一則廣告這麼說：「徵求擅長扭轉、拖曳與動詞時態的駕駛」，暗示著懂門道的人會選擇他們的品牌。同樣地，Infinity也宣稱：「這不只是一部新車，而是完美思考的結晶。」豐田汽車（Toyota）告訴我們，Prius是這樣的一部車：「它有時候靠的是汽油能，有時候靠的是電力，但腦力始終不可或缺。」

芝麻街（Sesame Street）有一則平面廣告，將節目中一些乍看好像純娛樂性質的小單元重新表現，以強調這些單元所提供的關於問題解決和圖案辨識等等的學習機會。因此，「隱藏」在每集節目背後的那個以研究為基礎的課程，在成人看來就變得顯而易見。這裡的假設是：父母或照顧者們如果了解每一集頑皮的惡作劇所源自

的智者特質，他就更能夠了解這個節目在這個「高品質」兒童節目充斥的世界中顯得獨一無二的原因了。

　　智者的原型對電腦軟硬體而言是絕佳的品牌定位。舉例來說，Adobe系統公司就將自己定位為智者的工具，可以幫智者們「在網路上、列表紙上和錄影帶中實現他們的點子」。事實上，任何能夠幫助使用者成為更聰明的人或做出更明智行動的品牌，都可以名正言順地作為智者故事中的工具，例如Lean Cuisine（「吃得聰明，煮得簡單」）和CNN（「你懂得什麼，你就是什麼樣的人」）。

誰可以提供我們意見？

　　歐普拉‧溫佛瑞是如何成為美國最具影響力的女性呢？貧窮與富有的滋味都知道的她，對任何人都能夠設身處地。歐普拉出生在密西西比州的一座農場上，兩歲的時候就開始學習閱讀，她的祖母也對她說話能力的發展多所鼓勵。六歲的時候，歐普拉搬到了密爾瓦基，她媽媽在這裡幫傭。後來，當歐普拉遭到了好幾名男人性侵害之後，她開始展開行動。先前在她生命中沒有產生多大影響的父親也在這個時候介入了她的生活，改變了許多事。歐普拉自己是這樣說的：「他堅持我必須發展得更好，也相信我可以變得更好，因此徹底改變了我的生命。」他「對學習的喜好，指引了我一條康莊大道。」

　　大學畢業以後，歐普拉當上CBS納許維爾（Nashville）分公司的新聞副主播，但是她太容易感同身受了，以至於她常常必須在播報感人的新聞時努力克制自己流淚的衝動。後來，一位新主管在這個看似缺點的特質中看到了她的天賦，並給了她一個主持脫口秀的機會。接下來的大家就知道了。歐普拉所採訪的對象跟其他的節目

差不多，都是一些碰到了困難、但是想法有趣而且不同於常人的人；這些人在其他的所有脫口秀中往往會大發雷霆。但是，歐普拉對待這些人的態度卻大為不同。她會設身處地，分析這些人的處境，並設法找出問題的解決之道，好像她是他們所信賴的一位好友或家人似的。

自1986年開始，歐普拉的節目一直在美國眾多脫口秀節目中獨占鼇頭，而且是各種族群及各經濟階層的人的指導來源。近年來，她甚至開始影響美國文化。以歐普拉為主角的書出版後馬上成為暢銷書。上過她節目的音樂家或歌手，唱片往往大賣。聽過她強調健康、靈性與個人責任的觀眾，也會聽她的話身體力行。

就這樣，歐普拉成了一個國家的媽媽、阿姨和大姊姊。在此同時，她身上還存在著黑人聖母的原型。為什麼是黑色的？學者羅伯·葛瑞佛斯（Robert Graves）告訴我們，這是因為這個顏色在原型的層次上和偉大的智慧有關。所有這一類的形象都帶有和聖經人物蘇菲雅（Sophia）及希臘女神波希鳳尼（Persephone）[3] 身上相同的能量——其中，前者的名字意謂「智慧」，後者則不但懂得一般的真理，也了解冥界（即死亡）的奧秘。

容格學派精神分析師瑪莉安·伍德曼（Marion Woodman）和艾蓮娜·狄克森（Elinor Dickson），在《火中之舞》（*Dancing in the Flames*）一書中引述這位女神的召喚（典出聖經箴言書）；這些話語，和現代的男男女女都息息相關，一如它們對古希伯來人而言所具備的意義一樣：

> 眾人啊，我在召喚你們……
> 注意聽，我有嚴肅的事情要告訴你們，
> 發自我唇齒之間的是誠實的言語。

> 我將從我的口中宣示真理……
>
> 我的一字一句，全都正確無誤，
>
> 其中毫無扭曲，也毫無虛假，
>
> 對明瞭這些道理的人來說，這些話全都直截了當，
>
> 對明白何謂知識的人來說，這些話全都真誠無偽。
>
> 你要放棄白銀，接受我的教誨，
>
> 與其追求黃金，不如聆聽我的知識。
>
> 因為智慧比珍珠更珍貴，
>
> 沒有一樣東西比它更值得追求。

多麼典型的20世紀美國景象啊！黑色女神（蘇菲雅的智慧）透過一位聰慧睿智的脫口秀女主持人和智者品牌的偶像來向我們說話。

歐普拉有意識到自己的智者品牌形象嗎？當然有。這樣的品牌形象顯然決定了她運用自己名聲的方式。她沒有去開發化妝品或服飾產品，而是繼續透過她的讀書會和現在的一份雜誌來為美國大眾提供引導。她的新事業和她在脫口秀中所扮演的角色，兩者在原型上的統一性讓她的品牌定位更加清晰且富有說服力。儘管她現在是傳播界最富有的女性之一，但她從來不被人認為自私自利。相反的，她被看成是一位身負使命的女性。

我們並不意外，靈性這個主題會成為歐普拉的重要關注。在21世紀，靈性的智者們已經進入了市場經濟當中。雖然今日的教會仍然會向信徒募捐，但現在的人還會主動付錢請各宗教的上師來為他們演講或主持工作坊。對於靈性的智慧，大家求之若渴，也願意付錢去學瑜珈、靜坐，以及各種來自不同傳統的靈性觀點。他們的目的不僅僅是吸收智慧，也為了求得平靜。以狄巴克·蕭普拉為例，

其智者品牌的成分並不下於麻省理工學院。說話時帶著印第安腔的他，很容易可以在大眾心目中樹立起印第安智慧上師的形象，這一點，也讓他所說的每一句話都更具可信度。

在今天，許多產品廣告都開始抹上一股靈性的色彩；不過，有些廣告的手法似乎顯得徒勞無功，因為，宗教的意象根本和他們的產品八竿子打不著。甚至，有些產品還冒著觸怒讀者的危險，以缺乏幽默感的手法將宗教象徵和他們的產品連結在一塊兒。舉例來說，杜邦公司（Du Pont）曾經為它所製造的Antron地毯推出過一支廣告：廣告中是一禎佛像的照片，一旁的文字寫著：「以與眾不同的大膽手法編織各種幾何圖形與圖案，為您打造和定義一則有關和諧與力量的新隱喻，並帶給你禪意的感官享受和耐用。」當顧客在該公司的網頁上一點，他們會看到這樣的建議：「挑一道咒語。還有別忘了呼吸。」

邦諾書店：一套聰明的賣書策略

當李歐納德‧瑞吉歐（Leonard Riggio）買下邦諾書店時，這家店正面臨著經營窘境，而瑞吉歐本人也沒沒無聞。不過，瑞吉歐明白，當時眾家書店所採取的行動正在擴展這個市場。他最初所採取的策略讓其他書店大驚失色，因為，他的戰略和沃瑪百貨（Wal-Mart）的手法差不多，就是盡可能地壓低價格。這樣做的結果，讓他賺進足夠的鈔票去不斷併購其他的競爭對手。不過，邦諾書店這個名字則一直維持不變；這個名字，令人聯想起古老的修道士形象：一家由愛書的老闆為愛書的客人開設的小書店。

智者原型的殿堂不是圖書館就是書店。即使邦諾書店運用大殺價的策略來擊敗對手，這家公司的形象仍然令人聯想起原型式的理

想書店。

後來，隨著超級書店的引進，邦諾書店的形象也跟著翻新，它開始提供完美的購書經驗，讓每個人心裡頭那個愛書人的需求都能夠獲得充分的滿足。也由於意識到綠地的缺乏，瑞吉歐於是了解到，書店是一個人們聚會的好地方，對喜歡討論想法的人來說尤其如此。於是，他開始提供星巴克咖啡和舒服的椅子，延長營業時間，並增加讀書會和作者朗讀會的次數。最後，他學會了如何創造智者們所喜愛的經驗。甚至，這個地方還成了喜歡思考的年輕人認識彼此的場所——真是貨真價實的相親服務啊！

在亞馬遜書店邁向電子商務後不久，瑞吉歐也起而效法，並且很快地看到了網際網路的可能遠景。他預測，總有一天，網路線上服務將能夠讓「購書者下載和列印一本書的全部或部分」，這樣的改變也將促使這個產業產生極大的變革。由於瑞吉歐能夠堅持智者的形象，並更新其賣書的策略，使得邦諾書店成了全球最大、最成功的連鎖書店。

激發思考的行銷策略

行銷專家伯恩特・史密特（Bernd H. Schmitt）在《體驗式行銷》（*Experiential Marketing*）一書中指出，「思考型廣告」（think compaign）是品牌行銷的一種主要方法，但是我們要說，思考型廣告更是推銷智者品牌的理想辦法。以創世老人安養中心（Genesis ElderCare）為例，他們就強調自己有能力分析每個人的需求，並為每個人設計出一套計畫，藉此和其他的老人照護機構區隔開來。此外，為了強化該公司的智慧形象，他們還以相當罕見的方式描繪老人的形象。他們拋棄過去將年長者視為依賴者或受害者的刻板印

象，而以嶄新的手法讓人停下來重新思考，並讓人把該安養中心和獨立思考聯想在一起。其他的例子還包括：探索頻道（Discovery Channel）在他們的門市裡，展示了一隻暴龍的模型和許多其他的互動式教育設備；紐約的多諾手錶（Tourneau）教導消費者手錶的歷史；艾迪包爾服飾店（Eddie Bauer）則在它的零售店裡張貼出像「靈感」、「想像」和「洞見」等字眼來定位它的產品，為的是讓它更能夠和富有想像力及知識的人產生關聯。

　　另外，一則廣告要是缺少了什麼東西，也會激發人們思考如何去補白。舉例來說，Target和Nike都曾經推出只有商標而沒有品牌名稱的廣告，讓消費者不得不停下來思考，再恍然明白自己是知道這些名字的。這樣的作法當然能抓住顧客的注意，不過，更重要的是，這還能讓顧客覺得自己很聰明，因為他們知道這些產品的名字。譬如，Kenneth Cole的鞋子廣告就免不了都會對時事有所指涉，讓人覺得這個牌子「很有學問」。另外，像《華爾街日報》（*The Wall Street Journal*）、惠普（Hewlett-Packard）、德瓦氏蘇格蘭威士忌（Dewar's Scotch）這幾個大相逕庭的品牌，賣的卻都是同樣的形象——他們的顧客都是高尚、有學問，而且見多識廣的。Absolut伏特加設計過一則很棒的廣告，其效果主要取決於讀者對視覺圖案的興趣，以及加以正確辨識和詮釋的能力；這樣的作法，或許更直接地滿足到了我們對視覺能力而非語文能力的新需求。

　　英特爾（Intel）建立品牌形象的辦法則是透過和知名品牌的連結。他們提供電腦公司一項優惠：如果願意在它們的產品上寫上「內有英特爾」（intel inside）幾個字，便可以用折扣價買他們的晶片。結果，消費者在看到這麼多品牌都附有「intel inside」這樣的標籤之後，不免要假定這些電腦公司都在讚美。消費者於是推論，英特爾一定很棒，否則，怎麼會有這麼多大牌產品把它的名字附在自

己的標籤上呢！就這樣，英特爾雖然沒有告訴消費者他們的產品是市場上最好的，但他們所創造出來的情境，卻能夠讓消費者有這樣的假設。

　　智者型的顧客喜歡那種尋找品牌相關資訊的研究過程。他們會上網去看看有什麼東西可以買，而且，他們會彼此交換有關科技工具的資訊。網景（Netscape）和雅虎（Yahoo!）在品牌形象的建立上沒有花一毛錢廣告費用。他們的作法是，和網路上一些適當的網站建立連結，並支付相關的費用。接下來，他們就等著消費者來找到他們。

　　不過，比較典型的智者行銷在手法上往往比較高尚、含蓄，並帶著點菁英色彩。關於這一點，你可以想想長春藤盟校是如何自我推銷的。通常這些學校在公關宣傳上都把重點放在：讓別人知道該校正在進行哪些重要的研究計畫，教授和研究生獲得了哪些研究成果，以及要在這裡謀得職位或者獲得入學許可有多麼困難。簡單來講，他們所釋放的訊息就是：「不是每個人都有那麼好的頭腦夠格進到這兒來。」再者，雖然他們的獎學金在設計上會讓經濟環境中等的優異學生上得了他們的大學，但是，他們的高額學費又代表了另一訊息：這裡的學費之所以那麼貴，是因為它所提供的教育是最棒的。類似的高格調與菁英式的行銷手法，也經常被博物館（如位於華府的寇克蘭博物館／Corcoran和史密松博物館／Smithsonian）、交響樂團、芭蕾舞團和其他提供文化體驗的地方所採用。

　　即使對傳統的品牌而言，神秘或奧秘的氣氛也可以為智者型品牌的味道增色。例如，多年來貝爾實驗室（Bell Labs）一直帶有一種「通訊天才」的氣息，雖然大部分人壓根兒都不曉得這個地方在做些什麼。但是，由於一般人都假定它的科學技術居於領先地位，結果，它的存在也提昇了它的母公司AT&T的聲勢。

當然，對智者型消費者來說，最有說服力的方式就是讓專家來推薦你的品牌。Palm Pilot在剛上市時，該公司所採取的策略是在產業研討會上展示這項產品，並以五折的價格提供給意見領袖們。結果一如預期，產業界的專家們開始口耳相傳，不過一年多一點的時間，Palm Pilot的銷售量就超過了一百萬台。

智者組織

智者式的組織經常見於大學、研究實驗室、智庫，以及視自己為學習體系的公司裡頭（如彼得‧聖吉在《第五項修練》[4]中所描述的那樣）──換言之，就是一個在架構和價值上都鼓勵持續學習的組織。這一類的組織著重分析、學習、研究和計畫；品質被認為來自員工的專業能力，員工發表意見的自由必須獲得保障。在這裡，工作的步調十分精準，因為，透徹的研究被認為是發生改變之前的必要條件──資訊的蒐集與出版必須迅速完成的報紙和週刊除外。另外，這裡的穿著和工作環境傾向於素樸的風格，色調一般以灰色、米黃色、白色和淺藍色為主。這一類組織強調資料的蒐集和分析，專業能力是主要的價值。

智者在身為別人的員工時，對自主性有很高的需求。如果你將大學和研究實驗室視為典型的智者工作環境，你便可以想像到，智者們希望可以自由來去（不要打卡鐘，謝謝你），他們喜歡照自己的方式工作，而且喜歡同儕評鑑更甚於主管評鑑。他們通常很懷疑，那些行政主管們怎麼可能有足夠的能力去對他們的工作進行明智的評定。

智者式的組織通常擁有極為分權化的架構，強調專業的培養而非控制。員工們被期待知道自己在做什麼，因此可以自由地自己做

決定。經營和行銷之類的事情通常交由一個小型的行政單位負責，但是有關課程、教學策略甚至升等、續聘等重大決策，決定權則主要操在全體教員的手上（程序上往往要透過一堆累贅的委員會開會決定）。在這裡，教授們什麼時候高興來，什麼時候高興走，他們擁有完全的自由，只要他們該上的課都有上，該待在辦公室的時間都在就行了。在學術自由這個原則的保護下，他們可以進行任何自己感興趣的研究。

　　即使在美國政府裡頭，研究和開發的團隊通常也擁有比其他企業組織更大的自由空間，因為，研究員們如果受到太多的限制，他們是不願意繼續待下去的。今天的醫生們大多把自己的主要身分看作是科學家，他們都習慣自我管理和獨立做決定。這一點，自然也是他們對嚴格管制的醫護制度感到失望的原因——可以抵補的時間有限，要採取什麼醫療方式還要獲得批准，跟統治者原型的作法一樣嘛！

　　營利式的智者組織通常也具備分權式且相當民主化的管理模式。由狄・哈克（Dee Hock）所創立的VISA，是第一家「亂序式的」（chaordic）銀行組織（「chaordic」這個字，由「chaos／混亂」與「order／秩序」結合而成，是狄・哈克本人的發明）。在這個結構鬆散的銀行聯盟中，各家銀行均同意遵守某些基本原則和制度，但是，每一家銀行隨時可以退出，無須聽令於他人的指揮。每年，各家銀行的代表會開會討論並做出決策，跟人民在政治協調會議或社區會議上做出決定的狀況非常類似。根據哈克的說法，亂序式的組織要成功地結合在一起，有賴於成員之間的共同理念。正因為如此，哈克才會大力鼓吹這樣的組織要花時間去建立一套描述成員之共同理念的法規。此種組織的維繫力量不在於階層組織或安全感，而在於組織成員對共同理念的忠誠。根據亂序原則建立的機構還包

括，組織學習與聯合宗教學會（Society for Organizational Learning and United Religions）等等。

　　先前，Interface總裁雷・安德森（Ray Anderson）為了將這家公司重新設計成一家百分之百環保的公司，於是將它變成了一家學習型的組織。為了達成上述目的，他將Interface變成一個封閉的資源迴路，因此，這家公司不僅將原料轉變為產品，同時也將產品還原為原料，而不會對環境造成負面的衝擊。這表示，過去的營運方式對它已經不再適用。相反的，公司裡的每個人都必須根據新的共識來重新思考每一件事，這樣一來，他們的每一項決定才能夠對大自然、這家公司，以及他們的顧客帶來環保的效益。

　　為了做到這一點，安德森將該公司的階層架構予以精簡化，並創造了「可滲透的界限」——即連接主管、實驗室技術人員和設計工作室的透明牆。如今，顧客看得到員工工作，員工也看得到顧客購物。除此之外，工廠的後牆還是用玻璃製成的，讓員工和顧客都可以意識到周圍的景觀之美。在此同時，資訊也可以自由流通。結果，他們不但成了第一家環保的地毯製造商，也因為效率的提高而省下了數百萬美金的成本。

智者型的顧客

　　當智者的原型活躍在顧客的生命中時，他會對學習一事產生高度的興趣。這樣的人很重視自由和獨立，因為，這是他們維持中立的一種方式（例如在大學，教授們都支持學術自由）。雖然有些人可能對內在的認識比較感興趣，有些人則對外在世界的知識比較好奇，但無論如何，這兩類人都會覺得獨立思考與擁有自己的想法非常重要。「我思故我在」這句話，一個人內心的那名智者想必會同

你的品牌若具備下述特點之一，智者的原型或許可作為一個適當的定位：

- 它為你的顧客提供專門技術或資訊。
- 它鼓勵顧客思考。
- 該品牌是以科學上的新突破或神秘學的知識為基礎。
- 該品牌的品質有實際的資料可供佐證。
- 你希望將你的產品和其他品質或功能有問題的產品區隔開來。

意的。當智者原型在一個人的性格中舉足輕重時，學習就成了強而有力的誘因。不過，隨之而來的恐懼卻是：害怕因為錯誤訊息的誤導而對資料或狀況做出不正確的解讀。在最糟糕的情況下，智者的原型會變得獨斷、自大、固執己見。但是，在最完美的情況下，一個人會變成真正有原創性的思想家，成就真正的智慧。

要吸引一名智者，可信度的建立非常重要，要不然他們幹嘛聽你的？除此之外，千萬別對智者頤指氣使，也不要對他們強迫推銷。智者們希望覺得自己是有能力的、聰明的、能掌控交易的。如果他們覺得你在強迫他們，他們可能因為無法信任你，最終只好選擇離你而去。對智者而言，購物是一種理性的行為。他們希望你告訴他產品或服務的品質與成本。接下來，他們只希望根據這些資訊自己做出合乎邏輯的決定。與其讓他們覺得困惑、無能或受到逼迫，倒不如在這個過程中讓他們覺得自己是個專家，那麼，他們就比較有可能買你的產品。記住，要強化他們的智慧感。如此一來，只要你的產品可以被證實具有良好的品質，他們就會用他們的耿耿忠心來回饋你。

1 [編注] 勤業管理顧問公司與安盛諮詢（Andersen consulting）原本皆同屬於安達信全球組織（Andersen Worldwide），2000年時安盛諮詢脫離與此一全球組織之關係，更名為Accenture。

2 [譯注] 美國一家製造蛋糕食材及其他烘焙食材的公司。

3 [編注] 希臘神話中狄米特（Demeter）之女，被冥王海帝斯（Hades）擄獲，成為冥后。

4 Peter Senge, *The Fifth Discipline: The Art and Practice of the Learning Organization.*

第三篇

刻下存在的痕跡

英雄、亡命之徒、魔法師

　　我們很少會把英雄、亡命之徒和魔法師相提並論，但他們其實是系出同源的重要原型。在經典的電影與文學作品中，這些人多半都是天不怕地不怕的狠角色；他們不但了解自己所掌握的特殊權力，更會為了改變現狀而以身涉險。在日常生活中，這些重要的原型則提供了一種結構，使凡夫俗子有能力面對挑戰、冒險犯難、打破成規、改頭換面。這些原型會引發他們對安全、結構與保障等需求的內在衝突，因而有助於他們建立卓越的品質，並勇於冒險與改變。這些原型都很有魅力，只是方式各有不同，因為他們本身就代表了「變革」，以及所有隨之而來的焦慮與喜悅。最後的結果可能是產生正面的社會形象（像英國首相邱吉爾和美國總統羅斯福就被視為英雄）、引發分裂（像是神槍手安妮・歐克麗／ Annie Oakley 與銀行搶匪約翰・狄林傑／ John Dillinger），或是純粹讓人覺得不可思議（像是胡迪尼／ Houdini、賈姬與哈利波特）；但他們的作用其實都相去不遠。這些人物似乎都有超乎常人的力量，並能促使人們

圖3-1

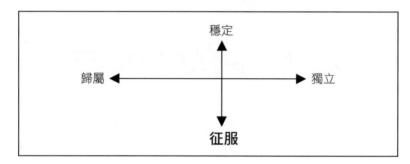

反思：「我也辦得到嗎？」

　　這些人物雖然以童話故事裡的角色居多，但他們對大人其實也有不小的吸引力，只不過在型態上會表現得比較細膩。這也說明了為什麼印第安納‧瓊斯（Indiana Jones）系列、《四海好傢伙》（*Goodfellas*）和《上錯天堂投錯胎》（*Heaven Can Wait*）等電影會成為票房強檔。這些原型都深具魅力，而且在當今的文化氛圍中，它們也有一定的作用。

　　亂世所需要的人不但會以冒險為樂，而且還希望能不斷迎接挑戰，以證明自己的能力。這種勇於冒險並堅持有一番實際作為的本事會帶來高度的自尊與社會肯定，所以當這些原型反映在一般人身上時，他們就會想要以行動來影響世界。這種使命感會激發出強烈而積極的情緒，像是憤怒、企圖心與誓死如歸的決心，而英雄、亡命之徒和魔法師就是利用這股能量撼動人間或翻雲覆雨，以摧毀或轉變僵化遲滯的結構。即使我們的生活中缺乏這些人物（實際上往往也是如此），我們也會在市場和媒體上塑造類似的形象。

　　就某些方面來說，英雄和亡命之徒的差別其實是取決於歷史觀的不同。班哲明‧富蘭克林（Benjamin Franklin）曾經警告美國的

開國者：「我們必須團結起來，否則我們鐵定會一個個命喪黃泉。」假如美國輸掉了獨立戰爭，這些革命志士就會被英國的歷史教科書寫成亡命之徒，而不是英雄。所以做生意的時候最好記著，英雄與亡命之徒其實是一體的兩面，因為最原始的英雄靠的就是不計代價取勝，而且他們的目標往往一點也不高尚或是正當。

　　同樣要切記的一點是，在美國文化中，大概是因為受到革命建國的影響，所以英雄往往都帶有一點反叛的性格，而亡命之徒（起碼是受人喜愛的那些）則展現出美式生活中更狂野暴烈的一面，但卻不致於對社會造成真正的傷害。

　　英雄、亡命之徒和魔法師都是在抵抗某種有限、受迫與不利的現實環境。英雄（往往被視為勇士）情願冒著生命的危險，也要打敗邪惡的力量來保護社會或是至高無上的價值。亡命之徒屬於分裂的力量，勇於突破文化常規，像是他人對善的認知（例如俠盜羅賓漢／Robin Hood）、冒險精神與個人利益（例如《我倆沒有明天》／*Bonnie and Clyde*中的鴛鴦大盜邦妮和克萊德／Bonnie and Clyd），或是極度的疏離（例如《末路狂花》／*Thelma and Louise*中的泰瑪和路易斯／Thelma and Louise）。魔法師則是轉換或治療社會與體制的催化劑。對這三種人來說，採取行動與展現力量是他們最大的願望，而最大的恐懼則是無法逃脫命運的擺布，只能成為無力反抗的待宰羔羊。

　　我們活在一個以成就為重的社會中，每個人都被寄望要為了貢獻社會而勇於冒險與培養長才（英雄）。另一方面，電腦、網路和基因工程等科技的進步則把魔法帶進了日常生活中（魔法師）。

　　但在此同時，似乎也有一大堆人變得愈來愈疏離。他們即使不認同真正的亡命之徒，也認為自己是邊緣人。嗑藥已經是見怪不怪的現象，連總統候選人過去是否嗑藥都成了競選時的基本問題。事

帕格薩斯（Pegasus）是神話中的飛馬，它雖然會乘載征戰英雄，但也會把那些還沒有準備好要飛越天際的人摔下馬去。所以美孚石油（Mobil）的標誌一方面固然是取其英雄之力主宰乾坤之意，但一方面也是在自我警惕，英雄要是驕縱自大，只顧著征服而不順應自然，將會付出慘痛的代價。

實上，候選人只要能證明他在最近幾年沒有嗑過藥，就算是相當有面子了。只要聽聽饒舌歌或街頭音樂的歌詞，就會發現美國黑人的青少年文化其實帶有強烈的亡命之徒色彩，而且現在正逐漸被白人青少年所接受，所以刺青和在身體上戴環飾才會在各個種族的青少年團體中大行其道。自由派和保守派（尤其是那些反墮胎人士）都採取了不合作主義，而這種做法其實就是亡命之徒的變革策略。你

如果想要了解亡命之徒的原型對極右派團體的角色認同有多重要，
不妨想想蒙大拿州的民兵組織、南方的三K黨，以及世界各地的激
進分子。

　　英雄、亡命之徒和魔法師是權力的原型，他們都很注重顧客的
態度與行為，而且出發點不僅是為了一己的志向，更是為了改變世
界。因此，這些品牌原型便成了那些對於一時一地有深遠影響的產
品與服務認同的對象。

7

英雄

座右銘:「有志者事竟成。」

　　一切似乎都無可挽回了,但這時候英雄出現,騎馬越過山頭,拯救了大家。同樣的故事有無數種變化,但每個故事中的英雄最終都會戰勝邪惡、逆境,或是艱鉅的挑戰,並藉此鼓舞所有的人。

　　如果要了解什麼是英雄,不妨想想西部片明星約翰・韋恩、太空人約翰・葛林(John Glenn),或是女權運動家蘇珊・安東尼(Susan B. Anthony)。至於層次比較低的,則有007情報員詹姆斯・龐德(James Bond)以及《虎膽妙算》(*Mission Impossible*)裡的任務小組。所有的超級英雄幾乎都是一個樣子,而他們的敵人必定也都是亡命之徒。

　　甘迺迪總統(John F. Kennedy)是一位英雄總統,因為他有很高的軍事成就,而且還激勵大家要把探險隊送上月球,「因為它就在那裡。」羅斯福總統(Teddy Roosevelt)和艾森豪總統也有類似的表現。其他稱得上是英雄人物的還包括著名的將領,像是麥克阿瑟(MacArthur)與柯林・包爾(Colin Powell);文化轉型的先

> ## 英雄
>
> **渴望**：靠勇敢艱難的行動來證明自己的價值
> **目標**：憑一己之力改造世界
> **恐懼**：軟弱、脆弱、任人宰割
> **策略**：伺機變得強壯、幹練、有力
> **陷阱**：傲慢、沒有敵人就活不下去
> **天賦**：才幹與勇氣

> **英雄**也可能是戰士、鬥士、救星、超級英雄、軍人、獲勝的運動員、屠龍手、對手和隊員。

驅，像是馬丁·路德·金恩（Martin Luther King, Jr.）和南非總統曼德拉（Nelson Mandela）；電影，像《星際大戰》（*Star Wars*）和《搶救雷恩大兵》（*Saving Private Ryan*）就提供了英雄故事的基本原型結構；經典電視影集，像是《孤獨的遊騎兵》、《星艦迷航記》、《超人》（*Superman*），以及後來的《戰士公主西娜》（*Xena*）、《重案組》（*Homicide*）。不論是身負使命的戰士，還是濟弱扶傾的義行，我們都可以從中看到英雄的影子。

英雄所處的環境包括戰場、運動場、街道、職場、政治叢林，以及任何一個要靠英勇奮發的行為來克服艱難或挑戰的地方。

英雄希望讓世界變得更美好，而他們最大的恐懼就是缺乏堅定不移與所向披靡的精神，所以這種原型有助於我們培養活力、紀律、專注力與決心。

獨樹一格的英雄品牌包括海軍陸戰隊、奧林匹克運動會、太空計畫、全國婦女組織（National Organization of Women）、Nike體育用品、聯邦快遞（Federal Express）、紅十字會（Red Cross），以及大多數的電玩遊戲（有一個明顯的例外是亡命之徒的電玩遊戲）。由於我們文化中的英雄原型帶有很濃厚的戰士精神，因此很多有關

健康與社會福利的活動都是以戰爭為名，像是「掃除貧窮大作戰」或是「反毒大戰」等等。

　　與英雄有關的圖像包括：需要技巧和敏捷的身手才能通過的自然地形；完成工作所需要用到的機器和辦公室；馬匹、車輛、飛機、人員或任何可以快速移動的東西；以及任何有力的東西，像是強烈的色彩或是明快的形狀與線條。英雄的服飾和環境都有它的作用，並非只是奢侈的象徵。事實上，過度安逸反而有害，因為它會使人變得軟弱。如果要說到靠嚴苛的訓練和繁重的工作來造就潛在英雄的環境，以色列的合作農場與軍隊的新訓中心堪稱是絕佳的代表。

　　當英雄原型表現在個人身上時，他們可能會以積極的心態尋求挑戰，像太空人、海軍陸戰隊隊員或運動員都是類似的例子。但他們也可能只是因為路見不平或遇到問題，陰錯陽差地肩負起解民倒懸的重責大任，被迫成為英雄的。不管是哪一種情況，英雄都會因挑戰而熱血沸騰、為不平義憤填膺，然後以迅速果斷的態度處理難

英雄的幾個層次

動力：惡霸捉弄你，或是有人想要嚇你或侮辱你；遇到挑戰；有人需要你幫忙抵禦外侮

層次一：培養勢力範圍、才能與主宰的本事，並靠外在的成就來體現，同時透過競爭來激勵或測試

層次二：像軍人一樣，為國家、組織、社群或家庭堅守崗位

層次三：運用本身的力量、才能與勇氣做一件對自己和世界有意義的事

陰影：非贏不可的念頭

題或掌握契機。

　　英雄對自己的修為、專注力與快刀斬亂麻的本事很有把握。他們天生就是要來保護他們眼中無辜、無能為力或是孑然無助的人（像那些拯救少女脫離苦海的英雄就是類似的例子），而且他們對所有人都充滿了提攜的熱誠。

　　在政治上，馬丁‧路德‧金恩（尤其是那篇〈我有一個夢〉／ I Have a Dream 的演講文）鼓舞了美國各種族，使他們勇於實踐機會均等的文化理想。換言之，英雄往往會展現出啟迪人心的特質。事實上，他們的神秘之處不只在於他們的行為，更在於他們的身分。南非總統曼德拉有一件事蹟備受稱道與讚揚，那就是他寬恕了監禁他二十七年的獄所人員。這個舉動不僅有助於人民擺脫種族隔離政策的桎梏，更有助於化解仇恨，誠可謂大勇的最高境界！

　　英雄最差的下場就是目空一切或恃強凌弱，再不然就是提早斷送自己的生命；最好的結局則是成就一番偉大的事業。但矛盾的是，英雄並不覺得自己是英雄，因為這麼做似乎顯得太過張狂。他們通常都認為，自己只是在克盡本分。如果要說到他們真正討厭的人，懦夫比惡棍更讓他們覺得可恥。因此，他們很勇於接受挑戰；即使別人覺得愚不可及，他們還是會義無反顧。

　　當然，這種原型就像所有的原型的一樣，也會有負面的性格。征戰英雄可能是個恐怖的惡霸，像有人或許就會把入侵歐洲的匈奴王阿提拉（Attila the Hun）視為英雄，因為他征服了許多人；但被征服者卻飽受燒殺擄掠的殘害。在最低的層次上，英雄原型就是以求勝為目的，因此對手自然也會被貶抑為仇敵或是罪有應得。比方說，德國納粹就自比為英雄，但到頭來它卻把人關進了集中營，帶給人間無限的悲劇。以比較正常的行為範圍來說，你可以在惡性接管公司的紛擾中看到這種負面性格。接收的公司或許很有勝利的快

感，但其他人的生活卻可能因此受到沈重的打擊。英雄的陷阱就在於，你自以為很英勇，但其他人卻認為你壞到骨子裡。當這種情況發生時，千萬不要一錯再錯；此時應該懸崖勒馬、虛心受教，並謀求改進之道。

Nike：一個英雄品牌的誕生與試煉

　　Nike起初是由奧瑞岡大學（University of Oregon）的一位研究生和他的跑步教練所聯手創造的，他們的目標是要設計出可以讓人跑得更快的平價運動鞋。長期以來，Nike一直是以英雄作為它的品牌原型，而且運用得也很出色。它的主要宗旨是要了解與喚起運動員的靈魂，而它目前所使用的口號「放手去做」（Just do it!）即是在倡導勇於任事的英雄特質。

　　產品名稱其實就和近期很多塑造了強烈認同的品牌一樣，本身也是一種原型。耐吉（Nike）是長有翅膀的勝利女神之名，而Nike公司則是由熱愛比賽並對跑步有高度信仰的運動員所創立。它剛開始的成功與慢跑的熱潮有密不可分的關係，因為這股熱潮不僅鼓吹健康的理想，更把跑步與勇者畫上了等號。

　　Nike在1990年代的造勢活動大部分都是以兩件事為主軸，一是由廣受喜愛的運動英雄麥可‧喬登（Michael Jordan）擔任代言人，一是免費提供Nike的鞋子給頂尖的職業球隊與大學運動隊伍，並說服教練拿給運動員穿。而其中所隱含的訊息當然就是：「最好的運動員都穿Nike」。

　　不過，Nike一直很謹慎地利用一般人的廣告來平衡喬登的光環（並研究新新人類的口味和喜好）。此外，它也積極倡導女性參與體育活動的重要性，並邀請女性共同為英雄式的理想而努力，有些廣

告還邀請美式足球的小聯盟球隊與中學足球隊擔任主角。Nike巧妙地把女性、經常搞怪的新新人類和麥可‧喬登結合在一起，以健康的方式發揮了名人的影響力。一般人都被鼓勵要「學習喬登的精神」，為了加強這種印象，Nike還拍了一支廣告，描述喬登在小聯盟棒球隊裡吃到苦頭後，看起來反而比他在籃球場上不可一世的樣子更為平易近人。此外，穿Nike更是為了圓一個夢：消費者之所以要穿Nike，不一定是因為自己擁有英雄的特質，而是因為「想要」擁有這些特質。

強納森‧龐德（Jonathan Bond）和理察‧柯申寶（Richard Kirshenbaum）在《全面監控》（*Under the Radar*）一書中也提到了類似的聯結關係：「市內的運動比賽得到了耐吉的贊助，所以要在四周的圍籬上懸掛黑白分明的勾狀商標。結果，當這兩塊尼龍布一掛上去，運動場馬上就變成了專業的體育競技場，而這就是品牌的力量！」龐德和柯申寶在同一本書裡還寫道：「大家願意花上好幾年的時間，想盡辦法只是為了要在耐吉裡謀一份差事。」他們的員工向心力很強，很多人甚至還會把「耐吉著名的勾狀商標刺在大腿內側。」這些人不僅是在耐吉工作，更是在發揮生命的潛能。

Nike的策略就是大量運用大衛‧愛格（David A. Aaker）在《品牌行銷法則》（*Building Strong Brands*）一書中所說的「策略機會主義」（strategic opportunism）：每年為三十種左右的運動項目引進數百種鞋子。在注入了鮮明的英雄色彩後，Nike便可針對不同的運動項目與不同的市場區隔推出特定鞋款，而不致於減損本身的特色。

另一方面，當Nike變得愈來愈上軌道之後，它便開始在廣告上只秀出勾狀的商標（以及喬登或鞋子），而拿掉Nike的字樣。這是自信還是自傲的表徵？典型的古代悲劇英雄都具有視死如歸的特質，但也有一個不幸的缺點：他們雖然不是個個都驕傲自大，但也

八九不離十，所以很容易葬送大好前程。伊底帕斯（Oedipus）和安蒂岡妮（Antigone）都是希臘悲劇中的例子，莎士比亞的悲劇作品中有李爾王（King Lear）、奧塞羅（Othello）與哈姆雷特（Hamlet），當代則有水門案的尼克森總統（Nixon）和殺妻案的O・J・辛普森。在新世紀的交替之際，Nike的最終命運雖然還是個未知數，但它顯然一直都在英雄原型的成就與責任中打轉。Nike壓榨中國童工的醜聞之所以會愈演愈烈，就是因為Nike違背了它對全世界的承諾：它要支持學生團體努力推動各國的勞工保障制度。Nike在處理這件醜聞時，完全缺乏應有的政治手腕，而這點在公司的宗旨裡或許早就有跡可循：「體驗競爭、獲勝與橫掃對手的感受。」但不管這次的衝擊對Nike的銷售量傷害大不大，公司的名譽都已經染上了污點。

　　長久以來，Nike的廣告一直充滿了美好的理想與高尚的情操。它鼓勵運動員保護環境、提升運動員的品格，並展現出一種理念，認為運動有助於女性掌握自我，同時還能更積極地投入競爭激烈的經濟場域。但在醜聞喧騰期間，Nike卻推出了一支不尋常的廣告。它的內容是一個男子跑過一個似乎要瓦解的世界，儘管城市在燃燒、飛彈在亂射，但他卻沒有因此停下腳步。他淡然地漠視一切，只注意到身邊也有另一個人在跑步。這支廣告同時呈現了英雄原型的正面與負面力量：英雄不畏逆境的本事固然是很大的優點，但自以為是、不聽勸諫或打壓異議（不管異議是否中肯或有用）的個性卻是這個原型的致命傷。這個廣告很難不讓人懷疑，Nike是不是在表現公司遭到圍剿後的感受。

　　這一切最令人遺憾的地方在於，要是Nike能早點了解它的原型，或許就能認清英雄的負面潛能，並改掉原來咄咄逼人與目空一切的態度。每個原型都有類似的陷阱，但你如果能充分了解原型對

本身組織的表現有多大的影響，就可以提早防範負面的潛能，以免招致這種令人難堪且有損形象的名聲。

英雄組織：美國陸軍與聯邦快遞

　　英雄式的組織往往都是致力於值得奉獻的事業，或是像美國陸軍所說，全力協助顧客和員工「盡情發揮」。這裡的「盡情」當然就是指毅力、活力、雄心、效率、競爭力，最好還能包括紀律。這些組織鼓舞人們奮發向上，完全激發他們的潛力。以私人組織來說，它們多半都是具有高度競爭力的地方，並以銷售數字作為活動的成就指標。它們極為注重企業精神，所以它們不但把永續成長視為一種期待，更把它當作一種要求。至於對公共部門和非營利機構而言，對事業的奉獻與投入是不可或缺的條件。但不管是哪一種機構，基本的原則都一樣：怕熱就不要進廚房。

　　這類組織最有名的就是美國陸軍。軍隊有最嚴明的階級制度，目的是為了培養體格強健的戰士、協調力強的團隊，以及迅速靈活的行動力，以配合局勢的要求。諷刺的是，軍隊雖然不怎麼民主，但大體上來說，它卻是一個可以讓社會上所有不同種族以及許多出身貧寒的男性（和愈來愈多的女性）充分參與的地方。這一方面要歸功於軍校教育體系，一方面則是陸軍本身訓練和培養的成果。

　　不管是在陸軍還是英雄式的公司裡，標準都會訂得很高，員工也被期待要有強悍的表現，並且要想盡辦法達到目的。在營利的世界中，公司如果處於高度競爭的環境下，往往都會具備英雄式的組織文化。換句話說，不管是什麼東西，只要派得上用場就是好東西；一旦失去作用，就會被棄之如敝屣。因此，這些公司往往會毫不留情地緊迫盯人，以要求高水準（而且可能高到不合理）的表

現，同時也希望好員工都是無欲無求的工作機器。如果是在戰場上，這些做法或許有它一定的道理，但類似的期望在企業界卻可能造成災難。軍人多半可以靠休閒娛樂來調劑，但律師在壓力沈重的職場中往往很難比照辦理。在肩負神聖使命的非營利組織中，那些有志之士可能也是以同樣的方式自我鞭策。但日子一久，這種不斷要求的結果可能會提高員工罹患心臟病的機率、引發憂鬱症，甚至破壞他們的家庭和諧（如果疏於照顧小孩，更有可能危及整個社區的發展）。

不過，英雄式組織要是能有良好與健全的發展，便可培養出戰無不勝的員工與團隊，這種情形就很像是優秀的教練在帶領與指導運動團隊的表現。達到目標和標準是員工的基本要求，但優秀的員工也應該得到豐厚的報酬、完善的訓練與高度的重視。所以他們不但會照顧自己，還會互相照顧。大家都以身為常勝團隊的一員為榮，堅持品質則是眾人的行事準則。此外，高水準的英雄式組織也很有原則，而且會把想法說得清清楚楚，絕不會言行不一。

幾乎所有的英雄式組織都很善於激勵人心（就像教練在激發隊員的求勝意志一樣）與釋放活力，讓大家體認到在經濟競賽中獲勝有多麼重要。一般來說，認同組織宗旨的員工都會有很強烈的使命感，不管遇到什麼情況，他們都不會讓團隊失望。

美國郵政服務原本是最典型的英雄式品牌——「不管日曬、雨淋、下雪還是黑夜」，郵件都照樣送達。但遺憾的是，這種英雄特質並沒有維持太久。1960年代中期，當聯邦快遞的創辦人弗烈德‧史密斯（Fred Smith）還在耶魯大學念書時，他就想到了連夜送貨服務的點子。他把自己的想法寫成報告，結果教授給了他「C」的成績，理由是缺乏可行性。

對於英雄堅持到底的精神，史密斯可說是再熟悉不過了。他天

生殘疾，小時候必須靠支架和枴杖才能走路；然而他後來不但可以行走，還能打籃球與美式足球。到最後，他的身體更強壯到足以在越南擔任海軍陸戰隊的排長。聯邦快遞並不是馬上就成功，但史密斯對這個理想深信不疑，而且始終不曾放棄。他花錢打廣告，強調那句著名的台詞：「聯邦快遞——絕對保證隔夜送達。」

　　它的促銷活動剛開始是以中階與高階主管為主要訴求對象，後來擴大到秘書與收發室人員。最初的廣告主題是一場實地試驗，由聯邦快遞和它的主要對手比賽送沙包，而獲勝的當然是聯邦快遞。後來的廣告則強調現代商業瞬息萬變與激烈競爭的特質，片中的主角施普林（Spleen）是一位講話奇快、精力旺盛的經理人，他在一分鐘內連說了好幾百個字，目的是為了顯示他對於包裹能不能準時送達有多著急。這則廣告所要傳達的訊息就是，你如果要在今天追上對手，就少不了聯邦快遞。聯邦快遞的組織文化也強化了它的英雄特質。史密斯雖然出身富裕，但他卻很嚮往海軍陸戰隊裡面那些藍領階級所展現出來的英雄氣概。於是他便希望，這些人在他的事業裡也可以得到公平的待遇。聯邦快遞要求員工以英雄般的堅定精神追求高品質的成果，使這些包裹確實能完好如初地準時送達。相對地，員工也會得到應有的尊重與公平的待遇。而且他們還有一個發聲的管道，那就是可以和老闆一起替主管打分數。

　　聯邦快遞一直都是靠在賣座電影裡軋一角來突顯它的成就與崇高的地位，像在史提夫‧馬丁（Steve Martin）的《大製騙家》（Bowfinger）中，那位製片人就是在聯邦快遞的卡車停下來時，才發覺自己很成功，而片中也把他收到隔夜包裹的情形描寫成宛如聖杯示現。在《落跑新娘》（Runaway Bride）一片中，茱莉亞‧羅伯茲（Julia Roberts）從婚禮上開溜時，同樣是跳上了聯邦快遞的卡車。後來該片中的一個角色還對這個場面下了一個很妙的結論，強

化了聯邦快遞的承諾：「我不知道她會被載到哪裡去，但她肯定會在明天早上十點半的時候到達。」

「當個英雄」——品牌

和上述這些純粹的英雄原型品牌不同的是，現在有很多品牌都是以蜻蜓點水的方式明示或暗示英雄訴求。舉例來說，像資訊技術服務的電子市集ITRadar.com就拍了一支影片，內容是一位一次世界大戰的士兵在飛機旁邊輕鬆地說：「誰會成為明天的商場英雄？可能就是你。」這支廣告的目的是在催促消費者「加快運用資訊科技的腳步」。對英雄來說，眼前的路永遠是無限寬廣。富士通（Fujitsu）在訴諸這種雄心壯志時，所用的口號是「追求無限」；FTD.COM花店則要大家「當個英雄」，或者起碼成為收花者（像是媽媽）眼中的英雄。

萬寶路（Marlboro）是以懷舊之情來襯托英雄訴求，邀請讀者一起走進「萬寶路之鄉」以及牛仔的夢土與生活。萬寶路歷來最成功的一支廣告就是一個萬寶路男子牽著一頭小牛跨過小溪，展現出英雄樂於助人的精神。消費者如果看過舊的《虎膽妙算》電視影集或是新的《不可能的任務》電影，一定不會忘記那個柯達（Kodak）廣告所採用的英雄訴求：「假如你選擇接受任務，就從www.kodak.com/M12/Digital開始。」

不過，進步的誘因往往是恐懼，恐懼落於人後或是無法完成工作。資誠公司（PricewaterhouseCoopers）有一支廣告（「加入我們一起來改造世界」）就是運用類似的手法，它說：「落後就是最大的危機。」在陸軍預備軍官訓練軍團的廣告片中，有一隻鯊魚告訴大家：「只有強者才能生存。所以在大學裡要盡量修最炫的課，等

你踏入社會才能驚天動地。」Outdoor Research宿營用品店推出了一則促銷睡袋的廣告，主題是一個四周都是林地的湖泊受到雷電和狂風暴雨的侵襲，而旁邊則有一行字：「帶來五個，無一倖存。」這則廣告引人注意的地方在於，它會先讓大家覺得有人遭遇了不幸，但等到仔細一看，才發現下面還有一段話：

> 好幾年前，有一次我們跑到惠尼山（Mt. Whitney）的東面躲雨，當天晚上真是潮濕又漫長的一夜。我們有五個不同牌子的露營睡袋，結果全部都漏水。我覺得睡袋應該要設計得更好，於是隔天早上我便動手從砂裡挖了一個睡袋出來。我知道真正精良的睡袋並不好做，但我所碰到的情況卻比我原先擔心的還要糟！設計難、改良更難，而且專利還得等三年才拿得到。

這種訴諸於行動迫切性的訴求也被運用到家庭計畫的廣告中：「如果你不注意避孕，你就會一舉得子。你有七十二個小時可以減低懷孕的風險，這種方式叫作緊急避孕法。你如果有任何問題，請電洽家庭計畫中心。」

以品牌作為英雄的指引與旅程上的道具

在某些情況下，公司會讓人覺得它可以提供你所缺少的英雄氣概。Upside是一個交易商網站，它有一支廣告說：「並不是每個人的DNA裡都具備了企圖心與成功的基因。」交易商只要一看到這則廣告，大概就知道自己少了什麼。有很多服務都可以當作教你要如何當英雄的指引，像JP摩根證券公司（J. P. Morgan Securities）就是以下面這段話來推銷惡性接管保險：「在現今這種惡質的商場環境

中，如果還以為接管競價永遠不會找上自己，那就表示你的公司可能比較不容易順利因應類似的挑戰。但現在你只要在惡性收購發生前先做好幾個步驟，就可以增加活命的機會。」有很多類似的廣告都把現今的經濟情勢描寫得跟戰場或運動場沒什麼兩樣，像德意志銀行（Deutsche Bank）在自我推銷時就強調，它「贏得了導正投資報酬的比賽」，而且還和消費者分享了心得。

在「領導者的eBusiness」——Calico的廣告中，有一個男人穿著三件式西裝，頭戴維京帽，說了下面這句名言：「不要光拚命，贏了才算數。」有很多公司都是以顯而易見但卻不怎麼有效的方式運用原型，像上述這個廣告就是個例子，因為戴了那頂帽子反而讓那個男的看起來有點可笑。如果要以原型為訴求，就應該更強調英雄的力量，也就是強調內在的認同感與英雄氣概。舉例來說，像全國各電視台不斷播放的那支海軍陸戰隊廣告就把英雄的陽剛性表現得淋漓盡致。它剛開始的畫面是一個偉大的英雄在和怪獸打鬥，很類似電影《星際大戰》的情節以及其他許多真實的英雄故事。接著這位戰士突然搖身一變，成了美國海軍陸戰隊的隊員，並站成立正的姿勢。這則廣告所傳達的訊息很清楚：只要加入軍隊，你就能成為真正的英雄。

美國陸軍所做的市場研究顯示，年輕人從軍不僅是為了獎學金，更是為了圓一個培養紀律與人格的英雄夢。「在陸軍盡情發揮」的口號之所以會有那麼強烈的吸引力，就是因為每個人（尤其是年輕人）都有一種渴望，希望能靠真正的挑戰來證明自己的實力，而陸軍就是一個可以讓人一圓夢想的地方。

美國女子職業籃球協會（Women's National Basketball Association ／ WNBA）也是以類似的方式吸引年輕女孩，以及那些認同公司理念的父母，使這些小女孩能在公司的協助下成為強壯、

自信、出色的運動員。美國師範專班（Teach for America）則要有
潛力的學員挺起胸膛，做一點真正有益社會的事：「在你去哈佛商
學院（Harvard Business）、耶魯法學院（Yale Law）或史丹佛醫學院
（Stanford Med）之前，不妨考慮申請一所真正嚴格的學校。」這則
廣告最後指出：「用你生命中的兩年來改變幾個孩子往後的命運，
你的生命也將更為豐盈。」

其他的廣告則把消費者塑造為英雄，並提供他們作為一個英雄
所需的道具。在一則顯然是以職業婦女為目標的牛肉廣告中，有一
群女玩具兵正在從事現代女性的各種活動，包括跑步、洗衣服、上
班、購物和育嬰等。它的說明是：「你的孩子需要你，你的辦公室
也需要你——找個幫手吧。」它所說的幫手就是指牛肉中的營養成
分。美國的藥廠則是以向病菌開戰的角度自我定位，其中有一則廣
告說：「癌症就像戰爭一樣，所以我們開發了三百一十六種新武器
（像是藥品、基因療法和「魔彈」抗體等）。」

任何與女性解放有關的東西都可以當作英雄式產品來推銷，就
連衛生棉也不例外。坦佩斯（Tampax）衛生棉的廣告（「革命尚未
停止」）說：「它是力量的象徵，兼具美麗、彈性與氣質。它是身
體與情緒的代言人，融合進步、優越與創新。它是你的姐妹、你的
母親、你的女兒。它是女人，也是你。」

Nike以女性為主打對象的廣告經常顛覆文化上的刻板印象，那
就是「只有男性才能當英雄」。它那支很有名的廣告「假如你肯讓
我做」不但試圖影響女性，更希望影響整個社會。廣告中指出，以
運動為職志的女孩很少會出現未婚懷孕或嗑藥的情形。另一支廣告
則說：「為什麼要像男人一樣搞得滿身肌肉？我們天生都有肌肉，
它並不是只有男性才有，就像皮膚也不是女性的專利一樣。女人味
難道不能與肌肉並存嗎？誰說我們愈擁抱身體，就會愈沒有女人

味？擁抱你的身體，發掘女人味。」而結論當然就是，Nike的運動服可以幫你實現這個夢想。

　　不管是對男性還是女性來說，英雄原型都牽涉到嚴格的標準、堅毅的精神和果斷的能力。例如有一支女用置物箱的廣告就是一位事業有成的女性說：「我在訓練的時候只要求自己一件事，那就是『多做一點』。」Avia運動鞋的廣告則是以一位肌肉結實的美女為主角，並附上下面這段說明：「她都會固定鍛鍊手臂的線條，以及她的生活。」

　　Gazelle.com的連身褲襪廣告是一位女太空人在月球上說：「這是女人的一小步，但卻是女性的一大步。」當然，對美國企業中的女性來說，連身褲襪只是做生意的工具。美顏產品有時候也被當成兩性與抗老戰爭的武器在賣，像L'Oreal（萊雅）就把它的面霜叫作「防皺霜」。

　　駿馬是英雄很重要的一項道具。因此除了探險家以外，就屬英雄原型最常被運用在高級車的廣告中。像凱迪拉克（Cadillac）就宣稱，它的Seville車款「不光是長得好看」，更擁有「令人難以招架的威力」。為了再次強調，這則出現在雜誌前頁的廣告接著說：「你知道三百匹馬力的北極星V8有多大的力量嗎？它的力量大到可以讓這篇廣告從雜誌的尾頁跑到這裡來。」福特的貨車廣告（「我們來幫你跑贏」）則提醒讀者：「到了最後幾英哩時，重要的不是你有多天才、多聰明或多有錢；最重要的是你多有決心。」它還再三向消費者保證，就算越野賽跑再累人，「福特貨車還是可以輕鬆自在地跑完全程。」日產汽車（Nissan）在促銷Xterra時，形容它是「萬能的好幫手，在各行各業都能獨當一面。」Chevy S-10的廣告是以海軍退休軍官卡洛斯・桑達佛（Carlos Sandoval）穿越陰暗的沼澤為主題，廣告中強調，他覺得這種磨練「很酷」，但要是沒

有這台耐操的Chevy，他就會「難以施展」。

　　探險家和英雄的原型都必須四處奔波，但英雄的重點在於證明自己，而不是尋找自己，所以它的產品都是以耐用與彈性為賣點。Nissan說：「只要你想得到，它就做得到。想要到莫亞布（Moab）爬山？可以。要到傑克森洞（Jackson Hole）滑雪？沒問題。還是想去馴牛？一句話。」龐帝克（Pontiac）的表現手法則是：「問題：路突然變得很難走。辦法：隨著硬式設計（Solidform Design）的2000 GrandAm SE搖擺。它是用堅硬的鋼體材料所建造，連匹茲堡（Pittsburgh）[1] 都難望其項背。生命的道路充滿了坎坷，所以你一定要有理想的配備再上路。」這支廣告的內容是幾個駕駛在懸崖附近玩汽車曲棍球，主題則是：「你不一定想這麼做，但你可以這麼做。」事實上，以英雄的有力道具來比喻汽車已經使用過度，所以未來可能很難再以此作為不同品牌的區隔條件。

　　看了這麼多宣稱車子有多堅固的廣告後，我們發現雅基瑪固定架（Yakima Loadwarrior）系統的廣告反而讓人有種如釋重負的感覺。它不但作風隨興，而且還把典型的英雄禁欲主義嘲弄了一番。它說：「幸福的關鍵在於，不要把一切東西都往裡面塞。」畫面上則顯示一輛汽車在車頂上裝了腳踏車固定架和其他帶有陽剛氣息的裝備。

競爭與挑戰

　　Intel有一支詼諧的廣告則顯示出，低層次的英雄原型訴求的可能是逞匹夫之勇。它的內容是一個年輕人在他的電腦旁關心地說：「我的電腦應該要有多快？反正只要比我的朋友鮑伯的電腦快就行了。」以太系統（Aethersystems）的廣告（「隨行星球上的無線解決

方案」）說：「個人電腦和筆記型電腦對企業的影響無遠弗屆——直到我們要它們讓位為止。」

網站開發業者「家園」（Homestead）的廣告（「新世界已經來臨，打造自己的家」）訴求的便是英雄對吹捧自己成就的渴望。像在史詩《貝奧武夫》（*Beowulf*）中，英雄也是靠吹噓自己殺死怪物和征服國家的故事來消磨晚上的時光。「家園」讓你得以加入那些英雄的行列，對團隊運動的混戰好好描述一番：「獲勝要付出慘痛的代價，但你可以讓網站來吹噓說，那一點也不痛。」

嚴格說來，英雄原型還是所有驚悚片和電玩遊戲的根本。像Sega的Dreamcast在促銷「惡靈古堡」（Resident Evil）時，就是以放話的語氣要玩家面對驚悚畫面的挑戰：

> 你在害怕的時候或許還能保持笑容，但它的緊張程度保證讓你笑不出來……假如你要享受「惡靈古堡」（你這個噁心的傢伙），那就熄掉燈光，把心思全部放在這兩片光碟上，經歷四十個小時以上最邪惡、變態、殘忍的恐怖情節。新式武器、立體動畫以及從主觀角度觀看的戰爭場面將以前所未見的生動手法呈現恐怖的氣氛，這也表示你可以試試自己到底有多勇敢。

Half.com所採用的手法也差不多：畫面上的年輕男孩被打得鼻青臉腫，所以他打算去買《李小龍對戰法則》（*Bruce Lee's Fighting Method*）來準備下一場戰鬥。

人性中的侵略性格可以導向正面，也可以導向負面，而拉格茲（Lugz）的鞋子廣告則刻意留下模糊的空間。畫面上的年輕人踢了金屬門一腳，但說明只有兩個字：「征服」。英雄原型有助於宣洩這種侵略性，使它以正面的方式表達出來。在較高的層次上，它可

能就會表現在運動或經濟方面的競爭，而不是身體上的侵略，像美國人壽保險（Equitable Life ASA）這家金融服務業者就把它的專業技術和培養「堅強意志與更強領導力」連結在一起。

更高層次的英雄當然就是以一己之力來維持和平。網路連線業者「和諧」（Symphony）拍了一支有趣的廣告，內容是一家人正透過網路連線在拔河。這家公司的本業是在提供家庭無線網路，「使每個人都能無線上網」，以化解「上網之爭」。富豪汽車（Volvo）也拍了一支廣告，以「我的車既安全又耐用」來和其他業者區隔，但它卻是以和平而非戰爭為訴求：「第一枚真正讓世界更安全的飛彈。」就連現實世界中的維持和平行動也幾乎都是以英雄為原型。

提高層次

在這個愈來愈講究心靈的時代中，英雄的勇氣和毅力也可以當成精神成就的必需品來賣。像丹那（Danner）皮鞋的廣告就說：「往極樂世界的路還沒有通。」因為山頂上白雪皚皚的景像會讓人想起為了啟發心靈而長途跋涉的辛勞（有可能是在尼泊爾）。文案中又說：「沒有人說極樂世界容易到達……所以要把鞋子穿好，趁著別人把天堂變成停車場之前先走一趟。」

美國癌症學會（American Cancer Society）也以類似的手法扭轉癌症病患的受害者形象。它的行銷活動是為了突顯不同的英雄形象所設計，其中有一支很棒的廣告是以一位長得很漂亮的中年婦女為主角。廣告中說：「她是一位母親，她終於找到了一種方法幫助她女兒戒菸。（她）是一位病患，她向關心她的人傾訴，因而克服了自己的恐懼。（她）是一位妻子，她新開發的力量幫助了她的丈夫重燃希望。」

最後，環保上的創新最適合以英雄式的品牌認同來表現，因為高層次的英雄原型就是以為地球及他所處的時代帶來正面貢獻為主軸。「綠山能源」（Green Mountain Energy）的廣告（「用心選擇，因為地球很渺小」）說：「有些人夢想著要有一番作為，有些人則會動手實踐。」這家業者很聰明，它並沒有把重點放在公司的英雄事蹟上，而是把它的顧客描述成英雄，使「再生設備」成為「顧客選擇的直接對象」。

美國反毒聯盟（Partnership For a Drug Free America）最成功的一支廣告當屬「漫漫回家路」，它是描述一個小男孩要從學校回家，可是沿路上的治安非常差。他要爬過很高的圍牆，並穿過小巷與庭院，才能避免碰到毒販。這支廣告十分傳神地描繪出貧窮地區兒童的困境，同時也讓大家知道，要「堅決說不」其實並不容易。小男孩說：「……那些毒販也許很怕警察，可是他們並不怕我。所以就算我說不，他們也肯定不會甩我。」這支廣告並沒有提出不切實際的解決之道，而是以同情的角度看待這些孩童真正面臨的困境，並把他們描繪成有擔當的英雄。該聯盟的後續研究指出，這支廣告提高了孩童的自信，使他們覺得自己有能力拒絕毒品與毒販的威脅。

對英雄行銷

有人問印度聖雄甘地，他對西方文明有什麼看法，他的回答是，他認為那是個好辦法。大家普遍覺得這個時代充滿了不確定，而且缺乏價值與理念。正因為消費者（尤其是那些表現出高層次英雄原型的消費者）對理念的渴望十分強烈，所以只要是能提供信念的人物、公司和品牌，就會受到消費者的青睞。羅夫‧錢森（Rolf Jensen）在《夢想社會》（*The Dream Society*）一書中預測，再過不

> **你的品牌若具備下述特點之一，英雄的原型或許可作為一個適當的定位：**
>
> - 你的發明或創新對世界有重要的影響。
> - 你的產品能幫助大家超越極限。
> - 你正在解決重大的社會問題，希望大家共襄盛舉。
> - 你很確定要打倒某個敵人或對手。
> - 你正處於弱勢，希望能反敗為勝。
> - 你的產品或服務有辦法以妥善有效的方式完成某件困難的工作。
> - 你想要把你的產品和那些無法長期經營的產品區隔開來。
> - 你的目標客群自認是品行端正的好公民。

了多久，有意義的故事就會成為品牌的囊中物，而不屬於商品所有。此外，最有吸引力的故事也勢必要能傳達某種足以提升生活境界的價值。他寫道：「21世紀的戰爭將在小地方開打，個人的注意力也將成為兵家必爭之地。」他接著寫道：「公司將逐漸深入理念的市場。」而這主要是因為「消費者有這方面的需求。等你不再那麼注重政治人物眾說紛紜的思想觀念與難免流於空泛的理想時，你就不會在選舉當天到投票所投票了。因為你每天都在用你的購物車投票。」

他指出，消費者已經在責怪公司，「並提出質疑，像是『你們公司難道沒有一點人性嗎？』或是『你們難道是冷酷無情的賺錢機器嗎？』」但諷刺的是，這些只顧著競爭與賺錢的公司也已經展現出英雄原型的特質，只不過是處於比較類似於戰士的早期階段。從這點我們也可以發現，當層次比較高的原型出現在公眾面前時，大

家就會以實際的購買行動來獎勵這些品牌。

　　我們發現，如果是碰到與特定事業有關的行銷活動，或是消費者一直希望公司能從事慈善活動時，高層次的英雄原型就會發揮很好的效果。例如，早在微軟公司身陷反托辣斯訴訟前，反對比爾·蓋茲的行動就已經出現，從這點也可以看出他的作為有多惹人厭。他最早就是因為不願從事慈善活動而招致為富不仁的批評，後來才在輿論的壓力之下屈服。他雖然極力扭轉形象，但很多人還是覺得他做得太少也太遲。

　　現今大部分的公司都會把它們的價值、宗旨與理想交代得清清楚楚，公眾與消費者也愈來愈期待這些企業理想能負起某種程度的社會責任。錢森在《夢想社會》一書中也建議，公司在面對這些期待時，最好「仿效總統候選人的做法，提出一套政見。唯一的差別在於，公司每天都得面對選舉，而不是每四年一次。」在靠英雄形象推銷時要記住，你的成敗不僅取決於產品或服務的品質，更取決於理念的道德力量。

---

1 [編注]美國鋼鐵業中心，此處借指全國的鋼鐵工業技術。

8

亡命之徒

座右銘：「規則就是立來破的。」

　　音樂劇裡面的壞人都是鬍子翹翹、面帶笑容，讓年輕女孩在擔心與著迷之間不知所措。而當汽笛一響起，船員就等於接受了死神的召喚。

　　亡命之徒擁有禁果般的誘惑力。最近在一次會議中，筆者卡羅參與了一場研討會，主題是「不當亡命之徒就等著落伍」，結果現場真的是人滿為患。似乎我們愈是循規蹈矩、認真負責，心裡就愈渴望成為亡命之徒，起碼有時候總會有那麼一點念頭。

　　當然，我們在羅賓漢或蘇洛（Zorro）等人身上所看到的都是亡命之徒最正面的形象。但如果從現有的社會結構以外發掘他們的個性，這些亡命之徒所體現的價值其實比那些主流角色更為深刻與真切。這些亡命之徒的個性都很浪漫，隨時準備翻攪這個向暴政、壓迫、規則或犬儒主義低頭的社會。在近代的歷史上，我們可以想到的例子有，在中國天安門廣場上示威的群眾，以及在美國投身人權與反戰運動的參與者。就是因為有他們這些革命家，世界才會變成

> ### 亡命之徒
>
> **主要的渴望**：復仇或革命
> **目標**：摧毀（對亡命之徒或社會）沒有用的東西
> **恐懼**：軟弱無能、平凡無奇
> **策略**：顛覆、摧毀或撼動
> **陷阱**：投靠黑社會、以身試法
> **天賦**：嫉惡如仇、極端自由

像我們現在所看到的這番景象。

　　當然，也有一些亡命之徒毫無原則可言。這些人只是自我孤立、憤世嫉俗，情願犧牲別人來滿足一己的私欲。一個人如果不以健康的或為社會所接受的方式來滿足個人欲望，最後可能就會以違法犯紀的手段達到目的。這些人可能對道德規範沒什麼感覺，但他們起碼很了解權力的滋味。英雄希望受到尊崇，亡命之徒則樂於成為別人畏懼的對象，因為畏懼起碼代表了某種程度的權力。亡命之徒的作風有很多種，各有各的特色。但不管是歹徒、革命分子、激進分子，還是渾身刺青或環飾的青少年，他們都是靠威嚇或騷擾別人來獲得權力的快感。

　　亡命之徒的任何一種實際行動都是為了消除犧牲的恐懼，所以黑帽牛仔才會騎著馬到鎮上亂射一通；他們唯一的目的就是要破壞現狀，藉以享受權力的快感。英雄和亡命之徒都很容易發火；英雄會被不義的行為激怒而採取行動，亡命之徒則會因為受到輕蔑而燃起怒火。英雄與他們所屬的社群打成一片，亡命之徒則和他們的社群格格不入。你可能會想到《超人》或《蝙蝠俠》（*Batman*）漫畫中的壞蛋雷克斯‧路瑟（Lex Luthor）或小丑（Joker），他們往往是因為（標新立異、殘疾或某方面的缺陷）受到羞辱或排擠才露出猙獰面目的。

　　最容易產生亡命之徒的地方，就是隱密與陰暗的特殊角落。如果按照心理學家容格的說法，個人和文化都會有「陰影」，也就是

不見容於外界而必須加以隱藏與否認的特質。但一般人都不願意承認自己的陰影，甚至打從心底就不認為自己有這樣的陰影，所以他們會把這些陰影投射到其他人身上，認為那些其他人有問題。

　　亡命之徒代表了文化的陰暗面，也就是那些受到社會鄙夷與漠視的特質。就這方面而言，亡命之徒可以釋放社會中被壓抑的情緒，就像是古代在節慶時允許民眾大肆放縱（比方說英格蘭在五月一日當晚都會解除平日的禁慾規定），藉以紓解民間的壓力

> **亡命之徒**也可能是叛逆分子、革命分子、惡棍、狂人、適應不良的人、敵人或主張破除傳統、偶像、迷信的人。

一樣；而事實上，這也有助於文化的穩定。到了現代，則有伍斯塔克音樂會（Woodstock）為亡命之徒的文化帶來正面的形象，並展現出烏托邦時代的潛力；但阿特蒙（Altamont）演唱會中觀眾被保鑣擊斃的事件卻也告訴我們，反烏托邦的潛在力量足以讓亡命之徒的社會毀於暴力之手。

　　我們只要想想亡命之徒的小說和電影有多成功，就可以知道這種原型對現今這個社會的影響力有多大。像電影《養子不教誰之過》（*Rebel Without a Cause*），或是傑克・凱魯亞克的著作《旅途上》[1]，就是在描寫文化的疏離如何打破文化的規範與禁忌。這些電影和作品所得到的迴響也告訴了我們，我們每個人的內心其實都有某個部分覺得自己和主流文化有點格格不入，尤其是在我們年輕的時候。其他像是《我倆沒有明天》或《虎豹小霸王》（*Butch Cassidy and the Sundance Kid*）等電影則把亡命之徒描寫成具有某種魅力，而且會為了自由打破既有的規則。另外像《教父》（*The Godfather*）、《四海好傢伙》或《大開眼戒》（*Eyes Wide Shut*）等電影則是以犯罪或禁忌行為的簡單誘惑為賣點。60年代的嬉皮把亡命之徒的反文化

價值帶進了文化中，並隨著嬰兒潮世代的來臨而成為主流，像《滾石》（*Rolling Stone*）這類的雜誌就是當時的產物。搖滾樂曾經是反文化的表徵，如今則是有點年紀的中產階級最偏好的音樂。

每個世代的青少年都會對亡命之徒的商品趨之若鶩，像幾年前流行把頭髮染成紫色，現在則是靠刺青和環飾來滿足這方面的需求。其他具有類似作用的商品還包括舞廳的搖滾區、各種型態的街舞與饒舌歌，以及哈雷機車（這種車對任何年齡的亡命之徒都很有吸引力）。亡命之徒的品牌還包括了MTV在內，而這也是造成小孩會喜歡、大人會擔心的主要原因。主力商業電視網福斯公司（Fox）則以巧妙的手法傳達類似的訊息，而且比美國廣播公司（ABC）、國家廣播公司（NBC）或哥倫比亞廣播公司（CBS）更強調駭人聽聞或尖銳的內容。雖然我們可能會把卡文克萊（Calvin Klein）當作情人類型的品牌，但由於它給人的印象很性感，擴大了社會禮教所能容忍的極限，所以也具有亡命之徒的特質。

有一大票的人都在收聽「紐約鳥王」霍華·史騰（Howard Stern）的深夜成人節目，或是收看美國廣播公司的脫口秀節目「政治不正確」（Politically Incorrect）；也有一大堆人在喝龍舌蘭酒（Tequila）、傑克丹尼爾田納西威士忌（Jack Daniels）和南方安逸香甜酒（Southern Comfort）；更有不計其數的人在抽溫斯頓（Winstons）香菸。海瑟威（Hathaway）襯衫上的人像戴著像海盜一樣的黑色眼罩，增添了不少亡命之徒的色彩，使原本中規中矩的襯衫變得更有味道。在婦女運動方面，由於受到克萊麗莎·蘋可蘿·艾斯塔（Clarissa Pinkola Estes）所寫的《與狼同奔的女性》（*Women Who Run With the Wolves*）等書籍所啟發，因此受過高等教育的職業婦女便試圖尋回女性所失去的狂野本性，而羅伯特·布萊（Robert Bly）和其他人則是帶領男性到叢林裡去尋找狂野的本性。

　　當亡命之徒的意識出現時，大家就會深刻地體會到文明是如何限制了人類的表達方式。納薩尼爾・霍桑（Nathaniel Hawthorne）的美國經典小說《紅字》（*The Scarlet Letter*）把清教徒社會拿來和自由的林間生活相比；這種生活不但與情欲、生命力和罪惡息息相關，而且弔詭的是，它和道德的轉變也有很大的關係。美國的小說和電影在針砭社會時，經常會出現好人為了維護正義而被迫以身試法的情節。有很多經典小說都是在印證這個主題，其中一個很有名的例子就是馬克・吐溫的《頑童歷險記》。此外，像《末路狂花》、《油炸綠蕃茄》（*Fried Green Tomatoes*）和《心塵往事》（*The Cider House Rules*）這些當代的電影也都是在描述這個主題。像《心塵往事》裡的那些人就是因為覺得社會不足以保護他們，所以只好以不見容於法律的方式求生存。不管是俄國革命領袖列寧（Lenin），還是美國黑人民族主義者麥爾坎 X（Malcolm X），這些歷史人物都反映了社會的現況：當弱勢團體的領袖被逼得走頭無路時，唯一的辦法就是支持或行使暴力。

　　從日常的角度來看，不管是布萊德・彼特（Brad Pitt）、傑克・尼克遜（Jack Nicholson）還是瑪丹娜，這些大明星所扮演的角色都很成功，因為他們打破了不合時宜的規則，使眾人的心靈得到解放。瑪丹娜的表演不僅充滿了情欲，甚至還大搞男女關係，但她同時又戴著十字架，並借用聖母瑪利亞之名[2]。總而言之，她的品牌特性就是在公然挑戰處女與淫婦的傳統界線。這種品牌特性必須以承擔風險的能力作為後盾。假如社會已經準備好讓本身的價值觀接受挑戰，它就會產生無遠弗屆的效果；但要是社會還沒準備好，它就會引起嚴重的反彈、批評與羞辱。

　　在前蘇聯時代，資本主義的行為雖然不為法律所允許，但環境的因素卻造成黑市的活絡（這當然是資本主義的極端活動）。證諸

歷史，亡命之徒的國家成立了，但我們也都知道，共產主義的垮台其實是早晚的事，起碼在形式上是如此。

不過，亡命之徒的威脅還是在於零星的暗中反抗。這種反抗一旦爆發，就會開始破壞社會；如果不是從內部瓦解，就是以暴力手段顛覆。這種原型的負面影響在某些角色的身上可以看得清楚，像《星際大戰》裡的黑武士維達（Darth Vader），以及其他投身黑社會的反派角色都是很好的例子。組織如果把利益和競爭看得比任何一種道德價值或社會責任感都來得重要，負面的亡命之徒就會大行其道，公司也會陷入空前的危機，使原本健全的體質（與靈魂）被惡性接管給消磨殆盡。

落伍與革命行為的傳達者

亡命之徒的品牌角色很複雜。在缺乏價值的時候，它們會讓卑劣與憤世嫉俗的行為變本加厲。但它們也可以幫忙扳倒威權的體制、協助社會掙脫束縛，並成為釋放民怨以維護現狀的安全閥。此外，它們還可以強化真正的革命、掃除僵化壓抑的思想，使全新的作為得以開展。

1960年代堪稱是亡命之徒的年代，反文化的英雄和他們所冒犯的男女牛仔最後都掌握到整個文化中的自由價值，只不過他們對自由的定義各有不同。隨著嬰兒潮世代開始掌權，這些另類的價值也跟著水漲船高。

免費撥接服務業者「網零」（NetZero）的廣告是以模仿麥卡錫（McCarthy）聽證會為特色，主題是眾議院委員會正在調查網際網路。委員會的成員覺得網際網路有反美的嫌疑，因為它不收費。還好勇敢的證人挺身為美國的言論自由傳統辯護，並主張人民有自由

上網的權利。整個電子商務的新世界的確都具有亡命之徒不顧一切追求自由與打破成規的特質，但像電腦服務（Compuserve）和美國線上（AOL）之類的品牌卻留不住顧客，因為它們只顧著拉進更多訂戶，卻沒有考慮到自己有沒有能力應付。這個新世界並不是靠舊有的規則在推動，反而有點像是拓荒時代的大西部，法律與秩序規則都還不完備，所以只有強者和智者才能生存。

　　許多文化中都有惡靈的角色，而且他們的行動幾乎全都是發自原始的本能，也就是佛洛伊德（Freud）所說的「本我」（id）。像在美洲的印第安傳說中，山狗（coyote）會向人騙東西來吃，而且還會把陽具挪到面前來強暴婦女，所有的行為都是以貪婪、貪食和縱慾為出發點。這類角色在文化中具有很強烈的宣洩作用，而且他們的行為現在仍然普遍潛藏在人的內心深處，只是不為社會和道德所接受。當我們看到這些行為並嘲笑他們時，其實就是在承認他們、釋放他們的能量，藉以減輕他們對我們的操控。

　　有些亡命之徒的形象比較負面，會釋放或強化潛在的危險能量，但我們很難確定它們會造成哪些影響。由於網際網路與媒體懷抱著任何事都有可能的態度，讓最基本和最原始的情緒得以盡情宣洩，因而被人們視為具有惡靈的特質。我們目前還無法斷定，這種放任的結果會加強原始情緒的解放，使大家的生活方式變得更文明，還是會造成文明的衰退。色情網站是在紓解壓抑的行為，還是在鼓勵強姦與亂倫？饒舌歌和其他音樂中的歌詞充斥著暴力與性別歧視，這是在宣洩挫折，還是在助長並煽動暴力、沙文主義與反社會行為？這一切都還是未知數。

　　亡命之徒的特質反映在個人身上時，就會讓人覺得自己與主流文化格格不入，並對既定的成規嗤之以鼻。他們可能會表現出自我毀滅的行為與舉動（像是嗑藥、在身上打洞，或是穿著驚世駭俗的

服裝），完全不把一般的道德、健康或禮教標準看在眼裡。探險家雖然也是游走在社會的邊緣，但他們只是想要得到自由。相較之下，亡命之徒的本意則是要破壞現狀、撼動人心、鼓動革命、破舊立新，或者只是想要享受一下「使壞」的快感。這兩種人都會覺得自己被孤立，但探險家對這種疏離的感覺是悲哀與孤獨，亡命之徒則會覺得憤怒、激動，或是對社會深感失望。

大部分的年輕人都會覺得自己對文化有種疏離感，這是因為他們的成長任務就是要追尋自我。這種疏離感假如不嚴重，他們就會認同探險家，否則他們就會認同亡命之徒，或者最少也會認同叛逆分子。我們的社會對於「反叛」的定義並不明確，所以它可以兼指這兩種原型。假如反叛只是表現在個別的層次上，它就會變成勤奮的探險家；但假如反叛被用來突破傳統或法規，亡命之徒的原型就會出現。

在日常生活的層次上，勤奮負責的人也可能會受到亡命之徒原型的品牌所吸引。他們並不是要破壞什麼東西或是威嚇什麼人，而是要靠它來紓解壓力。一般的好媽媽噴了「鴉片」（Opium）香水後可能會覺得很刺激，但她們絕對不會因此而以身試法。事業有成的律師或醫生也可能會騎哈雷機車，或是被SUV運動休旅車的廣告所吸引——一位沮喪的駕駛塞在車陣中，結果他突然駛離車道，把車開到鄉間去，而打破了必須待在公路上的成規。

我發起飆來就會六親不認

探險家是基於孤獨而追尋自我，亡命之徒則是因為無助而追求權力的體驗，即使最後只能威嚇或激怒其他人也好。任天堂拍了一支廣告，裡面的野人全都綁著紫色纏腰布、臉上塗有彩繪、表情兇

亡命之徒的幾個層次

動力：無力感、憤怒、虐待、折磨
層次一：自認是局外人、不接受團體或社會的價值觀、藐視傳統的行為與道德
層次二：做出驚世駭俗或是具有破壞性的行為
層次三：成為叛逆分子或革命分子
陰影：犯罪或惡行

狠，顯然打算到村裡大幹一票。廣告中說：「在黑暗時代，顏色的選擇反映了個人對於狂熱、暴行與大肆破壞的獨特風格。現在也是一樣。」接著鏡頭就轉到有六種新顏色的任天堂遊戲機上。大家可能會想，兒童和青少年假如對這種暴力畫面感興趣，一定會產生十分無力與憤怒的情緒。但鑽石（Diamond）電玩所透露的訊息甚至比它更直接：畫面的主題是一個男人在一片火海前面拿著手槍瞄準，說明的內容則是「趕快攻擊，趕快消滅。但假如你太差勁，它也會讓你兵敗如山倒。」

　　亡命之徒的原型可說是歷久不衰。它可以掌握未來的價值，以承諾（或威脅）革命；或是提供一種形式，以延續文化中的古老特質。青少年幫派和黑手黨的組織方式其實就和封建社會一樣；這種形式的社會組織在過去並不違法，但現在已不被社會所接受。像霍華·史騰這些人的走紅正足以反映出亡命之徒溫和的一面。他的言論雖然離經叛道，但似乎可以紓解某些人的壓力。類似的言論在十幾年前似乎還沒有這麼引人非議，但由於現在的人多半無法接受，所以有很多人反倒覺得大放厥詞是很暢快的事。（當然，也有的人覺得這些言論強化了他們還埋藏或保留在心底的想法。）

　　我們也可以在非常極端的行為中看到，不合時宜的做法其實一直都有它的影響力。以匈奴王阿提拉而言，他曾經是個英雄角色，但如果以現在的觀點來看，他的殘酷行徑根本就是犯罪行為，現代任何一個戰爭法庭絕對都會以違反人性的罪名審判他。儘管如此，類似的行為還是充斥在現代的電玩遊戲中（以及世界上的某些地區，像是盧安達和科索夫）。

　　Sega的Dreamcast在宣傳中把羅伯僵屍（Rob Zombie）的原聲帶描述為「殘酷的復仇，極端殘酷的復仇。」資訊遊戲（Infogames）在促銷「戰豬」（Hogs of War）的時候說：「這隻小豬當兵去，這隻小豬待在家。這隻小豬有手榴彈，這隻小豬沒有。這隻小豬砰砰幾聲，就把其他的豬仔都打成肉餅。」類似的例子不勝枚舉，這只不過是冰山的一角而已。

　　雖然很多由優良公司所拍攝的廣告都把非裔美國人描寫成盡忠職守的中產階級，但還是有不少廣告把黑人拍得極為暴力，而這或許也反映出公司的心態，認為他們「發起飆來就會六親不認」。有一家叫作「謀殺公司」（Murder Inc.）的唱片公司在宣傳一張名為《殺人犯》（*The Murderers*）的專輯時，所用的圖案就是黑人憤怒的臭臉。從歷史上來看，型態比較原始的亡命之徒原型也都會被投射到黑人與印第安人身上（他們同時還在文化上帶有「高貴野人」的浪漫形象）。這些廣告不管是出自白人還是黑人之手，勢必都會加深不合時宜與種族歧視的印象。

　　卡米洛（Camelot）唱片公司也以類似的方式宣傳墓園合唱團（Cypress Hill）的CD《骷髏》（*Skull and Bones*），不斷重申公司「還在『狂飆』這張專輯。」當然，打從1980年代起，不管是白人還是黑人的搖滾樂團，都很流行在表演結束前把樂器和布景砸爛。這種暴戾之氣至今猶存，而且多半出現在舞台和公路上。在華盛頓

特區帶動流行的喬治城（Georgetown）附近有一家商店叫作「蜥蜴指揮官」（Commander Salamander），它專門在賣青少年商品，其中包括以撒旦圖案的珠寶來點綴的流行服飾。這種商店在全世界各地都有，而且極受青少年朋友歡迎，其中有不少青少年還是來自中產階級或是富有的上流家庭。

　　就連給兒童玩的玩偶也變得愈來愈怪異。和英雄人物比起來，怪獸的魅力如今可說是毫不遜色，而且對小男孩的吸引力特別大。像密碼大師（Codemasters）在宣傳「微晶戰士」（Micro Maniacs）時，就形容它「好玩到讓人衝動、毀滅、使壞、侵略、瘋狂！微晶戰士在屋子裡橫行時，會不分青紅皂白地拳打腳踢，沒有道義，也不會手軟。只要是會妨礙勝利的人與物，都會被這十二個突變角色給消滅殆盡，宛如一場喪盡天良的集體暴行。」

毀滅、昇華與陰影

　　亡命之徒的品牌喜歡和害人的東西連結在一起。像硬糖口紅（Hard Candy Lipstick）的廣告就是一位非常年輕的女孩畫了很妖豔的妝，旁邊則是一句很有名的警語，和香菸廣告上的警語十分類似，目的是要警告消費者，由於「咖啡因口紅可能會讓人上癮，所以不妨視需要多擦幾次。」事實上，香菸盒上的警語反倒可能造成年輕人更想一試。

　　摩根船長蘭姆酒（Captain Morgan Rum）是以比較輕鬆的方式打廣告，它所使用的圖案是海盜。而龍舌蘭酒的廣告大部分都帶有亡命之徒的色彩，像Patron龍舌蘭就是以一位美豔但暴露的女性為畫面，然後配上「女人喜歡亡命之徒」的標語。不過，有些品牌底下所寫的經典名句不僅會突顯酒精的力量，還會在潛意識裡暗示人

可以靠喝酒結束生命。

　　大家都知道，所有受到限制的東西對年輕人都具有亡命之徒般的吸引力，像菸酒就是個例子。當然，如果是真正違法的東西，它的魅力就會更大。這種現象或許可以解釋為什麼很多年輕人都要嘗試禁藥，因為只有在親身體驗後，他們才會相信這些藥的效果其實沒有那麼吸引人。

　　如果要了解亡命之徒原型的魅力，必須先像佛洛伊德一樣，認清死神／Thanatos（求死的欲望）和愛神／Eros（求生的本能）的力量其實相差無幾。特別是當生命出現重大轉折，像是在青春期和更年期的時候，心底就會出現一種召喚，要人與過去「同死」，並以另一種身分「重生」。只要這種時刻一出現，死亡的形象就會變得很有魅力。

　　它的危險之處在於，死亡和毀滅的符號會加強具體真實的欲望。創意想像中途之家（Midway Center for the Creative Imagination）的主任大衛・歐德菲（David Oldfield）發現，自殺或是具有高度自殺傾向的青少年常常會畫出跟死亡有關的圖案。他的理論認為，社會如果不教導民眾如何以隱喻來思考，他們心底對死亡的渴望就會無法昇華，因而造成毀滅。因此，人在面臨生命中的轉捩點時，都很容易胡思亂想、開快車、嗑藥、有自殺的衝動，或是做出其他戕害生命的行為；但他們所需要的其實只是徹底的改頭換面。當然，此時也最需要有適合的商品和服務來幫助他們轉型，以避免危險的行為發生。

　　當然，就算是有益健康的活動也可以帶有亡命之徒的色彩。以跑步為例，刺青（Tattoo）慢跑鞋就是以象徵邪惡的火龍作為鞋底圖案。至於它的廣告主題，則是一群身上有刺青的愛好運動人士跑過一片廢墟。它的目的是要喚起當地孤獨的年輕人，邀請他們一起

從事有益健康的活動。當然，有些廣告也會單刀直入，大膽地以死亡作對比。有一支強調機車安全的廣告就警告男人，女人雖然喜歡傷疤，但可不喜歡男人少隻眼睛。假如這樣子還不足以讓機車騎士心生警惕並小心騎車，那我們也沒有其他辦法可想了。

輕鬆的亡命之徒

亡命之徒也可以和文化中對於外星人的長期關注產生關聯，因為外星人很可能就是最終的亡命之徒。外星人就和亡命之徒一樣，通常都會被當成危險而邪惡的角色，隨時有可能毀滅地球。但另一方面，他們也給人一種科技和精神成就高人一等的印象，能拯救人類於自我毀滅的衝動中。

商品當然多半都是採用第二種說法，像IPIX網路電影公司（IPIX Internet Pictures Corporation）所拍攝的影片就把人扮成腦袋上長滿眼睛的外星怪物，然後以極為堅決的口吻說：「全都看到了！」Sony也是以類似的手法宣傳新式隨身聽的先進技術，它的內容是：聯邦調查局的報告把這種隨身聽視為外星人入侵的徵兆，因為這麼先進的產品肯定只有外星人才做得出來。

亡命之徒的形象有時候也會以輕鬆的方式呈現，像富力多食品（Frito Bandito）就是個例子。它在廣告中說，星河（Milky Way Midnight）巧克力棒是「膽大妄為的巧克力」，現在「總算假釋出獄」。走輕鬆路線的廣告如果把亡命之徒與難以啟齒的羞恥行為搭配在一起，就可以產生很好的效果，並顛覆整個傳統。像微軟的廣告就是一個身影模糊的人（顯然他不想讓別人認出他來）坦承說道：「我有PowerMac G4和完整的配件。當然，我也用Microsoft Office。但有時候我只是為了抬高身價才這麼說。」

紐約樂透彩券有一則廣告可說是歷來數一數二最成功的作品。它剛開始的畫面是一場很普通的董事會，結果突然傳來一個消息說，公司已經被收發室的恰克（Chuck）給收購。恰克因為贏了樂透，所以就買下公司，還讓前任執行長來幫他泡咖啡。這則廣告實現了一般人想要打破職業道德常規並踩到老闆頭上的渴望，加上有研究指出，大部分的人都是因為對工作不滿意才去買樂透，因此這則廣告便顯得格外有說服力。

哈雷：亡命之徒原型的傑作

哈雷是美式風格的代表，但弔詭的是，它所展現出來的是亡命之徒的性格，而不是美式生活的英雄性格。對現在的機車公司來說，贊助車隊是很稀鬆平常的觀念，但在1915年的時候，這種想法還算是很前衛的。當時哈雷所贊助的「破壞小組」（Wrecking Crew）很喜歡賣弄誇張的危險動作，所以經常造成車禍與死傷。此外，哈雷也被用於軍隊中，也被郵局拿來送信。

哈雷機車在幾年前曾經遇到很大的麻煩，因為日本人賣的車子不但性能好，而且價格又低。後來哈雷則靠著販賣「意義」才扳回了頹勢。哈雷除了推銷品牌的個性外，還把製造機車的本業擴大到販賣系列服飾，而且這些服飾的賣點不是功能，而是原型。

哈雷車的售價並不低，所以車主多半都是想要展現狂野個性的專業人士。此外，哈雷和「地獄天使」（Hells Angels）飛車幫，以及其他的亡命之徒團體也有很密切的關係。它的性格很複雜，比方說它雖然也愛國，但方式卻和英雄有所不同。有一項研究發現，機車騎士們認為，騎哈雷「比守法還能表現出強烈的愛國精神。」哈雷騎士的這種愛國情操是指過去那種民族主義精神，而且多少和日

本人給他們的迎頭痛擊有點關係。

自從馬龍·白蘭度（Marlon Brando）在1950年代主演了電影《飛車黨》（*The Wild Ones*）後，機車騎士的陽剛形象便深植人心；儘管「女哈雷」的比例也占了十分之一，但它在這方面給人的印象卻有增無減。大家都知道，不僅有很多消費者喜歡炫耀刺青，而且「美國最受歡迎的刺青就是哈雷標誌。」在騎士的心目中，哈雷不只是摩托車，更是一種態度與生活方式。它不但（像探險家一樣）關乎自由，同時也關乎擺脫主流價值與既定成規的自由。典型的廣告是一間偏僻的小屋，結語則是：「假如你不需要理會任何人，你打算做什麼？」

哈雷騎士的造型差不多都是黑色的硬皮靴、亮晶晶的花俏配備、長頭髮、長統靴、戴滿了環飾與刺青。相較於凡夫俗子中規中矩式的聚會，哈雷的集會可說是集亡命之徒品牌特色之大成。

哈雷的網頁上提出了一個問題，要騎士來回答：

> 假使時光要為你拍一張照片，來呈現出你的一生。你必須自問，你希望留給別人什麼樣的印象？是身體虛弱、只知道埋在椅子裡掛網的怪咖？還是身穿皮衣、大剌剌騎著哈雷享受生活的冒險家？一切都由你自己決定，但最好快一點，因為時間正在取景，而且隨時都會按下快門。

給人力量：蘋果電腦與革命組織

亞當和夏娃發生在伊甸園的故事告訴我們，人類之所以會自甘墮落，就是因為他們偷嘗了知識樹上的蘋果。離開伊甸園雖然代表人類永遠無法回到天堂（我們可能會覺得這是種「幸福的無知」），

但也代表人類的自由意志從此啟蒙。神學家之所以會把這段經過描寫成「幸運的沈淪」，其中一個原因也就在此。

　　蘋果電腦的商標就是以被咬了一口的蘋果來喚起這些聯想。它的座右銘提醒消費者要「與眾不同地思考」（Think different），它的廣告則列出了在各個領域勇於破除舊習的創意天才，包括科學家愛因斯坦、舞蹈家瑪莎・葛蘭姆（Martha Graham）、歌劇女神瑪莉亞・卡拉絲（Maria Callas）、首位駕機橫越大西洋的女性飛行家阿梅妮亞・鄂哈特（Amelia Earhart）、在公車上拒絕讓位給白人的民權領袖羅莎・帕克斯（Rosa Parks）、登陸月球的太空人艾德林（Buzz Aldrin）、拳王阿里（Muhammad Ali）、以冒險為樂的維珍集團創辦人理查・布蘭森（Richard Branson），以及披頭四的主唱約翰・藍儂（John Lennon）和他的夫人小野洋子。蘋果電腦創新科技的能力可說是有目共睹，同時它也以革命性的作為製造出人性化的軟體，使每個人幾乎只要看到蘋果出品的電腦就能馬上上手，而成為不折不扣的專家。

　　蘋果電腦的創辦人史提夫・賈伯斯（Steve Jobs）認為：「『與眾不同地思考』展現了蘋果的精神，那就是充滿熱情創意的人可以讓世界變得更好。蘋果電腦也全力在為各地的創意人士發明全世界最好的工具。」蘋果電腦是靠1983年超級盃的廣告而打響名號的。這則廣告的開頭是《一九八四》（*1984*）書中的反烏托邦社會，並且把代表統治者原型的IBM比為「老大哥」。接著在大螢幕的監控下，一群穿著灰色制服的人如行屍走肉般地緩步進入大禮堂，聽螢幕中的老大哥訓話。他說：「我們屬於同一國，擁有同樣的意志、決心與目標。我們的敵人將因為自己的詛咒而敗亡，到時我們就趁他們自亂陣腳之際一舉消滅他們。我們將獲得最後的勝利！」此時突然出現了一位年輕又強壯的女性，拿大錘砸爛了螢

幕。接著旁白就說：「蘋果電腦將在一月二十四日推出麥金塔
（Macintosh），到時大家就會知道，為什麼一九八四將不再是『一九
八四』。」

　　在大眾的心目中，蘋果電腦和電腦駭客有很密切的關係。而且
蘋果電腦多半被視為在經營方面屢創奇招的創新者，因為它能讓電
腦變得更人性化，使人得到力量。蘋果電腦比較容易讓人聯想到電
腦與喜愛創新，而不是唯利是圖。同時它也讓人覺得，它會挖掘出
電腦技術的強大潛能，以還權於民。蘋果電腦在草創時期決定專攻
教育和家庭用途，而不以商業用途為主，從此便建立了進步、親民
的形象。此外，消費者之所以會購買蘋果電腦，也是因為認同它獨
立思考、聰明過人和帶動風潮的形象。蘋果電腦的顧客忠誠度幾乎
已經到了狂熱的地步；但它也要有現實作後盾，才能讓人覺得它是
一家「不像公司的公司」。當蘋果電腦的董事會決定要解聘創辦人
史提夫‧賈伯斯，改請一位比較傳統的經理人時，員工的士氣立刻
跌到谷底，銷售量也隨之暴跌。於是公司只好請回這位作風開明的
創辦人以挽救大局。當他一回到公司，便重新去找當初那家製作
「一九八四」亡命之徒廣告並造成轟動的佳德廣告公司（Chiat /
Day）。

　　蘋果電腦的產品型錄很小，而且採用了明亮的顏色和近乎卡通
化的造型，看起來就好像是某種折扣商店的目錄一樣。相較之下，
IBM的型錄看起來就氣派得多，而且留白比較多，印刷也比較精
美。iMac的成功可說是蘋果電腦近來最大的成就，它再度打破了電
腦一定要用白色的不成文規定。這次它不但在顏色上變花樣，更把
它變成了透明的盒子。

活在革命的時代

在這個快速變遷的時代裡，現狀不再代表一切。未來總是難以捉摸，我們也無從得知哪些社會實驗會變成新的體制。在1990年代，當上一個千禧年接近尾聲之際，亡命之徒的組織發展策略和其他策略沒有什麼兩樣。一切都在重整中。零基預算[3]、組織再造和其他所有策略除掉了一切沒有用的東西，亡命之徒的革命精神成為顯學，這些現象在在都使那些鍾情於安定時代的人充滿了恐懼。有些人相信，Y2K電腦蟲的降臨會把現有的文明消滅殆盡。雖然這種情況並沒有發生，但商業界卻因為整個經濟榮景的衰退而有了一百八十度的轉變，撐不下去的企業也紛紛被淘汰。但只要冬天過去，春天就一定會來，到時又會是一片欣欣向榮的景象。

與此同時，一流大學的課程也強調要以解構的觀點評論社會，也就是鼓勵當代的青年反對體制並認同亡命之徒。亞斯頓‧闕斯（Alston Chase）曾在《大西洋月刊》（*Atlantic Monthly*）發表一篇言詞尖銳的文章，文中直指哈佛的教育就是造就大學炸彈客（Unabomber）的原兇。他認為：

當泰德‧卡辛斯基（Ted Kaczynski）首次提出他對社會罪惡的論點，以對他從初中以來所累積的憤怒加以辯護與深究時，地點是在哈佛。當他開始把這些論點轉化為反科技的革命意識時，地點是在哈佛。當他開始產生復仇的幻想並夢想著要逃到荒山野地時，地點是在哈佛。當他以無比的決心確立善惡二元論與數學上的認知型態，並且因此相信只要運用本身的推理能力，就可以發現絕對的真理時，地點也是在哈佛。

當然，他的重點是說，就是在這些造就殺手的課程推波助瀾下，精英分子才會與本身的文化疏離、意圖解構文化，並靠心智上

的技巧瓦解文化。至於這種對傳統文化的解構會不會形成另一種文藝復興？現在可能還言之過早。

對亡命之徒行銷

「銳舞」（rave）這種反文化夜舞的宣傳手法可說是行銷亡命之徒的極端例子。大概是因為和嗑藥有所牽連的關係，所以銳舞往往都是靠傳單來宣傳，而且傳單也只在以迷幻電音（如 trance、ambient）或重金屬音樂為主的舞廳中散發。假如你不常去這類地方，你甚至連哪裡有銳舞派對都不知道。

如果要推銷亡命之徒的商品，最好是透過專業雜誌或是傳單、個人廣告，以及其他針對亡命之徒所發行的刊物。這並不表示你不能訴諸大眾；像 MTV 的觸角就可以涵蓋各地的青少年，但它仍然被看作是反文化的另類媒體。

亡命之徒原型所採用的形象可以呈現晦暗陰沈的特質，而且多半是以十分強烈的色彩為主。此外，這種原型也喜歡讓人震撼的東西，從無傷大雅的小玩笑，到真正的騷擾都包括在內。亡命之徒的原型最適合用來建立搞怪的特質，以及製作真正有效果的搞怪廣告。

我們每個人心中的亡命之徒都希望拿走一些東西，所以刀耕火種（slash-and-burn）銷售法是很好的行銷策略；比方說，購買某些產品就可以得到各種不同的現金回饋。如果要推出或促銷亡命之徒商品，所舉辦的活動就必須讓人可以得到回饋並覺得便宜。這些活動甚至還要有一點辛辣，或者是游走道德尺度的邊緣。民主黨全國委員會（Democratic National Committee）有位勸募人大概想扭轉總統候選人高爾（Al Gore）過於呆板與拘謹的形象，於是便在有線電視新聞網（CNN）進行現場轉播時，找來了喜劇演員羅賓·威廉斯

（Robin Williams）。當時，高爾和柯林頓總統都穿著藍色牛仔褲，只見羅賓·威廉斯不僅消遣高爾、柯林頓和其他的捐款人都在「惺惺作態」，而且話中還用了三字經。雖然總統候選人使用這種手法是否適當還有待商榷，但就真正的亡命之徒品牌來說，這的確是很高明的策略。

在《BOBO族：新社會精英的崛起》（*Bobos in Paradise: The New Upper Class and How They Got There*）一書中，大衛·布魯克（David Brooks）以趣味的角度描述了美國文化。他提出一個很有吸引力的論點，認為如今受過高等教育的有錢人完全融合了布爾喬亞牢不可破的標準，以及波希米亞無拘無束的自由心態。在這個新世界中，人的地位來自於他的財富淨額加上反唯物主義的價值觀，資本主義公司的廣告則受到反文化的思維所引導，所以詩人威廉·布洛夫（William S. Burroughs）可能會出現在Nike的廣告中，傑克·

你的品牌若具備下述特點之一，亡命之徒的原型或許可作為一個適當的定位：

- 你的顧客和員工覺得非常不能融入社會，或是認同的價值與社會的整體價值大相逕庭。
- 你的產品功能是在破壞某樣東西（就像是推土機以及很多電玩遊戲），或是十分具有顛覆性。
- 你的產品並非對人十分有益，用了就等於是把社會的健康觀念踩在腳底下。
- 你的產品有助於維護受到主流價值威脅的價值，或是倡導革命性的新觀念。
- 你的產品屬於中低價位。

凱魯亞克也可能出現在Gap服飾的廣告中。如果要向亡命之徒大量推銷，首先就必須先體認到，認同這種原型的人其實大部分都是非常盡忠職守的好公民。事實上，由於哈雷機車十分昂貴，所以買的人多半是醫生、律師和高階經理人。這也表示向亡命之徒大量推銷是可行的做法，只是千萬不能做得太過火。像卡文克萊和其他一些品牌都已經體會到，只要一不小心就很容易做過頭，使別人受到傷害或冒犯。這也誠如當代民謠搖滾宗師巴布·狄倫（Bob Dylan）所說：「唯有誠實，你才能在法律之外的地方生存下去。」

---

1 在本書中，也被引用於探險家原型。本章提到的許多例子也都被引用在探險家原型中。請參閱第5章。

2 Modonna一字的原意便是聖母瑪利亞。

3 zero-based budgeting，零基預算是在訂定新年度預算時，有鑑於目前的環境和以往可能已經大不相同，所以不考慮上年度的預算數字，而完全按照新年度的需求加以計畫與分配。

9

魔法師

座右銘：「夢想成真。」

　　魔法師最早的典型包括男巫醫或女巫醫，以及村裡的巫婆或巫師。後來出現了想要點鉛成金的術士，再後來則有探究宇宙根本奧秘的科學家、研究人類意識活動的心理學家，以及傳授心靈成功秘訣的大師。魔法師最基本的條件就是渴望發掘事物運作的基本定律，並把這些原則用來實現心中的想法。魔術最常見的用途則包括治療頭腦、心理與身體；找出年輕的根源與長壽的秘訣；發掘創造與保持繁榮的方法；以及發明可以讓夢想成真的商品。

　　西方文化中最有名的魔法師大概要算是亞瑟王故事中的梅林（Merlin），他可以用水晶球來預測王朝的前途。而且由於他能預知劫難，所以他也會運用自己的法力來確保最理想的結果。他的部分做法包括談論他對社會和平與公義的理想、培養人才（根據傳說，他是以亞瑟王為對象），以及發明或發掘帶有神力的物體（像是圓桌、石中劍和聖杯），以強化本身希望得到的公眾價值、勇氣與啟發。在這個過程中，他也研究了天文學、自然科學與工程學。

梅林是亞瑟王朝中的偉大魔法師，當
他需要沈思或作法時，他就會隱居在
他的山洞裡面。對魔法師來說，現今
的都鐸式建築，以及磚造住家內部所
呈現出來的陰暗氣氛，就相當於現代
的洞穴。

　　《哈利波特》系列的熱賣說明了兒童和青少年對於魔法師的幻
想。事實上，這套作品的確勾起了小孩子的閱讀欲望。

　　在當代的電影中，我們可以看到《星際大戰》中的尤達（Yoda）
教導天行者路克（Luke Skywalker）要「相信心靈的力量」，《超異
能快感》（Practical Magic）中的女巫祈求真愛降臨，《歡樂滿人間》
（Mary Poppins）中的仙女褓姆歡樂瑪莉則充滿喜感。另外也有一些
以天使為主題的電視節目或電影，像《X情人》（City of Angels）或

《與天使邂逅》（*Touched by an Angel*）都是在描寫神界與人世的糾結。還有一些電影則是要我們相信奇蹟真的會出現，例如以追尋棒球夢為主題的《夢幻成真》（*Field of Dreams*）。被稱為魔幻寫實主義（magical realism）的電影和小說便促成了《巧克力情人》（*Like Water for Chocolate*）這一類墨西哥電影的產生。美國的靈異電影也有愈來愈發達的趨勢，像《靈異第六感》（*The Sixth Sense*）就是非常轟動的賣座鉅片。

只要是能造就「神奇時刻」的東西，都可以算是魔法師的品牌，例如濺起的水花、香檳、Sony、統一食品國際咖啡、鈣光化學公司（「帶我走」）、眾多類型的遊艇、賈姬、SPA，以及許多別緻的住宿飯店。此外，這種品牌還包括很多化粧品、藥草、藥劑，以及號稱是年輕泉源的健身運動。丹儂優格（Dannon Yogurt）在宣傳中說，根據研究指出，吃優格可以延年益壽，結果優格產品便蔚為風潮。它有一支廣告片是一位18世紀英國喬治王朝時代的人，一邊吃丹儂

魔法師
主要的渴望：希望能夠了解世界或宇宙運轉的基本原理
目標：讓夢想成真
恐懼：無法預知的負面結果
策略：提出遠景並加以實現
陷阱：產生宰制的心理
天賦：發現雙贏的結果

優格一邊說：「鐵木耳‧巴那恰（Temur Banacha）認為丹儂才是真正有益的優格。他應該是行家，因為他已經吃了一百零五年的優格了。」當然，舉凡和新時代有關的書籍、卡帶、研討會和商品，以及很多「神乎其技」的現代科技，包括只占其中一小部分的全球資訊網（World Wide Web）在內，差不多都是以魔法的形象為賣點。

只要產品起源於異國或遠古，或是牽涉到某些特殊的儀式，像

是開瓶、倒酒，或是搖晃白蘭地以品聞香氣，魔法師的精神就很容易發揮作用。（事實上，就連在街角小酒店喝雜牌棕標白蘭地的酒客也喜歡品味這樣的象徵意義，因為他們認為這也是體驗的一部分。）此外，不管是公司的異動策略、特效藥、草藥療法、水療或國外旅遊，魔法師也是很理想的品牌特質。當然，只要是會直接影響意識的產品或服務，都可以運用魔法師的原型，像廣告就是個絕佳的例子。

　　不管是個人電腦、網際網路、器官移植還是基因工程，這些最新的科技都是以魔法師的原型為藍本。像發明家富蘭克林就是靠他的風箏發現了電力，因此而對工業革命造成了深遠的影響。在電影《科學怪人》（*Frankenstein*）中，那位醫生在風雨交加之際用電流使他創造的科學怪人活了過來，他的形象其實也和上述這種形象相去不遠。從這兩種形象中，我們可以看到科學家的雙重形象所呈現出來的希望與恐懼；他們既是現代奇蹟的工作者，又是「瘋狂的天才」，總是想要和上帝作對，並毀滅我們所有人。在某種程度上，核能也具有這兩種特性：它既是可以讓家中保持溫暖的廉價能源，但爆炸後所造成的蕈狀雲卻又可能使地球毀滅。

　　古代的法師、巫醫或術士把科學、神學和心理學融於一爐，現代世界則把它們分得很清楚。不過，物理學的進步卻戳破了心理學所要維繫的強烈感受，尤其是那些會威脅到地球生存或種族存續的物理學。因此，雖然不同的學門和個人帶動了自然科學和物理學的進步，而且進步的幅度遠非心理學和神學所能相提並論，但我們也不難發現，整個文化仍然對這些領域充滿了興趣。此外，隨著魔法師的原型出現在文化中，這些學門也開始再次合而為一。有愈來愈多的人對身心醫學感興趣，因為它一方面融合了心理學的觀念，一方面則融合了物理學和生物學。同時它更摻雜了靈異現象和神秘

學，以及演化意識與成就的連結。

　　企業家就像運動員一樣，多半都是魔法師，連結內在意識與外在表現的超自然思想也不斷在商業和運動界中展現神奇的成果。這些奇人經常夢想著其他人覺得難以想像的事，而魔法的基本條件也正是要先有理想，然後身體力行。當錯誤發生時，魔法師會自我檢討與調整步伐，以靜待外界的改變。New Balance運動鞋的廣告是一個男人跑進大自然，然後說：「關掉你的電腦、傳真機、手機，傾聽自己的聲音。」你如果不這麼做，魔法就展現不出來，因為魔法一定要發自內心才做得到。

　　與魔法師最速配的形象就是天文現象，像是彩虹、流星、美麗的銀河和飛碟等。而且它們全都在向我們保證，我們在宇宙中並不孤獨。星星劃過伯利恆的天際，宣告了耶穌的誕生，這個象徵最足以展現這層保證的意義。當然，其他的形象還包括洞穴、水晶球、魔杖、斗篷，還有魔法師最重要的圓椎帽。

　　以正面的角色來說，魔法師是一個遊走四處的天使，就像是《歡樂滿人間》中的仙女歡樂瑪莉（Mary Poppins）、《綠野仙蹤》裡的善良女巫，以及電視影集《神仙家庭》（*Bewitched*）中的珊曼莎（Samantha）。他也可能是行動的指導者，像莎翁筆下《暴風雨》（*The Tempest*）中的魔法國王普洛士波羅（Prospero），只要遇到變局，就會插手化解；像亞潔士（Ajax）和「白武士」（white knight）之類的清潔產品都宣稱可以讓我們的家裡亮晶晶；像狄巴克・蕭普拉等文化大師則教我們要如何正確地思考才能兼顧健康與成就。有時候魔法就存在於努力不懈的毅力中，像勁量電池兔（Energizer Bunny）就是極為成功的例子：因為它總是能夠「動個不停」，所以才顯得很神奇。

　　目前有好幾個廣告都是以類似的訴求為賣點，有些很嚴肅，有

> **魔法師**也可能是夢想家、催生者、創新者、有魅力的領袖、調解人、法師、治療師或巫醫。

些則很幽默。美國印第安大學基金會（American Indian College Fund）所採用的圖案是一個全身穿著女巫醫服的學生議會主席在平地上跳舞，它清楚說明了該校是以傳統的印第安精神價值來治校。線上個人電腦管理員McAfree.com所走的路線則比較輕鬆，它的圖案是一個老婆婆在讀古文，周圍擺滿了燃燒的蠟燭，看起來就像是在施展某種法術。它的字幕向讀者保證，「只要電腦一醒，就不必耍花招。」現代科技十分神奇，所以幾乎都是採用魔法師的品牌特質；就算負責銷售的公司不願意接受這種原型所代表的怪異形象，一切還是得以現實為重。

品牌的神奇力量有時候會以負面的形式表達，它的目的是要讓大家知道，如果少了它，生活會變成什麼樣子。以揚聲器系統製造商JBL（Jabil Circuit）為例，它的廣告畫面就是一片空地（上面當然會有草）加上一段文字說明：「假如沒有JBL，伍斯塔克音樂會變成什麼樣子，嗯？」現代音響技術的神奇效果正全面進駐家庭，以後如果少了它，日子就會變得很難過。

當魔法師的原型體現在個人身上時，這些人就會成為改革的催生者。他們對「共時性」[1]（或是「有意義的巧合」）深信不移，所以他們也相信，只要善盡個人的本分，世界就會照他們的希望改變。在魔法師的觀念中，意識先於存在；所以如果要改變世界，就得先改變自己的態度和行為。心中長存魔法師原型的人很重視體驗、會尋求精神上的協助，而且在最理想的狀況下還會致力遵循心靈的指引。

這種人對意識的運作方式多半也有很深的了解，所以很懂得該

怎麼影響別人。因此，不管是有魅力的政治人物、企業領袖，甚至是整個行銷界，魔法師原型的色彩都很濃厚，他們也都試圖從人的意識來影響行為。

你可以在邪惡巫師的故事中看到魔法師的負面行為。他們會利用本身的力量，把意志加諸在毫不知情的受害者身上。不管是現今的行銷活動和廣告、潛意識廣告的製作人員，還是想要叫人不按照個人判斷來行事的人，都讓人有這種印象。魔法師的負面形象也會出現在充滿魅力的政治領袖身上，因為他們的迷人丰采不是用來造福民眾，而是用來鼓吹法西斯主義與種族歧視的。當然，凡是運用煽動情緒的本事去操縱其他人，而不是以這種能力來和其他人溝通的人，我們都可以在他們身上看到這種存在於魔法師原型內的負面陷阱。

萬士達卡：行銷的傑作

萬士達卡（MasterCard）有一系列以神奇時刻為主題的造勢廣告做得很棒，其中大部分廣告都是把萬士達卡實際帶來的價值與無價畫上等號。例如有一支廣告的內容是：「晚餐：37美元；付給闊克斯‧瑪席拉（Chex Marcella）：2,416美元；五十歲生日賀卡一張：1.95美元；豹紋薄紗女用睡衣：45美元；讓愛人臉紅心跳：無價。」

這個系列非常成功地把萬士達卡與類似的無價時刻結合在一起，而且歷久不衰，所以有很多後期的廣告甚至完全不再提到任何可以實際用卡買到的東西。有一個類似的廣告主題是：「吐露心聲：免費；結交終生的朋友：免費；嘗試新東西：免費；相信自己：免費；保持青春：無價。」最後的結語則是：「有些東西錢買不到，其餘的就交給MasterCard。」

魔法師的幾個層次

動力：直覺、超能力或第六感
層次一：神奇時刻與轉型體驗
層次二：心想事成的體驗
層次三：奇蹟、化夢想為現實
陰影：操縱、巫術

　　這波造勢廣告非常成功，因為它具有多重意義。第一重是信用卡的使用體驗所具有的神奇特性。你只要擁有這張小小的卡片並帶在身上，就可以買到你所想要的一切，完全不用擔心最後有沒有錢可以付帳。就當下的體驗來說，它絕對會讓你覺得自己可以擁有心中想要的一切，而且在世界各地幾乎都暢行無阻。其次，萬士達卡深知消費者對功利文化的矛盾心理，於是便把消費者所能擁有的真實和神奇體驗與他們的信用卡畫上等號——只要你用它來買東西，就會發現自己和信用卡以及發卡公司之間的關係其實牽涉到更真實的價值與更深刻的體驗，絕不像功利主義那麼膚淺。此外，為了討好顧客，萬士達卡還告訴他們，公司深知消費並不代表一切。公司對顧客說，我們知道你們既真實、又謹守分寸，而且值得信賴；你們生活中重要的是什麼，我們也一樣。

神奇時刻與轉型體驗

　　各種牌子的香檳、香奈兒五號香水（Chanel No.5）最近的宣傳廣告，以及寶麗來（Polaroid）和其他廠牌的拍立得相機都能提供神奇的體驗。此外，魔法師也是新時代研討會、水療、高級餐廳和飯

店，以及許多可提供轉型體驗的沐浴產品最理想的原型。比方說，歐蕾（Olay）潤膚沐浴乳的廣告畫面就是一位外表平靜的裸體女性配上旁白說：「只剩下幾個小時，凱特（Kate）就要走進結婚禮堂了。雖然她的化妝師還不見蹤影，但她卻出奇的冷靜。」結語則是：「有效轉變你的身體與精神。」這種把高級沐浴產品與精神轉變結合起來的手法十分常見。帕米藍色地中海之水（Acqua de Parmy Blu Mediterraneo）的廣告說，你應該「把水療帶回家。」目的何在？因為這麼做能滿足「現代人對舒適的渴望，並享有最大的樂趣……進而使身心達到最完美的平衡狀態。」

在莎士比亞的喜劇中，當其中的人物突然發現自己置身於城外或宮廷外，使原來的角色與身分失去了意義時，他們就會有所轉變。以樹林中來說，所有的規則和定義在那裡完全起不了作用；男人和女人常常把自己扮成異性，人也可以和精靈與仙子交談。但無論如何，到了最後一幕時，奇蹟總會出現，問題總會解決，有情人也終會成為眷屬。高級麻布進口商「亞尼吉尼」（Anichini）有一支很棒的廣告就運用了這種傳統，它的畫面是一張很美的床擺在大自然中，上面鋪了一塊具有文藝復興風格的麻布，四周還圍繞著美麗的白楊樹。把床放在這種讓人意想不到的地方不但可以吸引消費者的眼光，更展現了魔法的力量。

國家公園基金會（National Park Foundation）的廣告也是採用類似的手法，它的畫面是一對年輕夫妻帶著他們的小孩到一片美麗的自然景觀中探索未知，旁白則是：「不管你在辦公室裡有多偉大，在一千萬畝地面前都顯得微不足道。」郊外可以讓人擺脫平時的角色和責任，使轉變的奇蹟活生生地出現在眼前。

有些廣告是以一目了然的方式傳達魔法師的意識。舉例來說，本地巫醫的故事多半都把他們描寫成可以直接體驗自然界的定律。

他們會探尋心中的幻想，並在靜僻的地方找出其中的神秘之處。其實，魔法師也可能化身為小鳥或動物，並和它們交談，因為這樣才能暗中了解自然界的奧秘。不管是卡羅斯‧卡斯塔尼達（Carlos Castaneda）的「巫士唐望」（Don Juan）系列小說，還是New Age研究中其他許多談到法師傳統的論文，在在都反映出一般人願意以嚴肅的態度把這些傳統當作現代生活的指引。

博士倫（Bausch and Lomb）雙筒望遠鏡在廣告中就體現了這種原型的深層意涵。它的畫面是一個男人在一片美麗的景觀中伸出雙臂，說明則是：「我曾經被太陽的第一道曙光叫起床。我曾經隱居，而且還找到了同好。我曾經翱翔空中，和老鷹一起悠閒地打轉。我曾經在暗處看過別人覺得很神秘的野生動物。我曾經打破了道德觀念所設下的障礙，看盡大地之母的本色。」

沛綠雅（Perrier）礦泉水有一支廣告堪稱是經典之作，它的內容是一個瘦弱的女子在非洲某座山的山頂上和獅子正面對決。當獅子一露出牙齒大吼，她就吼回去，背後則配上〈我對你下咒〉（I put a spell on you）的歌曲旋律。只見獅子夾著尾巴逃走，這位女子則舉起沛綠雅的瓶子痛快暢飲。

各種不同的飲料都可以當作神水來賣；或者用來治病，或者用來揭露表象背後無法察覺的真實。在Smirnoff伏特加的廣告中，每樣東西的外觀都是透過伏特加酒的瓶子呈現出來，於是花變成了捕蠅器，女用的狐狸披肩悄悄復活並發出嘶吼，抽菸變成了在噴火，脖子上的項鍊變成吐信的蛇，兩位身穿晚禮服的肥胖紳士成了企鵝，端莊的年輕女士則成了不折不扣的蛇髮女怪，一對在玩推圓盤遊戲的夫婦變成一個身穿黑色皮衣的女子在虐待她的性奴隸，我們還可以聽到鞭子的拍打聲，偷偷繞過瓶子的無辜黑貓變成了黑豹，它的貓叫聲則變成狂吼，鏡頭最後停在Smirnoff的瓶子上，畫面中

出現了一行文字：「假如Smirnoff還在瓶子裡就已經是這樣，不妨想像一下喝下去以後會變成什麼樣子。」

簡單的魔法

　　有時候廣告會設計得比較微妙，目的只是要表現出結果有多麼地不可思議，彷彿是有神蹟降臨。蘇黎世金融服務集團（Zurich Financial Services）拍了一系列很成功的廣告，其中所提到的轉變幾乎全都是靠視覺來呈現。有一支廣告以大大的字寫出「動盪的時代」，接下來的畫面則是一艘帆船一動也不動地停在平靜的水面上，而且背後陽光普照，看起來似乎沒有比這更寧靜安詳的畫面了。說明中先是提到現代經濟生活的危機、險惡、多變和混亂，但接著它就保證公司會「在不確定的年代提供一個安全的避風港，讓大家安心。」簡單來說，蘇黎世的保證就是真正的奇蹟降臨，使顧客在那樣的壓力下還能沈著以對。另一支類似的廣告也是以文字強調在動盪的時代中有多難做生意。它的畫面是一間傳統的歐式咖啡店，裡面大約坐了一半的人，不僅客人看起來悠閒，連侍者都顯得意興闌珊，因為他們根本沒什麼事可做。

　　PlaceWare網路會議公司的廣告有兩個畫面。其中一個畫面比較複雜，主題是（就像在電腦螢幕上把）兩架飛機丟進垃圾桶裡；另一個以地球為主題的畫面則比較老舊，可能是取材自某幅與煉金術有關的畫作。它的說明主旨是，現代科技的奇蹟有助於紓解壓力：「這場會議的主題就是在談開會。現在的開會方式和過去截然不同，完全不需要搭飛機、火車或汽車，所需要的只有網路瀏覽器和電話。有了PlaceWare，你只要透過網際網路，就可以和兩千五百個人舉行現場互動會議並做簡報……下次當你不知道該用什麼方式

開會時，不妨考慮考慮。」

安捷倫科技（Agilent Technologies）所運用的形象雖然沒那麼神奇，但同樣是以不可思議的解決方案作為主軸。它寫道：「高速公路愈寬，開車就愈不容易生氣。資料壅塞、網路斷線、龜速、當機，似乎永遠都在塞車。但有了安捷倫的系統與技術後，世界上的主要通訊網路就會變得速度更快、處理能力更強、麻煩更少、整合也更省力，讓人可以開心上路。」

這些廣告的特點在於，它們的視覺圖像和斗大字體很不協調，所以消費者一眼就會被吸引。在古代的煉金術傳統中，當性質相反的元素被放在一起並融為一體時，魔法就會出現。現代化學的情形也很類似（還記得高中時所做的實驗嗎？），當第三種物質出現當作觸媒時，原來的兩種物質就會結合在一起。而在這些廣告中，消費者的心理就是觸媒。鈦星汽車（Saturn）在促銷三門小轎車時，所採用的出發點就是把第三種物質視為具有天生的神力，並以此製作出效果奇佳的魔法師廣告（儘管它通常是以凡夫俗子作為品牌識別）：「在切片麵包和即溶麥片之間的某個地方，還有第三道門存在。」

有一支走輕鬆路線的絕妙廣告是一位僧侶在燭光下工作，他全心全意地在手抄一份繪有花邊的原稿，背景音樂則是葛利果聖歌。當他把成品拿給住持看時，住持盛讚他的優異表現，接著又叫他再謄五百份。此時鏡頭很快地帶了一下全錄（Xerox）影印機，然後這位僧侶便開始影印，住持則仰望上天讚嘆地說：「天降奇蹟！」

夢想與實現

魔法就是讓夢想成真的技術。美國運通禮品支票（American

Express Gift Cheques）有一則平面廣告是一個包裝精美的禮物，裡面有一張美國運通支票，說明則是：「希望能幫你實現生日願望（雖然我不知道你的願望是什麼）。」換句話說，支票的定位就是能夠讓夢想成真的神奇科技。

魔法師在變東西時是由內而外。自從筆者卡羅出版了《內在英雄》（*The Hero Within*）這本書之後，市面上便出現了一大堆類似的書，從《內在鬥士》（*The Warrior Within*）到《內在小孩》（*The Child Within*）不等。這些書都是在教大家要如何喚起潛伏在內心的原型能力，以改變內在的生命。類似的觀念現在正以輕鬆幽默的方式進入廣告中，像Honda Accord（本田雅哥）的汽車廣告就說：

> 你或許會懷疑，自己是不是真的具備雅哥的潛能。但我們相信，每個人心中其實都有一部堅固又美觀的本田雅哥。你可能會問，要怎麼做才能表現出內心的這種「雅哥情」？有一種技巧保證萬無一失，而且有很多職業運動員和頂級主管都在使用，那就是「想像」。你只要閉上眼睛，把自己想像成本田雅哥，你就會成為能掌握一切又值得信賴的領導者，而且也會一天比一天更像雅哥。試試看，這個辦法很有效哦！

當然，這則廣告的表現手法是把魔法師原型對想像的信任變得很平常，以踏出實現夢想的第一步。雖然上面這段文字顯然只是玩笑話，但它吹捧雅哥的方式並不令人討厭。它建議消費者與雅哥結為一體，並祝他們可以因此成為能掌握一切又值得信賴的領導者。如此一來，這些特質便與這輛車畫上了等號。

實現夢想的能力也和環境中某些受人期待的聯繫有關係。心理學家容格創造了「共時性」一詞來形容有意義的巧合，而這也是內

在世界與外界世界交會的地方。舉例來說，當你想到一個很久沒見的人時，她就突然打電話給你；或是像容格的一位病患夢到一隻甲蟲，結果當她談起這件事時，就有一隻甲蟲飛到諮商室的窗子上。當這種巧合發生時，大家都會覺得很不可思議。

福斯的捷達車（Volkswagen Jetta）有一支廣告片拍得很神奇，它把外在世界的每樣東西都變成和車子擋風玻璃上的雨刷具有相同的節奏，連球的彈跳也不例外。在麥哈利·西賽曼哈萊（Mihaly Csikszentmihalyi）的著作《生命的心流：追求忘我專注的圓融生活》（*Flow: The Psychology of Optimal Experience*）中，像這種內在與外在同時運行的經驗也被視為一種徵兆，而這就是西賽曼哈萊所說的「心流」。他認為，當這種情形發生時，大部分的人都會覺得很快樂。

當然，「流動」（flow）這個詞也可以指運動員流暢的動作；他們不僅夢想著要成功，更會把它化為現實。以銳跑（Reebok）運動鞋為例，它的「流動宣傳」就完全掌握了這個名詞的精髓，而且廣告中還談到下面這段定義：

> Flow (flo)，動詞，詞類變化有 flowed、flowing、flows。一、平穩地活動或跑步，彷彿具備液體般的特性。二、從容不迫地持續進行。三、呈現出自然優美或連續的狀態。例句：詩的韻律優美地流動著。四、做起事來輕鬆自在。五、全力追求目標或成就。六、具有天生的自信。例句：「我要一個有經驗的運動員，還要一個訓練有素的運動員；然後看誰有自信，就派誰出賽。」

杜邦（DuPont）的口號「科學奇蹟」代表了它對現代科技奇觀的讚揚。它有一支廣告的開頭寫著「夢想成真」，畫面上是一位父親把女兒抱在大腿上，另外還有一份「地球待辦事項清單」。清單

上有一個項目是：「六、研發消滅HIV病毒的特效藥。（加緊研究下一代的新藥。要是有一天這種病無法再危害人類，那該有多好。）」

不管是法師、男巫醫、女巫醫，還是巫婆或產婆，這些古代的魔法師都身兼醫師的角色，而我們現在則有神藥。像必治妥施貴寶藥廠（Bristol-Myers Squibb）就推出了下面這支廣告（「藥品的希望、成就與奇蹟」）：

> 左圖的小奇蹟是四個月大的路克·大維·阿姆斯壯（Luke Davie Armstrong），另一個奇蹟則是他的父親藍斯（Lance）。藍斯不但是騎完1999年環法自由車大賽2,287英哩路程的優勝者，更在對抗睪丸癌的艱苦戰役中贏得了勝利。當藍斯·阿姆斯壯就醫時，他的癌症已經蔓延到肺部和大腦。但在必治妥施貴寶三種抗癌藥物的治療下，醫師和藍斯先控制住病情，接著又消滅了它。過去三十多年來，必治妥施貴寶一直身在開發抗癌藥物的最前線；時至今日，醫療的進步終於造就了圖中的奇蹟。

魔法的基本原則在於：「上窮碧落下黃泉，從一粒沙看世界。」以太系統（Aether）有一則平面廣告是一根手指幾乎要碰到一個袖珍地球，主題則是：「我們正在移動商業界……從這裡（地球）到這裡（你的手指）。」接著這則神奇的廣告提出了保證：「如今你可以掌握到我們手中的力量，包括辦公室、網際網路、電子郵件和電子商務，而且室內室外一律無線。」

此外，古代的煉金術士還會從書中參考前人的智慧，因為他們在證明個人的想法時，可以從裡面找到本身所需要的一切知識。商業廣告電話簿的第一個推廣活動是以「用你的手指代步」為主題，

內容是一個男人在二手書店尋找一本很少人聽過的舊書；這本書是在討論假蠅釣魚的技巧，作者是哈特利（J. R. Hartley）。他找了兩家店都毫無所獲，於是只好無功而返。當他回到家時，他的女兒拿了一本商業廣告電話簿給他，接著他就用手指代步，最後終於如願找到了這本書。在這則播了十幾年的廣告中，電話簿的角色被界定為資訊的來源，而且用起來非常簡單。它的功能看起來十分神奇，不管消費者要找什麼人，或是需要什麼東西來實現夢想，它都可以幫忙搭上線。

在20世紀的最後二十年，社會和商業又重新探索心靈，新時代的產品和服務也大為暢銷，這在在都證明了魔法師原型在當今的世界上充滿了蓬勃的生命力。類似的例子包括玄學電影和書店、主流書店裡的New Age與玄學書區的規模愈來愈大、天籟之音（Sounds True）錄音帶、新面向廣播（New Dimension Radio）和智慧頻道（Wisdom Channel）、New Age的產品型錄，以及一個又一個成功的心靈導師、大師、工作坊講師和組織顧問。

魔法師組織：朗訊科技

魔法師組織會把最尖端的科技運用在意識、通訊和組織結構上。這種組織是以理想為導向，會針對核心價值與渴望的結果尋求共識，然後再發揮最大的彈性來達到這些目標。有些組織把階層看得很淡，甚至會以自我組織的團隊作為主力。有了這種分權的功能之後，必要時才能隨機應變。一般來說，員工都會吹噓自己「每天從帽子裡捉出來的兔子有多少」，他們甚至還會抱怨，當奇蹟如預期般出現時，他們連接受掌聲的時間都沒有。也許他們最後終於免不了累壞了；但如果他們懂得利用機會慶祝這些奇蹟或致謝，他們

的活力就會愈來愈充沛。

　　當朗訊科技（Lucent Technologies，也就是過去的貝爾實驗室）和美國電話電報公司（AT&T）分家時，它雖然是很有名的創新業者，但它的強項並不在實用方面，而是在基本研究方面。於是管理階層便決定，新企業必須要玩新花樣，以擺脫美國電話電報公司的文化包袱。新事業是由位於紐澤西州橄欖山（Mount Olive）的實驗團隊所率領，他們也把魔法師組織的策略發揮得淋漓盡致。該公司的新使命是要「建立一個新企業，而且不管你打算怎麼做，就是要在速度、成本與品質等方面達到最完美的境界。」所有的結構都只是為了因應一時的需要而存在，真正讓他們維繫在一起的是一套簡單的核心原則：「我們的經營重點在於速度、創新和品質；強烈的社會責任感；對每個人的貢獻深具敬意……以及正直與真誠。」新進員工都要實際簽署這份文件，而且簽的時候還得規規矩矩地行禮如儀，甚至連簽名用的都是特殊的筆。

　　這家新公司開始的時候幾乎沒有什麼結構可言，員工都是視工作上的需要自行組織，並決定要做什麼，以及該怎麼做。工程師則會圍坐在大桌子前開會，並且在幾乎布滿牆壁四周的白板上振筆疾書。後來員工逐漸增加，沒辦法再以這種非正式的組織運作，於是他們就建立了一貫作業方式，並採用工作輪調的方式以避免員工產生倦怠感，讓他們的心情常保清新，同時還讓員工自行安排輪調方式。除了這些核心原則的說明外，其他完全沒有任何規定。員工可以登入電腦查閱公司的方針，如果覺得內容不合時宜，還可以著手修改。

　　員工做了一塊「急事牌」，以提醒大家有空的時候去別的地方幫忙。橄欖山的實驗成果極為成功，湯瑪斯‧派辛格（Thomas Petzinger）在他的著作《知識經濟領航員》（*The New Pioneers*）中

也特別提到這點，並總結如下：

> 在剛開始那幾年，橄欖山從來沒有延誤過任何一張訂
> 單，連一張都沒有。每種新產品從構思到首批交貨的時間
> 只有短短的九個月……後來又很快地變成六個月；相較之
> 下，業界的平均時間則是十八個月。產品的平均勞動成本
> 是3%，而且一直在減少……廠裡的每個工人都知道每位
> 客戶的名字、每張訂單的進度，以及每個競爭對手的身
> 分。波多黎各、南韓、泰國和加拿大的訂單蜂擁而至，最
> 大的訂單則是來自史普林特（Sprint）一筆十八億美元的
> 生意。

橄欖山的實驗成果徹底改變了朗訊科技，使它成為不折不扣的
魔法師組織。

魔法行銷與魔法師管理

在充分就業的經濟環境中，如果人人都可以透過網際網路和其
他方式取得無窮的資訊，而且他們所期待的不只是一份工作，更是
一份能實現自我的事業，那麼，行銷和管理就必須重新界定。在這
種情形下，工作無虞、資訊無虞、金錢無虞，高品質的廉價產品和
服務更是不虞匱乏。

如此一來，大家需要的究竟是什麼？大家所缺乏的其實是足夠
的時間或意義，所以你應該要提供具體的意義給那些把時間交給你
的人，不管他們是顧客還是員工。你在吸引潛在顧客時，可以把本
身的產品或服務與他們所重視的價值結合起來。但如果要這麼做，
就必須真正成為某樣東西的代言人。魔法師行銷其實就和英雄行銷

一樣，一開始都要先確定你要為誰代言。

羅夫・錢森在《夢想社會》中指出，手錶的準確度和可靠度都非常高；假如你想要一支很準確的錶，只要區區十美元就可以買到。但假如這支錶是以心理價值為賣點，代表了某種生活方式、地位或冒險性格，價格就很可能攀升到一萬五千美元。也正是因為如此，勞力士（Rolex）才會頒獎給那些以本身的成就來為勞力士背書的顧客。

魔法的本質可以定義為影響意識的能力，以及以此來影響行為的能力。過去的世界由於資訊缺乏，人人求知若渴，所以要讓人注意你的廣告並不困難。但現代人卻深受資訊氾濫之苦，每天的廣告訊息超過三千則；因此不要說要讓人記得，就連要怎麼讓人注意到你的訊息都成了問題。

我們也知道，為了避免受到過度的刺激，人類的心理會過濾掉很多我們所碰到的東西，包括廣告在內。這道檢查的過程並不是以隨機的方式進行，而是由我們自己選擇要注意哪些資訊；這些通過自我檢查的資訊如果不是與我們關注的事情有關，就是符合我們的心理結構。有一種很簡單的辦法可以驗證這點，那就是當你學到一個新字的時候，你會發現自己似乎到每個地方都會聽到這個字。這並不是因為這個字的用法突然有所改變，而是因為你以前不曾注意到它，但現在則會注意到。

原型可以吸引陌生的意識。當你的訊息符合主流或顧客心中的原型時，顧客就會被你吸引。魔法師經理人深知，原型不僅可以為公司賦予品牌身分，更決定了組織文化的結構。他們也明白，除非你的公司可以提供意義給員工，使他們從工作中得到自我實現，否則你就不可能吸引到最能幹的員工並留住他們。就這點來說，魔法師領導人和魔法師組織其實可以把任何一種或所有的原型都當作無

形而有力的策略夥伴，藉以管理現代所有工作層面的意義層次。

　　因此，錢森也在《夢想社會》一書中提醒主管，在思考現代的組織時，千萬不要以法律實體、利潤、建物或其他任何具體存在的東西為出發點，也不要從階層的角度切入。公民會覺得自己是主人翁，而不是受治者；同樣的，現代員工也希望能參與決策。如果要吸引並留住員工，你就必須安排一場能打動人心的好戲，使人願意留下來。錢森說：「假如戲很好看，就會有很多人想要加入這個陣容。」他又說：「畢竟冰冷的公司數字完全反映不出合約與客戶是如何不斷地流失與回籠，也反映不出創新與觀念是如何在創意會議中產生。更重要的是，冷漠無情的損益表反映不出社會的互動，像是衝突、友誼、合作與猜忌。損益表只能透露出公司的年齡，就像在計算莎士比亞十四行詩的字數一樣。」

　　對魔法師組織來說，成功的秘訣並不在於要如何管理資金，而在於要如何在當前這種十分強調自主性的環境中管理意識。既然資訊已經不虞匱乏，因此公司和社會的方向往往不是由領導階層單獨決定，而是由能快速形成共識的文化對話來決定。現代醫學告訴我們，身體的運作方式其實也相去不遠。大腦並不會告訴胃要做什麼，因為胃本身就有辦法辨別食物，並決定要怎麼消化。身體的不同部位也會不斷地溝通，以保持平衡、抵禦外物並提出需求（像是飢餓、口渴和疲倦）。

　　此外，生物學家也告訴我們，所有的物種都會調整本身的行為，以適應瞬息萬變的環境。根據蓋婭假說（Gaia thesis），雛菊會為了吸收或反射光線而改變顏色。如此一來，它不但可以提高本身的存活機率，同時也會實際改變地球的溫度。不管是醫學、生物還是先進的組織，訊息的理解方式都不再是從上到下。所以像麻省理工學院（MIT）教授彼得‧聖吉之類的組織發展學者便強調，組織

必須成為學習型系統。不光是管理階層需要不斷學習，每個人在每個崗位上也都必須學習，而且還要不斷地把本身的學習內容傳遞給系統中的每個部分。[2]

當然，這也說明了為什麼當柏林圍牆倒塌時，美國中情局（CIA）居然是透過媒體才得知消息。新事物的變化一日千里，因此品牌的成功必須建立在文化對於品牌價值的共識上。如果想要控制大眾對你的了解，那無異是緣木求魚；即使你有辦法讓不利的消息不見報，也堵不住網路上的悠悠眾口。而此處的關鍵就在於，要如何在無法檢查或控制的情況下影響意識。

對魔法師行銷

根據保羅・雷伊（Paul Ray）的行銷研究，目前有一股消費勢力正逐漸興起，他把這群人稱為「文化創意人」（cultural creative）。這些人都擁有魔法師般的信仰，所以會透過意識塑造具體現實的過程來創造自己的生活。[3] 不管是身為顧客還是員工，這些具有魔法師理念的人都認為，你的身分和你的產品或服務品質同樣重要。因此，當你賣東西給他們的時候，其實就是在推銷你自己、你的價值和你的意識。當然，這些新顧客有很多也會利用網路和你的員工以及其他顧客聊天，所以只要你的組織出現言行不一的情形，他們很快就會發現。

如果要有效掌握魔法師顧客的消費習性，首先必須深切地自我反省，以確立本身的身分、價值，以及所要達到的終極目標。接著假如能找到與內在特質最接近的原型，便根據這些特質來擬訂行銷策略，那些認同你的意識並接受你的產品或服務的人自然就會趨之若鶩。而這其實也就是在販售某種魔法。

　　接下來你應該想盡一切辦法突顯原型。原型剛開始的作用就像是磁鐵一樣，可以把顧客、供應商和員工對你所掌握的一切「資料」組織起來。至於其他不含括在原型中的部分則可能會被他們的內在機制過濾掉，除非這些訊息與你所宣稱的身分相去太遠（例如組織發生醜聞），否則他們不至於太仔細去檢查其中的矛盾之處。接著就要宣傳你的原型身分，而可用的管道除了廣告以外，還包括以產品的設計與擺設來代表組織的身分、網站、主管的言論、公司的政策，以及新進員工的新生訓練課程等。等到一切都步調一致了，自然就可以吸引到魔法師。

　　但也別忘了，魔法師的動力是來自自我轉型的欲望，以及改變他人、組織與大時代的機會。所以你要是能為魔法師帶來轉型的體驗，他們會很感謝你。不過，假如你能幫助顧客提升自我，你所得到的收益將遠非其他做法所能比擬。在一個非常淺顯的例子中，你可以看到這項原則是如何幫助「體重監控公司」（Weight Watchers）這家瘦身業者大發利市。琴恩·妮德區（Jean Nidetch）是一位體重過重的家庭主婦，她發現找朋友一起來為彼此的減肥行動打氣對瘦身很有幫助，於是她便和企業家亞伯·李普特（Albert Lippert）共同創辦了「體重監控公司」。他們以極低的價格出售加盟權，但業者必須繳交一成的總收入。藉由這種做法，他們很快就發了財。到「體重監控公司」減肥的人不但會想辦法讓自己瘦下來，更會因為能以這套方式改善別人的生活而感到開心。

　　魔法師品牌和魔法師業者深知，假如你送（或賣）給別人一條魚，他只能吃一餐；但你要是教他釣魚，他不但能吃一輩子，而且一輩子都會對你忠心耿耿。

　　在此我們必須提醒大家，你可以在比較深入的層面上看到發生在我們周遭的婦女運動和New Age運動所產生的解放效應。性別角

色已經徹底改變，大部分的人都提倡兩性平權，New Age的態度和觀點如今也成了主流。但在此同時，女權運動和New Age卻又逐漸被揚棄，因為一般人已經開始把這些運動視為極端，甚至把它們與作風怪異畫上等號。這裡所要強調的重點是，極端的立場以及異常、駭人或尖銳的事件、態度和廣告雖然可以吸引眾人的目光，但終究無法提高事業或產品的身分認同。

　　婦女運動和New Age運動都具有轉變的作用，但卻沒有掌握到本身的原型品牌特性，結果只好任由媒體來界定它們的身分。所以你千萬要記住那句老話：你可以靠極端或尖銳的廣告來吸引眾人的目光，但除非它很符合原型品牌穩固的特性，否則這種曇花一現的效果終究會適得其反。

　　婦女運動讓數百萬婦女的生活產生了正面的變化，不論她們是什麼樣的階級、種族、族群和背景。婦女現在更有機會擁有成功的事業、擔任政府要職、得到親朋好友和工作夥伴的重視，甚至擁有

你的品牌若具備下述特點之一，魔法師的原型或許可作為一個適當的定位：

- 產品或服務具有轉變的作用。
- 它保證絕對會讓顧客有所轉變。
- 它是以New Age顧客或文化創意人為訴求對象。
- 它有助於擴展或提升意識。
- 它是人性化的科技。
- 它含有心靈或精神的成分在內。
- 它是十分新穎的產品。
- 它屬於中高價位。

過去無法得到的美滿性生活。這項運動原本是以魔法師為原型，但媒體卻把它轉變成焚燒胸罩的洩憤行為，使大部分的婦女對這種亡命之徒的形象大為反感。

在向魔法師或可能成為魔法師的顧客推銷東西時，千萬不要想以走偏鋒的方式贏得注意力，而要花時間建立身分認同，以符合轉型目的的真實情況。媒體、競爭對手或其他團體雖然不會幫你維護形象，但它們的看法也不一定會破壞你的訊息。這種情況的化解之道就是要擁有十分鮮明的原型品牌性格，如此即可無畏於引人注目的負面宣傳。像貝氏堡麵糰寶寶雖然以惡靈的形象出現在電影《魔鬼剋星》（*Ghostbusters*）中，但它的天真者身分並沒有受到影響，而這也正是原型品牌的威力所在。

---

1 [譯注] ynchronicity，這個名詞是由心理學家容格所提出，意思是指外在客觀的事物與內心世界間會有一種隱然的聯繫關係。

2 [原文注] 參閱彼得·聖吉所著之《第五項修煉》。

3 [原文注] 參閱保羅·雷伊所著之 The Cultural Creatives: How 50 Million People Are Changing the World。

第四篇

沒有人是孤獨的

凡夫俗子、情人、弄臣

　　不管是早期穴居人類或部落成員的聚會，還是現今所流行的聊天室，人類對於接觸、互動與歸屬的渴望始終都很強烈。而有三種原型可以提供有用的模式或結構，以幫助我們實現這方面的需求。凡夫俗子有助於引發行為與看法，使我們既能完全融入群體，又能擁有一套適用於所有人的價值觀，而不光只適用於那些秀異之士。情人能使我們成為有吸引力的人，同時也有助於我們建立情感與肉體上的親密關係。弄臣教我們要放輕鬆、活在當下、盡情地與人交往，不要擔心別人怎麼想。這些原型所轉化成的符號和品牌十分有力，因為它們會帶來並建立一種令人喜愛、受人歡迎與互為一體的強烈感受。

　　和我們對征服、控制與權力的需求相比，上述這三種原型所表現出來的脆弱可說是完全不同的類型。顧客所擔心的不是世界會受到什麼影響，而是個人的切身問題，像是：我受不受歡迎？吸不吸引人？幽不幽默？會不會被接納？能不能既融入群體又保持自我？

圖4-1

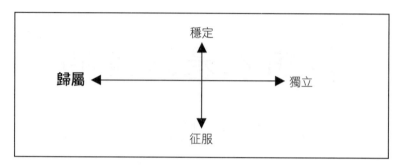

要如何找到真愛？要如何享有豐富而完整的人生？

　　儘管（或者說大概就是「因為」）個人主義在今日社會中愈來愈盛行，但電視和廣播脫口秀的大行其道仍有助於彰顯這些原型的訴求。大家就是要聽其他的平凡人說話、發表意見，或是大發牢騷與議論，對專家則興趣缺缺。他們是以虔誠的心情觀賞脫口秀，藉以了解現實中所發生的愛與背叛（情人），或是和脫口秀主持人傑‧雷諾（Jay Leno）之類的夜間弄臣共度時光。「小弄臣」大衛‧賴特曼（David Letterman）也是因為接受了心臟手術，才拯救了下滑的收視率。換句話說，弄臣加上凡夫俗子的脆弱可以激發熱情的支持，並挽回已經流失的觀眾忠誠度。

　　強烈表現出這些原型的顧客可能特別容易被有助於他們與他人建立關係的品牌給吸引，但這種關係的本質與型態可能會有令人意想不到的一面。在1960年代，中產階級的大學生流行穿農夫裝，藉以表示自己想要和「尚未腐化」的勞動階級打成一片；許多擁有史坦威（Steinway）鋼琴的人選擇以不起眼的速霸陸（Subaru）來代步，而且比例高得驚人；城市中的雅痞則是八卦雜誌《時人》（*People*）最忠實的讀者。

「無名英雄之墓」對受到埋沒且不為人知
的無名小卒或凡夫俗子，有深刻而強烈的
感染力。

　　此處的重點在於，要切記一件事：凡夫俗子、情人和弄臣或許
只是某些顧客的主要動機，但其實每個顧客都希望能和其他人融為
一體，不管他們表現出來的外在行為是什麼樣的。在我們這種步調
匆忙的文化中，大家往往沒什麼時間聚在一起（而且這麼做甚至還
會被認為是在浪費時間），於是每個人就變得愈來愈孤獨。如此一
來，這些原型便多了一分刺激的力量，因為它們可望實現遭到壓抑
與無法滿足的需求。這三種原型在文化中被貶抑得愈厲害，它們所
產生的刺激力量就愈強大。

　　不妨想想性的力量在英國維多利亞女王的時代有多驚人：凡是
不能搬到檯面上的東西對人的心理與行為都擁有巨大的影響力。

10

凡夫俗子

座右銘：「人生而平等。」

　　凡夫俗子所展現的就是身為普通人，和其他人沒什麼兩樣的特質。你可以想像一下中世紀道德劇中的「平凡人」（everyman）角色、政治理論或修辭學所說的「普通人」（common man），以及「無名英雄之墓」所呈現出來的感受。此外，靠這種原型而成功的草根政治人物、電影明星，或是「作風親切」的主管也多到難以勝數。

　　不管是西部鄉村音樂、民謠、街坊節慶活動、工會、路邊攤，還是描寫平凡人物小缺點的情境喜劇——像是《急診室的春天》中的「都是一家人」單元（All in the Family）、《我愛羅珊》（*Roseanne*）、《天才麥坎爾》（*Malcolm in the Middle*）——凡夫俗子的色彩都很明顯。

　　當凡夫俗子的原型表現在個人身上時，他可能會穿著工作服或是其他不起眼的服裝（即使他很有錢）、口操市井俗語，完全看不出一點菁英的樣子。它的基本理念在於，每一個人一定都是天生我材必有用。同時它也堅信，享受生命的美好是每個人與生俱來的權

凡夫俗子

主要的渴望：和別人建立關係

目標：歸屬、融入

恐懼：與眾不同、擺架子、最後遭到驅逐或拒絕

策略：培養平凡的固有美德與平易近人的個性、打成一片

陷阱：為求融入群體而放棄了自我、卻只換來表面上的關係

天賦：腳踏實地、容易感同身受、不虛偽

凡夫俗子也可能是老好人、路人甲、無名小卒、普通人、隔壁那傢伙、務實主義者、上班族、好公民、好鄰居。

利，不只專屬於貴族或菁英分子。

凡夫俗子是民主的基本原型。它的中心思想是「一人一票」，而且這種理念在社會運動中表現得尤其明顯。你可能會想起鄉村樂巨匠伍迪‧葛士瑞（Woody Guthrie）給大家的保證：「這塊土地是屬於你們的。」此外，它的重要性也見諸於民權運動、婦女運動、同志人權運動，以及其他所有試圖把社會、經濟參與的整體利益同某個族群或階級分享的運動。

當然，民權解放運動也提醒了我們，大部分的社會儘管口口聲聲喊著包容，但在現實生活中卻把某些人當作化外之民。在遠古的土著文化裡，如果遭到群體放逐或驅離，就表示要獨居荒野，任由各種野獸宰割，實際上也就等於是被判了死刑。即使到了今天，缺乏溝通技巧與不善交際的人也比八面玲瓏的人容易丟掉工作，或是落得無家可歸。所以我們每個人還是需要在社會上建立人脈，以作為自身的後盾。事實上，有了人脈以後，就連弱勢族群也勢必會變得比較有機會找到好工作，往後也比較容易成功。

每個人都知道，青少年總是想盡辦法要打入「小圈圈」，或起

碼是某個團體。不管是個人還是團體，這種孤獨感或化外感代表著凡夫俗子最希望逃離的狀態，因為我們並不希望獨排眾議或是標新立異，我們只想要融入人群。只要這種渴望能滿足，我們就會安然地沈浸在甘於平凡的平靜中。

舉例來說，本書作者瑪格麗特・馬克在幾年前的訪談中問了一個問題：「假如你有一個週末的時間可以向一群外國朋友介紹你認為美國最棒的地方，你會做什麼？」她所訪問的是密蘇里一個小鎮，德索托（De Soto），的居民，結果完全沒有人提到什麼憲法、法案、人權、制衡體系或出版自由，他們的直覺反應反而是：「這樣的話，我會弄個烤肉，然後把親友鄰居都找來。」顯然對他們來說，美國最棒的地方就是你可以當個簡簡單單的「普通人」。

個人對群體的認同感多半可以靠某些產品突顯出來，像是棒球帽、T恤上的口號、車子保險桿上的貼紙，以及更細微的東西，像是住家、車子、服飾和飲食的風格等。職業曲棍球隊「紐約遊騎兵」（New York Rangers）一直都是以「眾人平等」的風格與球迷建立感情，而且很有意思的是，他們的球迷幾乎都會穿著遊騎兵隊的球衣來表達他們支持。但在同一個球場，像是麥迪遜花園廣場（Madison Square Garden），如果當晚出賽的是名聲遠播的紐約尼克隊（New York Knicks），大部分球迷就會穿著自己的外出服，公司主管則會穿西裝。遊騎兵的球迷都互相熟識、看著彼此的孩子長大，而且還會幫對方慶祝結婚週年慶。而尼克隊的球迷則是因為碰巧買了同一季或同一場的球票，才聚在一起的。遊騎兵是「凡夫俗子」的品牌，而尼克隊則比較像是「英雄」。尼克隊的球迷是「仰慕者」，而不是支持者或「一家人」。只要了解這層差異後，你馬上就會明白球場是如何經營旗下的各支球隊。

大部分的美國人看到老布希總統在超級市場的結帳櫃台旁對著

自動掃瞄器大驚小怪的樣子（「這傢伙跑哪裡去了？」），都覺得很
感冒。後來又有一個卡通挖苦總統，演他開車經過貧民區時，很失
態地問路人有沒有Grey Poupon芥末[1]。由於他裝不成凡夫俗子，於
是便得到了適得其反的效果。早知如此，他還不如老老實實地以高
高在上的統治者自居就好。布希應該要像尼克隊一樣，了解並發揮
天生的魅力，而不要老想化身為其他的角色。

不要擺臭架子

　　凡夫俗子希望融入群體，不管這個群體是派系、社會階級、工
作文化、教會或寺廟、社團，還是工會。個人天生可能和群體契
合，也可能格格不入；但不管怎麼樣，大家都希望能在無形中與眾
人打成一片。以老布希的例子來說，他就是因為未竟全功，所以才
會一敗塗地。

　　這種原型完全不需要故弄玄虛，因為它本身就有一種平實的特
性。比方說，在宴會上只喝啤酒（而不喝加了冰塊的Absolut伏特
加）；寧願邀請顧客一起到公園慢跑，也不吃豪華大餐；即使身為
矽谷（Silicon Valley）的百萬富翁，工作時還是穿帝瓦士（Tevas）
運動鞋。這些訊息都會立刻表現出你很注重眾人平等的原則，並突
顯出凡夫俗子的色彩。

　　凡夫俗子不但會為主場的隊伍喝采，同時也會為弱者加油。他
們比較偏好曲棍球，而非網球；他們比較喜歡棒球鐵人小瑞普肯
（Cal Ripken, Jr.）的堅毅不拔，而非籃球之神麥克‧喬丹（Michael
Jordan）的光芒萬丈；他們比較支持小聯盟，而非大聯盟。他們常
常以幽默的方式消遣人，像格蘭威特（Glenlivet）威士忌的廣告就
說：「有些地方對運動員敬若神明，但這些地方可不一樣。什麼樣

的地方就有什麼樣的威士忌。」

　　現在有些成功人士會公開透露自己的緊張、害怕與困境，以消除別人的嫉妒心理。這麼做有助於讓別人相信，在光鮮亮麗的外表下，他們其實就和你我一樣，只不過是個普通人。像在電視影集中，《艾莉的異想世界》（*Ally McBeal*）裡的艾莉是個漂亮的哈佛畢業生，也是個成功的律師，但她之所以吸引人，主要是因為她和我們一樣過著神經兮兮、亂七八糟的生活。而《歡樂單身派對》（*Seinfeld*）裡的賽菲爾（Seinfeld）則成了平凡的代言人。甚至連適應非常良好的名人也可以強調本身的日常特質，像Gap就有一則著名的廣告是演員蒙哥馬利‧克里夫特（Montgomery Clift）穿著卡其服站在梯子上刷油漆。它的重點當然是要強調，高不可攀的名人其實也有樸實無華的一面。《時人》雜誌有一項很重要的編輯原則，那就是要表現出芸芸眾生的特殊面（例如一對卑微的夫妻撫養殘障的養子），然後再加上巨星的「平凡面」，像是離婚、厭食或缺乏自信。

　　凡夫俗子喜歡自嘲式的幽默，藉以向他人和自己表示，他們是以輕鬆的心情看待自己。金賓（Jim Beam）威士忌拍了一支廣告，內容是四個年輕人在酒吧裡聊得很開心，然後配上旁白說：「你的生活也可以拍成情境喜劇。」但它後來又覺得這個點子不夠好玩：「當然，還得拿到有線電視台去播才行。」儘管如此，它還是突顯了這種原型的真正力量：「真心的朋友，真正的波本威士忌。」「真心」這兩個字可說是一語道破了凡夫俗子的精神：所有的機巧都不可信，所有對名利的渴求亦是如此。

小姐，只要事實！

　　凡夫俗子討厭機巧、虛浮，以及裝腔作勢的人。因此，凡夫俗

凡夫俗子的幾個層次

動力：孤獨、疏離

層次一：孤兒、覺得孤立無援、無人聞問、想要找個伴

層次二：不甘寂寞的人、學著和別人接觸、融入、接受幫助與友誼

層次三：人道主義者、對每個人與生俱來的尊嚴都深信不移，不因能力或環境而有差別

陰影：寧願受辱也不願孤單的受害者、或是為了加入幫派而不惜為非作歹的古惑仔

子的品牌差不多都具有樸實無華的特性，看起來也很實在。類似的例子有寶鵬雞塊（Perdue）或溫蒂漢堡（Wendy's）——長相平凡的老闆直接現身在廣告中、Snapple天然飲料（第一個代言人溫蒂是道地皇后區出生的接待員），以及釷星汽車（最早的廣告內容是，車廠的工人為什麼會相信這輛車和這家公司）。

　　和其他的英俊小生比起來，保羅・紐曼（Paul Newman）的魅力之所以能歷久不衰，主要是因為他在幕前與幕後所扮演的凡夫俗子讓數百萬觀眾覺得，假如在週六早上逛五金行時遇到他，他一定會表現得既親切又實在。為了維護凡夫俗子的品牌特質，藍哥牛仔褲（Wrangler Jeans）很聰明地避開了在牛仔褲上標出品牌的風潮，並為真心喜愛西部打扮的人保留了上選的牛仔褲。它以牛仔、鄉村，以及優質可靠的產品為訴求，完全沒有誇張的宣傳。而不管是《一路到底：脫線舞男》（*The Full Monty*）、《草地英雄》（*Local Hero*）還是《樂透天》（*Waking Ned Devine*），這些電影也都在讚揚凡夫俗子的精神；只要從它的角色、故事類型與極為明快的製作手

法上，便可看出這點。

　　為了與許多騙人的玩意以及昂貴的心理分析工具有所區隔，麥亞士-布立格人格類型測驗（Myers-Briggs Type Indicator）不但標榜自己是大眾的心理測驗工具，更大肆宣揚傳統體制剛開始並不承認它的重要性，而得以暢銷全球。為了與美國運通卡的菁英形象有所區隔，威士卡（VISA）也採取了類似的方法。它除了以一般客戶為重外，更強調該公司的簽帳卡四處通行。換句話說，VISA卡就像普通人一樣無所不在。

　　以化粧品業來說，凡夫俗子的廣告破除了光鮮亮麗的形象，轉而強調實用的現實功能。像妮維雅（Nivea）面霜就是以鄰家女孩的面容為主題，同時告訴大家：「只要用一種乳液就可以改善臉上的皺紋。」假如你向四年制學院或大學索取課程資料，多半會收到五顏六色、包裝精美的宣傳廣告。但邁阿密達德社區大學（Miami-Dade Community College）這家辦學極為成功的社區大學只會寄給你一張印有目錄的白報紙，上面簡單地列出課程表。這種做法也讓人覺得，這是所大眾學校，收費合理、腳踏實地、不說假話。

凡夫俗子的高貴特質

　　凡夫俗子是讓生活得以運行的中堅分子。在偏遠地區，你常常可以看到大家聚在一起收成作物或縫製被褥，但他們不一定是因為喜歡對方才互相幫忙。他們表面上是鄰居，實際上卻有如一家人。即使到了今天，凡夫俗子還是隨處可見。這些人就在我們的四周，過著當一天和尚撞一天鐘的生活；他們做人非常可靠，而且擁有豐富的基本常識。

　　這些特質有很多都和一般的美國人與社會對平等的共同信仰息

息相關。像美國互助人壽（Mutual of America）就明確指出平等的重要性，藉此讓自己成為這些價值觀的代言人：「無論是個人或團體、公司或合資企業（不分大小），我們都會給予相同品質的服務與照顧。」大都會人壽（MetLife）走的是草根路線，但意思也相去不遠。它有一則典型的廣告提到一位鄰家女孩專門在經營外燴生意，而且「她也和其他一大堆人一樣，不知道該怎麼投資。」她的代言內容是：「我並不是最有經驗的投資人，所以當我終於克服了恐懼跳進市場時，便請了大都會人壽的專家提供建議。他們根據我可能會碰到的風險，幫我在好幾千種共同基金中挑選合適的標的。我雖然不是華爾街的金融專家，但現在我也知道，投資不一定比做四百份奶酥來得困難。」

凡夫俗子的品牌大部分都是以極為健康的形象為號召。以Gap的廣告為例，它的內容是一群年輕人渾然忘我地跳舞，顯然很享受相聚時的歡樂，同時也展現出健康的一面。這種廣告和典型的探險家廣告或是Guess、卡文克萊的廣告稍微有點不同。探險家的廣告強調年輕人的疏離，Guess和卡文克萊的廣告則把年輕人的形象塑造成憂鬱又性感。我們自己最喜歡的凡夫俗子廣告是一家舊式小餐館「潛水艇三明治」（Submarine Sandwiches）所推出的。一開始有一群瘦弱又孤僻的年輕人在人云亦云地談論自我的疏離與無窮的欲望，此時突然有一個外形健康的父親角色出來說：「吃點東西吧。」接著畫面上就出現了各種讓人垂涎欲滴的大三明治。

凡夫俗子的品牌也會向大家保證，它們絕對沒問題。以專賣大尺寸衣服的「正合我衣」（Just My Size）為例，它的廣告就是一位超級胖美女說：「我是妹妹、女兒與情人。我沒有一百磅的苗條身材，我也不是什麼尺寸的衣服都能穿，我的尺寸是18、20、24。我很漂亮，而且比國內一半以上的女性都重。我並不是特例，我只

是個一般人，而且我也不是隱形人。」八月大女裝（August Max Woman）也呈現出類似的低調訊息，它只說：「真正為像你這樣的女性所設計的流行服飾。」

　　廣告經常假定消費者的需求很單純，像安眠汽車旅館（Sleep Motels）的四顆星廣告就說：「住房不貴、服務勤快、早餐免費，這就是旅館的必備條件。」優質酒店（Quality Inn）的廣告也是採取類似的手法，它的內容是麥考菲（McCaughey）一家八口說：「我們對奇蹟略知一二，像在旅館的房間裡發現一張很棒的床墊就是其中之一。」除了有機會贏得優質酒店的抽獎外，他們似乎只要有這張床墊就夠了，即使十個人住一間房也無所謂。廣受歡迎的《美食餐廳評鑑》（*Zagat's Guide*）也體現了凡夫俗子的特質，因為它反映的是一般用餐客人的意見，而不是專業餐館評論家的意見。

　　不管有沒有錢，凡夫俗子都會謹遵節儉的原則。所以蓋可汽車保險公司（GEICO Auto Insurance）的廣告才會說：「你還沒打電話給蓋可汽車保險？怪了，你看起來不像個有錢人。」寶潔乾洗（Dryel）在1999年推出的廣告則向大家保證：「等到下一個千禧年，大家就能在家裡保養乾洗衣物了。哈，那不就快到了嗎！」

第三地

　　最適合凡夫俗子聚會的地方既不是家裡，也不是職場。就過去來說，這些人都是在公共場所見面，因為這種場合比較容易引起和共同興趣有關的話題，像是運動、政治、八卦或是天氣。有時候他們去這些場所只是在瞎混，或是靜靜地比鄰而坐。這些地方過去可能是村子裡的小公園、街角的酒吧、圖書館、社區禮堂、家門前的樓梯，甚至是小店外面的長板凳。聚集在這些公共場所的人雖然彼

此不怎麼熟識,但卻相處得很融洽。時至今日,大家都不在自家門前聚會,住家附近也有很多酒吧或餐廳可以去,過去那種時間一到就自動聚在一起的景象已經不復存在,每個人的生活多半只剩下公事與私事。

這種對第三地的渴望也說明了為什麼《歡樂酒店》(*Cheers*)(「這裡的每個人都知道你叫什麼名字」)這部電視影集能歷久不衰、一路長紅。邦諾書店和邊界書店(Borders)也看出了這方面的需求,於是便為顧客創造出聚會的空間,結果業績分別成長了18%與14%(相較之下,美國書店的整體成長率只有4%)。哈帝漢堡(Hardy's)知道,它的功用不只是要提供速食,還要當作社區的活動中心,讓不同年齡與階層的人都可以在這裡輕鬆自在地消磨時間。凡夫俗子也可以說明為什麼在大型連鎖店和成功的加盟店四處林立的情況下,很多小店和小餐館還是活得下去。這些商店雖然裝潢簡陋,吃的東西和其他商店沒什麼差別,但它們在招呼你的時候卻叫得出你的名字。

現今的網路聊天室創造了廣受歡迎的第三地,而且還能超越時空的限制,形成天涯若比鄰的世界;或者起碼就心理上來說,它可以讓人產生這種感覺。成長最快的網路用戶群就是那些有一點年紀的消費者,這種現象無異打破了刻板印象,同時也讓建立關係變得更有吸引力。即使這些人的活動力不如以往,但這招還是很有效。品牌如果可以恢復人與人之間的連繫,它在這方面的潛力就無可限量,即使只是虛擬的連繫也好。

凡夫俗子的傑作:釷星問世

釷星(Saturn)的問世感覺上像是美國勞工最優良的固有價值

傳統重現人間。當時底特律的名聲跌到了谷底，因為它的創新能力不足，無法與日本車抗衡。事實上，消費者對美國汽車業可說是徹底失望，因此通用汽車（General Motors）推出釷星時，不僅決定要淡化這輛車與母公司的關係，更有意擺脫底特律的陰影。它把釷星的工廠搬到了田納西的春山市（Spring Hill），這個決定也代表它要擺脫城市的凋蔽與衰敗，重拾美國鄉村的傳統價值。

此外，由於沒有人看好新車種能成功推出，所以這個品牌的成功就像是大衛殺死了巨人哥力亞一樣，帶有以小搏大的色彩。有一則廣告在回顧該公司的成就時說：「大概在十年前，有一家叫作釷星的美國汽車公司成功做到了大家都覺得不可能做到的事。而且他們也和每個小有成就的人一樣，不斷嘗試更艱鉅的任務。這或許說明了為什麼他們要把這款新車設計得更快、更寬敞與更豪華。它的造價雖然比較昂貴，但貴得並不離譜，因為就像我們剛剛所說的，這家公司叫作釷星。」

Saturn這個字也是另一個原型名稱。它是羅馬農業之神的名字，所以這部車便和鄉村產生了關係。此外，Saturn（土星）在占星學上也代表了務實、腳踏實地、穩重和刻苦耐勞的行為。這兩種關係看起來都和凡夫俗子的品牌完全契合。而且就在公司成立前不久，有一篇廣為流傳的報導才指出，科學家對於自己無法以科學的論點解釋土星光環的現象感到失望。如此一來，這個名字便產生了巧妙的助力，讓人覺得這家公司的成功是個奇蹟。

它剛開始的行銷策略是以公司而非車為賣點，這種做法也收到了極大的成效。它的廣告主題是工廠中的工人對於公司的品質標準同感自豪，以及相信別家車廠所冒的風險。廣告中的員工回想起他們小時候的車款、搬新家到一個看起來鳥不生蛋的地方所受的委屈，以及加入這家新公司並看到第一輛車出廠時的驕傲之情。總而

言之，通用的賣車策略就是請正直可靠且值得信賴的工人來代言。

　　從這些對公司具有共同信仰的工人所提出的證詞中，我們可以明顯感受到誠實與努力工作這兩種美國的基本價值。公司深知一般人情感上的弱點，於是後來又推出了一支廣告，內容是各個族群的勞工階級家庭對於釷星所實施的「一價到底」政策表示感謝，並提到過去的買車經驗一度讓他們很擔心，這次會不會又被奸詐狡猾的汽車代理商給敲竹槓。

　　釷星的品牌認同一開始就很固定，它所提出的退費保證也給人一種值得信賴的感受。當冷卻劑出了毛病而造成無可挽回的傷害時，它馬上就把一千八百三十六輛車全數回收，而且從此不再出售這批車子。公司深知，他們不只是在賣車子，更是在賣一種歸屬感，於是公司還舉辦了釷星車主聯誼會（內容包括鄉村音樂、節奏藍調、烤肉、紋身貼紙），很多當地代理商也紛紛為那些無法到春山市參與盛會的車主舉辦郊遊活動。

　　事實上，很多當地代理商都有贊助每個月的釷星車主聯歡活動，像是冰淇淋大會和烤肉會等等。此外，它們也會參與當地的慈善活動，尤其是那些為兒童遊樂場和當地動物園募款的活動。有一支廣告生動地描述了釷星為發掘並迎合消費者的需求所付出的努力，它的內容是一位年輕的男子跑遍了全國的釷星汽車展示場，目的只是為了吃他們的甜甜圈；而且每一家代理商都會很盡心地告訴其他代理商，他喜歡吃的是果醬口味。有一群代理商曾經建議以車子當作刺激消費的贈品，但公司卻選擇舉辦一場比賽，讓得獎者到春山市幫忙組裝自己所贏來的車子。這場凡夫俗子品牌的經典之作雖然從頭到尾都經過刻意的安排，但看起來還是很能與當地的風土民情融為一體。而且假如組織文化原本就和這種品牌特質不搭軋，活動便不可能辦得這麼成功。但到了後來，釷星的表現卻逐漸開始

不穩定，長期獲利也亮起了紅燈。

凡夫俗子式的組織文化

　　在組織中，凡夫俗子的原型是以集體的方式呈現這些共同的價值與喜好。他們所塑造的群體認同意識往往和菁英團體有很大的不同，類似的例子包括工會（對比於管理階層）；像艾維士租車（Avis）這種以低姿態（「我們會更努力」）來樹立團隊精神的員工入股公司，或是像VISA卡這種刻意與美國運通等菁英取向品牌區隔開來的公司。

　　凡夫俗子型的公司往往都是由員工當家，而且他們的穿著也比業界一般公司的員工來得隨興。經理人可能就是穿件牛仔褲和工作衫，並和員工閒話家常。假如你是和高階主管一起去開會，你可能沒辦法一眼就看出誰是頭頭，因為他們的穿著打扮看起來都差不多。工會、非營利事業單位和政治革新運動團體都屬於典型的凡夫俗子組織，和你家附近的健康食品店沒什麼兩樣。一般說來，這些組織很重視每一個人的重要性，但不喜歡有人太出鋒頭。按照組織規模的不同，它們的決策過程也會盡量民主，某些小型的組織或管理團隊甚至還可能靠共識來做決策。它們的社交活動很活絡，而且氣氛很輕鬆。

　　當組織健全時，大家會有很強的凝聚力、企圖心和平等的價值觀，並且會以工作為榮，全心全意達成任務。當組織不健全或是凡夫俗子的原型走到極端時，人人平等就會變成官僚心態，唯才是用的精神蕩然無存；每個人不管貢獻高低與表現好壞，所得到的報酬都差不多。

以凡夫俗子的衝動為賣點

現在幾乎所有的產品都是在賣商標，所以我們也必須了解它們的吸引力在哪裡。對統治者來說，商標代表了地位；對探險家來說，商標是身分的象徵；對凡夫俗子來說，商標則是聯繫的手段，可用來證明自己和其他人一樣都使用這種產品，也同樣認同它的品牌意義。

在馮內果（Author Kurt Vonnegut）的著作《貓的搖籃》（*Cat's Cradle*）裡，他創造了「granfalloon」這個字來代表我們對家園（在馮內果的小說裡，有一對夫婦對印第安那州居民的認同近乎狂熱）、對我們上的高中、我們的族群、球隊或車子的認同。這種凡夫俗子的歸屬感雖然相當浮面，但還是可以讓許多人覺得很滿足；比方說，像釷星汽車的車主就真的會出席釷星聯誼會。如果它的關係不單是建立在車子上，而是建立在車子的原型意義上，它就可以激發出像愛國情操這種比較深刻的認同感。就這點來說，有些參加釷星聯誼會的人顯然認為，這種聚會本身就是在彰顯像努力工作這種好公民的傳統價值，同時也代表了在行將退化的時代中對優質產品的肯定。

切記，對於歸屬的渴望會讓人把品牌當成朋友。有很多人真的會和公司或產品建立起虛構的關係，就像他們對電影明星或其他名人的幻想一樣。這份友誼一旦確立，他們在面對產品的變化與更新時，就會有一種失去朋友的失落感。新可樂（New Coke）所引發的軒然大波固然是這類行為的極致表現，但每當有消費者最喜歡的餐廳或書店關門時，其實也會給人相同的感覺。舉例來說，當班傑利冰淇淋（Ben & Jerry's）被賣掉時，很多人紛紛表達個人由衷的哀傷，因為他們相信，這家公司最美好的一面可能會就此消失。他們

你的品牌若具備下述特點之一，凡夫俗子的原型或許可作為一
個適當的定位：
- 它有助於大家產生歸屬或覺得有歸屬感。
- 它的功能在日常生活中運用得很普遍。
- 它屬於中低價位（或者把平常賣得不貴的產品提高了等級）。
- 它的製造或銷售公司擁有淳樸的組織文化。
- 它希望以正面的方式突顯自己，以便和高價或菁英取向的品
  牌做出區隔。

所在乎的絕對不是冰淇淋的口味或品質，而是許多其他的事，包括
Ben & Jerry's 是如何努力幫助一般付不起加盟金的普通人完成心
願、它為環保所盡的心力，以及它一直都讓人覺得那是個充滿歡樂
的地方。

　　在當前這種步調快速的環境中，孤獨是許多人共同的問題。大
家已經不再多花時間和朋友相處、好好陪陪情人，也不再和小孩一
起度過寶貴的相聚時光。大家的心靈愈空虛，就愈想靠商業交易建
立關係。這說起來有點悲哀，但卻很實際。因此，只要你所提供的
服務能滿足這方面的需求，財源自然就會滾滾而來。

　　假如你能提供某種程度的連繫，像是鈦星聯誼會和其他的聚
會，顧客對你的忠誠度就會大幅提高。雖然具有親切感的品牌和廣
告是每個人的最愛，但這種訴求對凡夫俗子特別有用。這種原型的
形象屬於中產階級到勞工階級，但不應與生活型態的類別混為一
談。不管是現在小孩子所說的「信用卡嬉皮」、喜歡打扮成勞工階
級的知識份子、從貧民區小孩的身上尋找流行靈感的長春藤盟校學
生，還是我們這些相信民主的平凡百姓，這些人都透露出一個訊

息：在這個社會中，凡夫俗子其實無所不在。

_____

1 [編注] 納貝斯可（Nabisco）出品之法式第戎芥末醬（Dijon Mustards）。

情人

座右銘：「我心只有你。」

　　情人品牌常見於化妝品、珠寶、時尚和旅遊業。看看露華濃
（Revlon）的廣告，是那麼強調感官、優雅、甚至帶點情慾，這是一
家能幫人召喚愛情到來的美容用品公司。任何暗示將帶來美麗和性
感吸引力的品牌，就是情人品牌。「維多利亞的秘密」（Victoria's
Secret）就是最明顯的例子。食品類裡也看得到情人品牌（例如醇
酒和美食）；性感和沈醉則是這類消費經驗中極重要的一環——
Godiva巧克力、Barilla pasta、Gevalia咖啡和HaagenDazes冰淇淋等
等。美國有兩個州的形象便屬於這種原型。維吉尼亞州直截了當地
點明了：「這是一個情人的國度。」加州則比較含蓄：「我是歡樂
的試飛員。」

　　情人原型掌管各種人類情愛，從父母之愛、朋友之愛，到柏拉
圖式的精神之愛，但最重要的還是浪漫的情愛。你可能會聯想到羅
馬神話裡的男女愛神——邱比特與維納斯，還有一大票讓人臉紅心
跳的銀幕情人——克拉克·蓋博（Clark Gable）、凱利·葛蘭特

> **情人**
>
> **主要的渴望**：獲得親密感、感官享樂
>
> **目標**：與所愛的人、工作、經驗和環境維繫關係
>
> **恐懼**：孤獨、當壁花、沒人要、沒人愛
>
> **策略**：在身體、心靈與其他各方面變得更具吸引力
>
> **陷阱**：盡一切力量去吸引、取悅他人而喪失了自我認同
>
> **天賦**：熱情、感激、鑒賞力、承諾

（Cary Grant）、蘇菲亞‧羅蘭（Sophia Loren）或伊利莎白‧泰勒（Elizabeth Taylor）。這是一個屬於真心和花朵、海灘漫步看落日、月光下擁舞的世界，也是個浪漫愛情故事的世界，不管是喜劇收尾（從此過著幸福快樂的日子），還是悲劇結局（如《鐵達尼號》般被死神拆散，或是像《北非諜影》／ *Casablanca* 般被環境阻隔）。

情人原型也有助於性別認同的發展。露華濃促銷產品，說的是「感覺像個女人」。有的產品則鼓勵男性要有男人味。不管你是同性戀還是異性戀，成長的一部分就是在學習找到自己的性別認同。

情人原型也是各類型浪漫愛情小說的靈感來源。我們都曉得，大多數的浪漫愛情小說都依循著一定的劇情。年輕貌美的女主角遇上了她的真命天子，但卻因為造化弄人、或是誤會使然，而導致兩人分離，直到真相大白，在許多愛的告白之後有情人終成眷屬，從此過著幸福快樂的日子。有些浪漫愛情小說很情色，有些比較正經，但不管其中的性愛情節開放或含蓄，整個故事還是一樣的。儘管如此，每年照樣賣出數以千計本這類小說。有些女人一個星期就看一本，也從來不會對千篇一律的劇情感到厭煩。為什麼？因為這些情節喚醒了她們深藏心中、對真愛經驗的原型渴望。

　　雖然女人比男人更愛情人原型的電影（像是少女電影[1]）和小說，但男人當然也會受到這種原型的吸引。以男性為主要對象的文學通常是以冒險故事為引子，然後才是愛情故事登場。不過，如果故事裡的這位英雄最終求愛不成，也就算不上英雄了。舉例來說，在定性研究的投射測驗中，年輕女性會說她們希望上酒吧去和抽駱駝香煙的人（弄臣原型，就像喬駱駝[2]一樣有趣）玩玩，但她們卻會跟抽萬寶路的人回家。

　　情人原型也反映在人們對成功人生的日常假設上。父母期望子女成家立業，穩定下來。一直要到孩子結婚的那一天，他們才會覺得自己養兒育女的工作已大功告成。雖然我們都期望新人們能夠從此過著幸福快樂的日子，但在我們所處的現實世界中卻是每兩對新人就有一對以離婚收場。儘管如此，追尋真愛仍然是大多數人一生的目標。如果我們不能和某人從此過著幸福快樂的日子，每個人也都會期望我們能夠繼續努力追尋真愛。這表示，對許多人來說，情人原型不只活躍在二十幾歲的時候，更是一生一世追求的目標——維繫他們和伴侶的關係（很可能會跑掉），或者繼續尋找第二春。當然，我們不只會為婚禮而感動、受到鼓舞，那些白頭偕老猶浴愛

情人的幾個層次

動力：迷戀、魅惑、（與人、理想、目標、工作或產品）墜入情網

層次一：追求更棒的性或更浪漫的戀情

層次二：追求幸福、全心對待你所愛的人或事

層次三：精神之愛、自我接納、狂喜的經驗

陰影：關係混亂、沈迷、嫉妒、羨慕、清教徒式生活

河的結婚紀念慶祝一樣讓我們感動。

情人這種原型，在熱烈的私人情誼中也很活躍。19世紀時，同性之間發展出熾熱的友情可比現在更司空見慣（現在的人們比較關切的是性取向）。雖然現代比較流行冷淡一點的友誼（有部分原因是過度憂心同性友誼將發展成同性戀），但許多年輕人卻逐漸將友誼發展當成親密關係的基礎。情人來來去去，但友誼終身長存。Jordache服飾有一支很可愛的廣告，一群朋友（男女皆有）親密、友善地勾肩搭背。這樣的關係無關乎性，但顯然很親密。其中透露的意思就是：「我們相親相愛，我們雖然不是情人，但我們互相關心。」

情人原型的友情和凡夫俗子原型的友情有什麼不一樣呢？對一般的凡夫俗子而言，重要的是接納和歸屬，他們要的不是特出。但情人原型正好相反，你希望自己是大家最好的朋友，你真的了解他們，他們對你有特別的意義。從這個角度來看，一群彼此互相了解的朋友也可以算是情人原型的一種。將他們連繫在一起的，不是膚淺的忠誠，而是更深層的東西。馮內果稱這種更親密的連繫（比「granfalloon」更親密）為「karass」。在他眼裡，享有這種關係的人，在永世輪迴裡都會為了某個原因而相聚在一起，而他們感受到的親密感也是特別的。對許多人來說，他們需要的並不是以輪迴的觀點來解釋這樣的親密程度，只要他們肯花時間建立關係、維繫關係，就能夠擁有這樣的親密關係。

不管是浪漫愛情還是友誼之情，情人原型的自尊來自於被愛而覺得自己特別。最糟的情況是，有人因此而迫切地希望能夠被愛，結果要不就是濫交，要不就是讓自己陷在不滿足或是被虐的情況裡。當一個人對自己有強烈意識時，情人的表達就沒有這麼多強制。最好的狀態是，它能夠為人與人之間帶來深層、持久、親密的

連繫——也就是能支持婚姻（或友情），讓愛萬古垂青的那一種。

> 　**情人**也可能是夥伴、朋友、知己、媒人、狂熱分子、鑑賞家、感官主義者、夫妻、團隊建立者、協調者。

情人自認受到他人的愛慕。此外，他們基本上都不喜歡競爭者出現，威脅取代他們在情愛關係中的地位。因此，情人原型可能與競爭的另一面有關，而這樣的競爭是不自覺、不自知的，結果，嫉妒心會引發非常惡意的行為。

當情人原型出現在個人生活中時，他不只希望自己長得不錯，而是男要俊、女要美。其根本的欲望是吸引人、要去愛人，親密和歡愉地表達情感。在朋友和家庭上，此一傾向可能包括擁抱、分享秘密心事、共享喜歡與厭惡而結合。當然，如果對象是愛情伴侶的話，還包括了性愛。

性，仍然引人注意！

在今天這個更為開放的社會，廣告中的性愈來愈露骨。當然，保險套是情人旅程中的必要道具。戴銳斯（Durex）有一則廣告，畫面上一對風流夫妻顯然是在翻雲覆雨，文案寫著：「身體裡的神經長達四十五英哩，享受這段騎程吧。」

因為美酒可以讓人解放，所以也常常和性扯在一起。Cutty Sark蘇格蘭威士忌的廣告便強打美女牌。但許多產品和真正的性並沒有關係，例如機械工具和音響設備等，卻也一樣推銷性感形象。一位嚴肅但美麗的女子全身僅著一條安全帶，出現在Jensen汽車音響廣告中，文案說「感受公路的生猛赤裸力量」。克莉斯汀・迪奧（Christin Dior）的時尚廣告遊走偏鋒，一群女人看似正在享受同性

本圖靈感來自於雅典考古博物館（Athens Archaeological Museum）裡一座西元前一百年的雕像，愛神阿芙羅黛蒂（Aphrodite）的態度，可以解讀為嘲弄地拒絕牧神潘（Pan）純粹色慾的接近，而要求更深刻、更親密的愛。在一旁看著的則是愛神邱比特（Cupid）。

之間的性愛前戲，每個人玩得如此熱烈，因此汗水一滴滴落在她們的手臂和腿上。

　　Bluefly.com是男女裝折扣網站，廣告上是一位穿著內衣的女人正在她的筆記電腦上敲敲打打，而一名全裸的男人只拿條毛巾遮掩私處，正從浴室走出來。其文案說：「保證滿意」。讀者可能會有

個疑問：「她對這個男人到底滿不滿意？」不過，她顯然十分滿意她的電腦。Glenfiddich對顧客承諾：「對喝威士忌的男人來說，神秘的性愛不需要用腦」，說明：「耐心和控制，是獨立釀酒事業最重要的一環。」

Guess牛仔系列裡的女人向來都擺出「來吧」的姿勢。雖然她們衣衫整齊，但勾引的意思十分明顯。有時她們看來幾乎都快達到高潮了，卻還總是一付勾引的媚態。《花花公子》（Playboy）直接推銷性的手法一直都很成功，它的廣告直接就說：「全球最強男性品牌」。

香奈兒：情人品牌的誕生

香奈兒於1900年代創始於法國。可可・香奈兒（Coco Chanel）是一位貧窮商人和女店員的私生女，在母親過世後（老爸也跑了），她就住在修道院裡，等到稍微大一點後，她便當起了裁縫師自食其力。她有許多浪漫的夢想，最後甚至跑出修道院，先是到小酒館駐唱，後來變成一位有錢花花公子的備用情婦，也就是這個花花公子鼓勵她開了一家服飾店，讓她有事情好忙。誰會想到這麼偉大的成就竟是出自這麼小的一家店！

香奈兒非常大膽，她常穿男人的衣服，也以男裝作為女裝大膽線條的靈感來源。這種線條的服裝很舒服、樣式又好，打造出性感又獨立的女性新形象。在香奈兒的整個歷史中，一直都是將獨立女性與性感女性的概念結合在一起，否定了許多錯誤想法，例如不依賴男人的女人必然男性化又無魅力、女人只能在愛情和事業中選擇其一等等。

香奈兒本身是知名的服裝設計師、也是一位有名富翁的情婦。

當她還是俄羅斯大公狄米屈（Russian Grand Duke Dimitri）的情婦時，他介紹香奈兒認識一位正在開發一種香水的香水師，於是香奈兒便說服對方把成果讓給她，這就是香奈兒日後發表的「香奈兒五號」（Chanel No. 5）香水。最初推銷這款香水的廣告是：「最不適合名門閨秀的香水」。

傳說她的小名「可可」是coquette這個法文字的簡寫，也就是法文「被包養的女人」。事實上，她身為有錢有勢男人檯面上的情婦，反而更強化其產品的情人形象。當她被問到為什麼不嫁給歐洲首富之一的威斯敏斯特公爵（Duke of Westminster），她回答：「公爵有過好幾位公爵夫人，但香奈兒只有一個。」

對美麗與浪漫的狂熱崇拜

情人原型也會喚醒人們的美學鑑賞力。突然之間，美，重於一切──不管是自然美景、高雅餐廳的氣氛，還是一雙對眼的鞋子。同樣的，感官享受也被強調了，人們會花時間品嚐美食、聞聞紫丁香、傾聽美麗的樂章、欣賞夕陽美景。

一般人相信，羅馬人的愛神維納斯誕生於海洋深處，是精液和浪花的結晶。航空、飯店和餐廳的廣告在宣傳上常以全景展現壯闊的海灘，其中便不乏情人的原型。你可能還記得《亂世忠魂》（*From Here to Eternity*）中著名的大結局，一對璧人在波濤中親吻，任大浪將兩人淹沒。這一幕還有著非常情色的意義，但這樣表現卻比赤裸裸表現更好。學習如何拿捏微妙之處，是設計訴求情色又不冒犯顧客的關鍵。隨身溫泉水療（Hot Spring Portable Spas）就做得很好──只是呈現出一對浪漫的男女在熱氣騰騰的浴缸裡，然後說：「外面，是衝撞，是分秒必爭，是針鋒相對。裡面，只有真心

對真心。」

海洋和愛情之間有著某種連繫，我們在《鐵達尼號》這類電影裡也都看得到，浪漫愛情的情節因為視覺美感和海上巡航的高雅與沈醉而被放大。公主遊輪（Princess Cruises）的表達方法則比較低調：一對年輕情侶坐在浪漫的餐廳裡，微笑地選擇美酒，藉此含蓄地表現出一艘小船航行在大海中的親密感。挪威海上假期（Norwegian Cruise Line）就比較大膽，推出的廣告比較直接（但仍很適當、貼切）：「午后的性愛，這裡不一樣。」

當然，許多愛情故事是以悲劇收場。情人被拆散或生離死別（如羅蜜歐和茱麗葉），也因此牽動著我們的心弦。以愛情悲劇來推銷電影、電視劇和浪漫小說是很有效的，但用在廣告上，就必須強調會有快樂的結局。或者，其張力也不見得要等到結局，而是將情色欲望的張力拉得愈長愈好。像《雙面嬌娃》（*Moonlighting*）和《新超人》（*Lois and Clark*）這類電視節目，只要能讓相隔天涯的戀人繼續保持張力，收視率就能高居不下。一旦愛情聚首後，節目的樂趣也就消失了。所以，最好的廣告就是要留住愛神，而不是解決它。有一則成功的廣告就運用了在小酒館釣人的經典畫面：B Kool呈現一位男士的手上拿著一盒香煙和一根點燃的香煙，而他顯然正想走向一位從鏡裡盯著他瞧的美麗女郎。這一刻充滿了情色的可能性，但廣告裡並不會告訴我們故事的結局。

灰姑娘：美麗的投射

情人的恐懼是變成被忽略的壁花、或是被情人給拋棄。甚至更基本的，情人害怕自己不可愛。這就是為什麼世間男女都會努力改善自我，讓自己更有被注意的價值。在原版的灰姑娘故事裡，她的

姊姊們自願切掉腳趾頭，好讓自己的腳可以擠進王子拿來的玻璃鞋裡。雖然這聽起來似乎太極端了，但和現代尋求美容手術並無二致。人們為了更美麗、更英俊，願意挨上一刀。吸引愛情的渴求是如此深切、強烈。男人和女人會盡全力以贏得愛情。在這個恐懼背後，是非常強烈的渴望。

特殊情境的喜悅——初吻、求婚、婚禮和週年慶——也能吸引到感性的人。雅詩蘭黛（Estee Lauder）的「美麗」（Beautiful）香水，就是以婚禮作為行銷訴求：美麗的新娘被花童擁抱著。設計這樣的宣傳，就是要擄獲女性對這特別日子、對所有美好回憶的心情。

情人原型用在時裝和汽車上是很自然的。灰姑娘的仙女送她美麗的衣服、鞋子，以及參加舞會贏得王子青睞的馬車，就能提升她的內在美和個性。現代的灰姑娘只要走一趟購物中心，就可以得到這些裝扮。在《麻雀變鳳凰》（*Pretty Woman*）電影裡，茱麗亞‧羅勃茲在買到了美麗、昂貴的服飾後，才顯露她的內在其實是位公主。歷來的時裝和美容廣告中，很難說哪個階段特別強調這種灰姑娘似的變身。它們無所不在，你也認得它們。然而，《麻雀變鳳凰》能抓住觀眾的心，是因為茱麗亞‧羅勃茲賣淫維生，但卻傳達出深度和價值的事實。裝扮的改變只是膚淺的改變，但這樣的改變要表現的真相則是她之前邋遢裝扮下被遮掩的個性。

這個能夠擄取吸引力的原型情節，比大多數常見的廣告訊息更有深度。它的重點並不在於新髮型、新裝扮、新車或美容手術可以為你贏得人生摯愛。它的重點在於，只有當這些改變能顯露出你的美麗個性，才有可能達到上述目的。

大多數以青少女為對象的廣告，都是訴諸探險家或情人原型——可惜的是，在這兩種情形下，都是原型較低的層次。（探險家廣告訴求的是他們與眾不同的感受，而情人則是增加吸引力）。許

多這類的廣告並不能與原型的力量結合，因為它們只鼓勵人們退化
到膚淺的程度（只要買下這件新衣！）。神話般的訊息遭到如此曲
解，甚至連政治也不例外：老布希總統未能成功連任，部分原因是
因為他逐漸向麥迪遜大道為他塑造出來的形象靠攏，而不是他真正
的個性。

　　諷刺的是，柯林頓總統在大眾心裡占上風，就是因為人們知道
他的弱點所在。在1992年民主黨大會的一支影片裡，便公開談到他
勇於對抗暴虐的繼父，還有染上毒癮的弟弟。除此之外，他和希拉
蕊向大眾公開他倆婚姻中的「困境」──當然，這就等於是說「我
們對彼此並沒有忠誠如一」。1990年代，在唐納休（Donahue）、歐
普拉，或是其他人主持的脫口秀裡，告白式的節目變得很流行。他
們讓一般人和名人上電視，剖析自己的靈魂、揭開過去不為人知的
秘密。我們的公眾場域逐漸受到想探知他人隱私的情人慾望影響。
同時，社會大眾愈來愈能接受別人的脆弱，就像好友互相支持一
樣。不過這倒蠻弔詭的：他們信任公開自己缺點的政治人物，卻不
信任那些宣稱自己有「個性」的人。

　　如今，揭露自己的靈魂似乎已經成了贏取社會信任的必要條
件。這就是為什麼現代廣告總是差了那麼一點。今日，廣告裡的白
馬王子所傳達的膚淺訊息是，你的真正自我和表現出來的一不一樣
並不重要，只要你買對了汽車（坐騎）。然而十六歲以上的男女卻
不這麼認為。最極端的情形是，針對男性受眾的廣告裡有著汽車和
浪漫的聯結，但卻完全排除了女性的存在；汽車本身就是愛的標
的。現代汽車（Hyundai）有一則廣告，一件鮮紅色絲緞吊襪帶就
放在一輛汽車上，文案寫著：「為車庫找個同樣火辣的東西」。

　　國家農場保險公司（State Farm Insurance）也推出一則以汽車
為愛情標的物的廣告，但稍微複雜一點。正前方是一張紅色敞篷車

的圖片，文案寫著：「您找到初戀時，我們就在您身旁。她是如此火辣，是如～～～此萬中選一，是你真正的初戀。當然，她吃的油比氣多，但是，嘿，老兄……愛情是盲目的。」真相是，汽車常常是男人的初戀，而愛上一輛吃油的汽車正是愛上女人（即使她並不完美）的最好準備。

　　有數不清的品牌幫助著男人和女人，讓他們能夠擁有像愛情電影裡男女主角的樣子和表現。這樣的廣告對年輕人特別有效，因為這些人仍有著追求完美的欲望、尋找真愛伴侶的希望。然而，這麼多品牌訴求這樣的欲望，表示即使你這麼做，也不會產生任何實質的改變。此外，這種廣告強化了傳統性別角色中負面的部分（例如，女人永遠美麗、男人永遠掌權），而這些都是女性和男性運動一直努力要人們注意和摒棄的訊息。但最重要的是，這些廣告的效果並不大，因為看起來太不真實了，難以引起一般人的共鳴。

　　因為人們確實喜歡看到美女和新好男人，難怪我們大多數人拿這種人來和自己比較時，會覺得很脆弱。不是所有女人都像時尚模特兒，也不是所有男人都是能夠掌握一切的完美典範。像《一路到底：脫線舞男》這類電影，正挑戰了好萊塢的傳統，起用沒沒無名的演員、壓抑的場景，但因為勇敢地推銷一般人、露出一般人的身體，因而贏得觀眾的青睞。雖然這部片有著凡夫俗子的主題，但也證明了情人的本質其實只是一場脫衣舞。你逐漸卸下你的武裝，讓別人認識你，你衣衫褪盡上床，露出通常並不完美的身體。一段感情久了之後，真正的你就會浮現。今日，情人原型中的真正動力，就是繞著這種男女都會脆弱的現實打轉。只有不再承諾完美的胴體、完美的人物，廣告才能藉由連結人們所恐懼的真相（被拒絕）、人們所期待的（無條件的愛）和希望給予的，擄獲現實世界的人，就像《一路到底：脫線舞男》一樣。

情慾、美食和沈醉

除了擔心沒有人愛的憂慮之外，情人原型還有更大的樂趣，因為愛神依羅士[3]（代表追求享樂的一面）能夠豐富我們的人生。在《湯姆瓊斯》（*Tom Jones*）這部片裡有一幕非常棒：萌生愛意的兩人用餐時充滿情慾地四目交纏。半色情的感覺常常以格外縱情的美食來呈現。Gevalia Kaffe的廣告，是一位聞了咖啡就像要達到高潮的女人。Godiva巧克力的品牌強打性和巧克力的結合，它所運用的正是高帝娃夫人（Lady Godiva）裸身騎馬、以瀑布般長髮遮掩身體的形象。

華盛頓郵報記者保羅・李察（Paul Richard）在電話訪問中和我們分享他的看法，他認為，看來十分美好的餐廳裡，白桌巾、鮮花和蠟燭等等，都是在不知不覺中要召喚女神的力量，就像輕紗似的窗簾、或是超人的披肩一樣；如果外星人降臨地球，研究我們的文明時，他們的結論一定是，地球人用餐時一定要崇敬女神。他說，女神在我們四周，從廣告裡穿著薄紗的女人輕撫汽車引擎蓋，到古典靜物畫裡美好的光影與造型都是。

對情人來說，愛神依羅士始終都在，不管是明顯的，或是潛在的。海尼根有一則廣告，是兩位戀人互相靠近擁吻——這是期待中美好的情色時刻。標題寫著：「如果你曾吻過，你就嘗過海尼根的滋味」。海尼根就這樣將親吻的愉悅和飲用該公司產品的感覺結合起來。

班叔叔米堡（Uncle Ben's Rice Bowl，班叔叔代表的是對美食的熱情）也有情人原型的廣告。一位女士正在餵一位男士，她整個人充滿暗示性地靠著他，標題寫著：「充滿了興奮的美食，他倆幾乎燃燒到自己。」（但對產品感官的滿足是否會實踐這樣的承諾？

班叔叔這個品牌可以保證熱情嗎？）

　　情人原型自然也適合各種養生美容館，承諾會有一段沈溺、情慾和健康的休閒時光。C・D・皮考克（C. D. Peacock）宣傳一只Concord鑽錶，將錶掛在一位美女的腕上，而她全裸趴臥在白色床單上，看來是等著享受按摩。這個形象所喚起的縱情，超過性愛。

　　Caress保濕沐浴產品的廣告上有一名女子，裹著毛巾，表情看來十分陶醉，文案寫著：「您從未享受過的美好呵護」。這樣的廣告喚起了滋潤經驗中的情慾可能。

　　借用裸體的趣味，Absolut伏特加將它推出的中國柑橘口味伏特加裝在一個橘皮裡，而這個橘皮正被剝開，露出其註冊商標的瓶身。這則廣告說「絕對揭露」，暗示情人慢慢脫光衣服、露出裸露的軀體和情感。Absolut的廣告新鮮，是因為他們巧妙運用情人原型，雖然這個原型的意思常以更直接了當的方式來表達。他們最出名的廣告——伏特加酒瓶融入城市的天際線——正顯示出情人對結合的渴望、對美麗的熱愛，以及對他們來說並非強迫、也不衝突的性愛感受。

　　情人原型是關乎熱情的，這不只表現在我們的愛情生活，也表現在我們的工作上。克萊斯勒就以一則廣告來表現這一點，廣告中說：「沒有靈魂，只是空殼；沒有熱情，就只是車子。」這則廣告還說：「熱情是如此激烈的感情，讓我們生存、呼吸、為生命中在意的事全力以赴。對克萊斯勒來說，我們全力以赴創造超凡的汽車。我們的汽車來自劃時代的設計，更因創新的技術而鮮活。」

　　這則廣告最好的地方是，它了解到情人原型和我們的靈魂有關，並且以熱情燃燒我們的人生。喬瑟夫・坎伯召喚我們每個人心中的情人，邀請他的讀者一起「追求幸福」。今天，任何自助會成員和事業發展的書籍，都在指引人們找到自己的所愛，從而找到人

生的目標。

賀軒卡片：情人原型的傑作

最初，賀軒（Hallmark）想到賀卡可以用來表達不好意思、或者難以啟齒的心情。我們對常常使用卡片者的了解，幫助了這家公司鎖定這個目標。我們發現，當人們想表達對一段關係的特別感情時，他們就會去買卡片——傳達某種非常個人、非常特別的情感，使得兩個人都能了解到，這張卡片就像是一件禮物一樣，是最個人化的禮物。舉例來說，人們會根據他們對受卡人的了解，去找適合的卡片。一張有小貓咪的卡片送給愛貓的朋友，帶有某種意義的卡片可以表示他們對父母、手足、先生或太太、子女或朋友想說的話。找到一張最能代表心意的卡片，就好像在說：「你對我很特別，我知道你像什麼、喜歡什麼。我選的這張卡片，證明我真的了解你。」根據這些了解，揚雅廣告公司想出一句廣告詞：「送一點自己的心意。送一張賀軒卡片。」

賀軒了解它的卡片必須是愛情故事，所以就開始推出愛情故事的廣告。這些廣告中，有些是浪漫的愛情，但也有其他的親密感情，友情、親子間的愛、甚至是工作上的關係。每一則廣告都應用到一個原型故事。年輕的女孩擔心會失去情人，因為她就要去上芭蕾學校。她的情人鼓勵她去學，當她對於充滿挑戰的新環境感到非常脆弱時，她收到他寄來的一張卡片，提醒她，他愛她。

一個年輕女孩去找上了年紀的鋼琴老師上課時，悄悄送了一張生日卡片，他努力控制自己感動的情緒，但當女孩開始彈奏時，老師掉下了眼淚，也露出了笑容。

在一則美麗的聖誕廣告裡，忙碌的父親一直忽略了甜美的小女

兒，只忙著布置、修剪聖誕樹，忙著一切讓假期更「完美」的事。
然後他聽到女兒在對聖誕老人許願，要的不是一般的聖誕禮物，而
是希望父親能多陪陪她。他一直是很棒的照顧者，為了女兒盡一切
努力。但她要的是真正的親密感受──愛。他領著她走進客廳，就
在火爐前，開始說著當年他父親告訴他的故事。輕重緩急的次序重
新調整了；說故事的傳統也被保留下來。這則廣告裡，完全沒有
「推銷」，只有賀軒的訊息：「這一季，要給最棒的禮物。你自己，
就是最棒的禮物。」

　　這些廣告不只要吸引人注意。廣告有效，是因為這些故事不斷
強化賀軒的情人身分，能觸及消費者真正的感受。這些故事都是原
型，但不是刻板印象，都是我們所曉得、只是意想不到的情境。

　　這家公司零售店面的擺設方法也強化了這一層的情人意義。
1998年時，賀軒新開了八十家店，以情人的主題主導購買經驗、卡
片和廣告。新的店面提供挑卡片的安靜環境，有寫卡片的桌椅、有
小孩用的蠟筆盒、大人喜愛的咖啡。這樣豐富的購物經驗，結果為
賀軒帶來可觀的業績成長。[4]

情人組織

　　組織裡的情人原型會帶來友誼、美好的環境，以及對工作生活
感性面的注意。人們會被期許要穿得好看一點（不是為了地位，而
是讓自己更有魅力），並且自在地分享他們的感受和想法。凝聚力
來自於與眾不同的感覺──覺得自己好看、懂得欣賞生命中的美好
事物、熟稔溝通技巧與社交禮儀，或者是，身為高品味的示範者、
新興價值的先鋒。基本上，情人組織裡的員工們相親相愛，對組織
的價值觀、願景和產品都有一股熱情。

　　情人組織喜歡以權力共享、共識的方法來運作。決策過程的時間沒有限制，尤其是一定會讓大家暢所欲言，但在執行階段時就必須彌補這些時間。一旦達成了共識，大家就必須一致行動，執行新計畫。

　　在惠普，主管團隊的所有決策都必須經由共識產生。在各類公司的許多部門和辦公室中，決策都是大家一起來，互相分享感受和看法。當一切進行得很順利時，整個氣氛因為積極的力量、熱誠和快樂而激動著。如果運作不是那麼順利時，不知名的力量在角力，小派系會使公司難以動彈，有的時候還得解決那些因為不曾言明的公事而引發的情緒問題。

　　Barilla就是最佳的情人組織典範。雖然大多數的義大利麵都是以安慰的食物來訴求照顧者的呵護心，但高級的Barilla卻更接近情人原型，訴諸美食的耽溺和真正親密的關係。Barilla的消費者都被形容成真正的美食家，享受義大利麵，就像一場感官經驗。舉例來說，多年以前，Barilla有一支廣告片，是由揚雅廣告公司所製作，描述一位高貴又成功的男士，在長途旅行後回到家，發現家裡正在舉行宴會。他看到美麗的妻子穿過房間，他微笑，與妻子四目交接，然後做個手勢，表示他真正想要的是義大利麵。這明顯在暗示，義大利麵和與妻子獨處，才是他最大的期望，而不是參加外面那場盛大的宴會。在Barilla，就像許多家族企業一樣，工作中存在著一定的親密品質，至少在高層是如此。牆上掛著美麗的畫作，著名的藝術家和設計師都參與了公司包裝的設計，公司的總部就位於義大利的鄉間。這家情人原型公司是奠基於義大利，這可不是巧合──因為義大利（可能僅次於法國）就是全球情人之都。

　　Barilla家族過的生活就像廣告上的描述一樣。家族對生活有股熱情，也能把生活過得很美好。品牌能抓住日常情慾生活如此崇高

的品質，對於那些常常自覺軀殼不過是心靈載具的人來說，具有不可抗拒的魅力。口味、觸感和香氣，都和情人以情慾方式滋味人生的能力有關。

　　情人原型也能用於許多成功的治療和諮商方法，其成功與否，端看其是否有能力協助人們覺得自己夠安全到即使表現出脆弱也無妨；是否有超凡的溝通技巧、和客戶間是否有親密和信任的關係。有些公司，即使主要價值來自於另一種原型觀點，在遇上劇烈改變或當人們恐懼時，情人原型還是非常必要的。在這種時候，團體建立已經不再只是協助大家扮演好自己的角色（就像常勝軍所做的一般），而是要讓每個人都互相深入了解，才能建立起真正的信任。這樣的組織化融合，有助於多元族群超越表面的差異，與另外一位複雜的人結成更親密的現實，他的夢想和理想和你並無二致。以原型來說，這些融合和《熱舞十七》（*Dirty Dancing*）、《誰來晚餐》（*Guess Who's Coming to Dinner*）等經典電影有關，在這些電影裡，愛情戰勝了階級和種族的差別。最後，情人原型擴大到精神層次的愛，就像基督或其他熱愛世人的心靈典範所代表的一樣。

對情人行銷

　　情人要的是更深一層的結合，一種親密、真實、私人的（有時也是情慾的）結合。這種形式的結合，不管是情人、朋友或者家人，比起一般較冷淡的凡夫俗子關係，需要更多的認識、誠實、脆弱和熱情。當然，這樣的結合也比較深刻、比較特別、比較少見。

　　情人通常會因為某種關係而認同產品。有一位女士宣布，她再也不要喝哈維芳醇雪梨酒（Harvey's Bristol Cream）了，因為她和男友分手了。這是「他們的飲料」。另一人總是喝低卡可口可樂，

因為在她最喜歡的全職工作那裡，每個人都喝這種飲料。情人也會發展出與產品和公司的關係——特別是那些能讓他們覺得自己特別、被愛的產品和公司。在費蒙特連鎖飯店（Fairmont Hotel），這是真正的情人住所，客房服務在接起電話時，會直接稱呼你的大名，對你前次的要求、喜好與不喜歡的事情，都瞭若指掌。顧客自然知道，客房服務能做到這個地步，全拜電腦所賜。顧客當然也曉得員工會這麼說，是因為受過良好的訓練。然而，這一招還是有效。大多數人，尤其是那些看重歸屬感的人，會覺得自己很特別、受到關照，並且讓他們覺得在一個冷淡、沒人情味的世界裡受到呵護。受到情人原型主導的人，正是關係行銷和管理最能發揮說服力的一群人。具有高度情人原型的消費者，喜歡受到特別眷顧。他們喜歡郵寄廣告上說的：「致我們最特別的貴賓」，並且通知他們其他顧客都還不知道的特賣消息。他們喜歡知道他們的名字、問起他們孩子的業務員。他們喜歡聽聽公司的八卦、知道公司內部發生什麼事。甚至連探聽到問題，都可以強化這段關係，就像分享弱點也常常能深化人際關係一樣。對情人而言，你不必完美，但你必須真

你的品牌若具備下述特點之一，情人的原型或許可作為一個適當的定位：

- 能幫助人們找到真愛或友情。
- 能增加美貌、溝通或人際間的親密，或者和情慾及愛情有關。
- 價格偏中上。
- 生產或銷售的公司有親密、高雅的公司文化，和大型統治者階級不一樣。
- 需要以正面的方法，和低價品牌進行區隔。

實、開誠布公。

凡夫俗子要的是能幫助他們融入人群的產品，因為這些產品和其他人穿戴的是一樣的，但情人喜歡的是獨一無二、不尋常、或者專為他量身訂做的產品。行銷專家奇斯‧麥納馬拉（Keith McNamara）宣稱：「傳統上由行銷者做區隔的方式已經結束了，未來的區隔全賴公司電腦系統所蒐集到的資料。哪些人買了哪些產品，這些歷史紀錄就是創造預測未來購買行為模式的關鍵。現在已經可以根據顧客個別購買歷史而量身規畫行銷了。」

情人也要求品質，但不像統治者為了地位而要求品質，情人是為了提升生活的樂趣。如捷豹（Jaguar）這類情人品牌，可以是圓滑的、美麗的、婀娜多姿、豪華奢侈的；但與其說這些形象是為了取悅別人，還不如說是要為駕駛帶來純感官的駕馭經驗。

理想上，情人品牌不只本身怡人，也能讓消費者感覺自己很特別、受到愛慕、被溺愛。然而，如果你停止關注消費者的需求，那麼他們可能就要高唱：「你不再送我鮮花」（You don't bring me flowers any more），然後轉向更用心的競爭者那裡了。

---

1 [編注] chick flick，比較容易受女生歡迎的文藝片，或者是以女性為主要角色、主要描寫對象的電影。

2 [編注] Joe Camel，為駱駝（Camel）香煙以駱駝為形象塑造出來的卡通式人物。

3 [編注] Eros，強調的是愛情中重視情慾的一面。

4 [原文注] 參閱伯德‧史密特（Bernd Schmitt）所著之《體驗行銷》（*Experiential Marketing*）。

12

弄臣

座右銘：「如果不能跳舞，我就不要和你一起革命。」

　　弄臣原型包括小丑、魔術師和任何喜歡作弄人或耍花招的人。
例子包括愛玩又自發的小孩、莎士比亞筆下的愚人、美國歷史和文
學裡笨手笨腳的北佬工匠（Yankee tinker）、印第安傳說中的山狗、
喜劇演員（想想卓別林／Charlie Chaplin、梅・魏斯特／Mae
West、馬克斯兄弟／Marx Brothers、莉莉・湯姆琳／Lily Tomlin、
史提夫・馬丁或傑・雷諾），以及許多電視、電影裡的喜劇角色。

　　自得其樂當然可以，但弄臣卻邀請大家一起同樂。弄臣享受人
生或是與人互動都只是單純地為了享樂而享樂。他們寧可要日日笙
歌的人生。弄臣有自己的大本營，遊樂場、街角的酒吧、交誼室，
以及任何有樂子的地方。當凡夫俗子和情人自我檢視，以求能融入
或吸引外人時，弄臣則是順其自然，展現出一種全新的信念——能
夠同時真正地做自己，又能受到他人的接納和愛慕。

　　或許正因為我們活在一個如此正經的文化裡，弄臣原型才有可
能變成一個很好的品牌認同，因為幾乎我們每個人都渴求著更多的

弄臣

主要的渴望：快樂地活在當下

目標：玩得快樂、照亮全世界

恐懼：無聊、變得無趣的自己

策略：玩鬧、搞笑、創造樂子

陷阱：浪擲生命

天賦：歡樂

樂趣。想想那些非常成功的牛奶廣告，找來許多名人喝牛奶喝得嘴邊都沾滿了白色鬍鬚。如果是刻板印象的廣告，那麼應該宣傳牛奶對人體的益處。但這樣可愛的廣告卻說明了，牛奶也可以和我們愛玩、淘氣的童心結合在一起。

在很多成功的「沾了滿嘴牛奶」廣告裡，有的還更棒地端出了餅乾，而不是牛奶，讓觀眾看到餅乾時，自然就想到要牛奶來配。看到這種能夠喚起你心裡的童心的廣告，你很自然地就會想到要在餅干旁邊配上牛奶，而不是香醇的咖啡。

小孩要的就是牛奶。

弄臣廣告常常讓我們在看起來應該是要悲傷，而不是幽默的情境下放聲大笑（就像喜劇演員踩到香蕉皮滑倒一樣）。最有趣的一則「沾了滿嘴牛奶」的廣告，是一名男子全身打上石膏，他的朋友努力想要逗他開心，就餵他吃餅乾。他的困境——沒辦法要一杯牛奶，讓觀眾對他所處情境的沮喪產生認同，最後就會替他要一杯牛奶。這支廣告太精彩了，它使顧客同情主角想要牛奶而不可得的心情，進而讓顧客一起為主角解決問題。

規則就是立來破的

弄臣這個原型最適合用來應付現代世界的荒謬，或是面目模糊

且無以名狀的現代官僚。因為，弄臣能讓每件事變得更輕鬆，也因為他們最喜歡違反規定。弄臣的政治態度基本上是無政府主義者，就像著名的無政府主義者艾瑪・戈德曼

> 弄臣也可能是愚人、搗蛋鬼、滑稽的人、擅長說雙關語的人、小丑、惡作劇者或喜劇演員。

（Emma Goldman）所說的：「如果不能跳舞，我就不要和你一起革命。」弄臣願意打破規範，並因此而擁有能夠帶來創新、突破格局的思維，也能為如趣味食品這類不見得對你有益的產品，開發出很好的品牌定位。弄臣的個性基本上是在說：「別計較營養和健康，來點好玩的吧。」糖果（M&Ms、士力架／Snickers）、零食（品客／Pringles）、香煙（Merit，「和Merit一起放輕鬆」），以及酒類（Parrot Bay、Kahlua香甜酒，「煩惱都跑光了」）等等，都在承諾放鬆日常健康規則後，就會有一個迷你的小假期。

　　NeoPoint行動電話就套用了弄臣的形象，廣告推銷使用該公司的「聰明電話，提高你的智商」、「補充你在大學時消耗掉的腦細胞」。因此，弄臣品牌會幫助你避免從事不負責任、不健康、甚至不法行為後可能招致的後果。你可能還記得Alka-Seltzer止痛藥那則史上有名的廣告：「媽媽咪啊，那是辣肉丸！」這種自我警告式的幽默，是再次向顧客保證，即使吃了辛辣的食物也不用擔心舌頭或胃腸不舒服。

　　弄臣也保證，有些平常看似乏味或無趣的事情，也可以很好玩。例如Kubota拖曳機，廣告上就說：「這就是拖曳機的成果。新剪草地的清香、整齊中透露出的寧靜活力。它能做得比你所能想像的更好，如果你用了它，就根本不會覺得修剪草地是一件苦差事。」或許這是件「拖曳機玩意」，因為約翰・狄爾（John Deere）將開拖曳機的經驗比擬為「第一次騎小馬」，保證「你希望能夠永

遠都不要下馬。」

　　將負面的情境轉為積極的情境，就是最棒的弄臣策略。Trident
兒童無糖口香糖將口香糖對兒童牙齒不好的印象整個扭轉過來。其
中一個廣告，是一位可愛的小男孩半藏在他才吹好的大泡泡後面，
廣告說：「他又嚼又吹，還強健了他的牙齒。」同樣的，美國廣播
公司有一支廣告播了很多年，講著這一句話：「電視是有益的」，
毫不客氣地為整天看電視的沙發馬鈴薯們辯護，並且針對那些宣稱
看電視會導致腦細胞分裂的指控開了一個大玩笑。「煽情宣傳」
（yellow campaign）是業界對這檔廣告的稱呼，一直受到注意和談
論。但其實討論這檔廣告的重點在於，該電視台的節目或公司文化
裡，是不是反映出了弄臣的定位，只有以此為判斷標準，我們才能
說這是不是一個聰明的廣告點子，是不是把弄臣的原型用在不對的
地方了。

　　企業們都很聰明，在擴大服務或購併新公司時，都會維持同樣
的原型品牌定位。駱駝香煙將它的產品（香煙）引申為廣告所謂的
「異國旅行」和「娛樂商品」，就做得很不錯。然而，雖然弄臣要我
們都能放輕鬆、找樂子、別再擔心後果，但這並不表示大眾就一定
吃這一套。舉例來說，以卡通造型喬駱駝來呈現的駱駝香煙，就可
能讓人擔心這將讓小朋友喜歡上香煙，如此一來，即使是弄臣定位
也沒辦法平息眾怒了。[1]

　　弄臣不喜歡宴會的冷場王，也就是那些太正經、缺乏幽默感的
人。然而，等而下之的弄臣有可能會過於玩笑人間，不肯好好思考
和了解問題與事情。當你以弄臣原型為品牌定位時，我們建議你最
好有家長在旁指導。

百事可樂：弄臣品牌

弄臣作為違規者，已經有一段悠久又可敬的歷史了。中世紀的君主身邊常常有愚人，這些愚人們不只為宮廷帶來歡樂，同時也負責對君主說一些別人說了就會被砍頭的真相。因此，弄臣也扮演著國家安全閥的作用。在當代，從威爾‧羅傑斯（Will Rogers）到約翰‧卡爾森（Johnny Carson）和傑‧雷諾這些喜劇角色，更是不斷探刺當代政治領袖的笑話，就像莎士比亞筆下的愚人諷諫君主一樣。各種政治諷刺文學也展現了弄臣的力量。對一個想要對抗已有穩固基礎舊品牌的新品牌而言，這個原型也是很好的選擇。弄臣（一如宮廷的愚人）總是能夠戳破君主的傲慢。因此，任何品牌要挑戰另一個在市場上享有崇高地位的品牌時，如果以嘲笑既有品牌的裝模作樣為策略，便很容易取得競爭優勢——就像百事可樂成功地挑戰了可口可樂一樣。

雖然百事有時會搖擺到其他的原型領域，但該公司最棒的廣告還是屬於弄臣廣告。

就是現在

弄臣的原型能讓我們真正活在當下，充滿活力。比方說，漢普頓飯店（Hampton Inn）就以一系列的問題來宣傳他們的免費早餐，這些問題都針對著我們每個人心裡不受約束、有一點貪小便宜的那個自己：「你還在找麥片盒裡的贈品嗎？你是不是曾經因為想要在溫暖的春天偷懶一下，而請了一天的病假呢？空腹參加早上第一場會議，是否讓你覺得度秒如年？」

當弄臣作用在個人身上時，他會希望能夠歡樂無限。這裡最主

要的欲望是希望能夠自發的、重新感受孩提時的那種樂趣。歡笑、玩笑，甚至惡作劇，似乎都不為過。在這種心態下，太正經或太負責的人看起來就太過拘謹了。的確，弄臣最大的恐懼就是太無聊，或是被別人認為很無趣。除此之外，弄臣也保證生活可以很輕鬆。天美時（Timex）手錶的整體品牌定位比較接近凡夫俗子，但它有一則廣告卻出現了一位瑜珈師，他的雙腿在頭上打了個結，一邊吹著口哨一邊轉著手錶。標題則是：「好用得笑死人」。

　　弄臣存在於男性團體、女性團體，或兩性之間的平等空間。如果是凡夫俗子，其風格是低調、世俗的，但弄臣對這種表現沒有興趣。然而，弄臣並不想要融入，反而喜歡看起來有點可笑。弄臣在莎士比亞時代所穿的花色大衣，已經被吊帶褲、領結，以及最近常見的反戴棒球帽所取代。整體的寓意是：「你會想和我一道兒，你一定會有段好時光。」想想美樂淡啤的廣告（圖片上的迪克・布苦斯／Dick Butkus和布巴・史密斯／Bubba Smith說：「我們在這裡喝啤酒，因為它不濃厚、口味一流。而且，我們也不會滑雪。」）Teva運動用品的廣告，一名坐在獨木舟裡的男人出現在大門口前，說著：「出來玩吧。」有一則廣告的文案是這麼說：「昨天在院子裡打水仗，今天則是你第一次嘗試『災難邊緣』。不管你玩什麼遊戲，請穿上Teva便鞋，讓你的雙腳回到兒時感受。」

愈蠢愈好

　　弄臣常常是最能吸引到注意力的原型，因為弄臣喜歡耍蠢。以eTour.com為例，它推出一則廣告，是一位商人坐在辦公桌前，而一位奧運游泳選手出現在商人的筆記電腦中，面對他做出跳水的姿勢，標題寫著：「現在，你喜歡的事物找上你了。」弄臣似乎是高

科技公司最棒的原型定位，因為年輕人特別會認為高科技產品應該充滿樂趣。eTour.com還承諾：「沒有搜尋，只有飆網。」飆網顯然比搜尋好玩多了。Pocket PC的廣告描繪著充滿活力、非常興奮的年輕男女愉快地挑戰讀者：「你的palm做得到嗎？」Yahoo!的明亮色彩和驚歎號就像在高喊：如果你用我們的服務，就可以暢快飆網。

就像小朋友喜歡動物一樣，弄臣的廣告也常常運用友善的動物形象。Hyundai汽車（其口號是「親駕為憑」）將Hyundai的吉祥物Elantra當成人類最好的朋友，說它「除了舔你的臉外，什麼都會做」。雙層封口的Glad拉鏈儲藏袋則推出了一隻卡通金魚的廣告：因為封口夠緊，水不會漏光，金魚顯得很高興。

Weddingchannel.com（結婚頻道網站）開了個小玩笑：一對穿著婚紗和禮服的新人在一間空盪盪的屋子裡，以紙杯喝著美酒，害羞地看著對方，標題則是：「送禮建議：酒杯」，但顯然你送任何東西，他們都用得到！

最後，許多品牌因為和喜劇演員或卡通人物扯上關係，因而成功地被認為更現代、更有趣。IBM在Junior PC的廣告上用了卓別林的角色，成功地克服了它過度膨脹的公司形象。大都會人壽（MetLife）則利用史努比裡的人物軟化了它的企業形象，表示在人生不安定的環節上也有好玩的一面。而雀巢Butterfinger巧克力棒也成功地藉由辛普森家庭的廣告提升了它的形象。

弄臣組織

弄臣式的組織視歡樂為首務。例如Ben & Jerry's冰淇淋就很自豪這裡是一個好玩的工作地方。公司牆壁畫成冰淇淋風味的壁畫，有些地板還可以跳，員工有時也會得到冰淇淋獎品。這家公司還曾

弄臣的幾個層次

動力：厭倦、無聊
層次一：生命就像一場遊戲、樂趣
層次二：將聰明才智用來玩弄別人、從麻煩脫身、找出避開障礙的門路、變身
層次三：體驗人生就趁現在、只在乎今天
陰影：自我放縱、不負責任、壞心眼的惡作劇者

經舉辦過論文比賽，以此選拔出他們的新執行長；一度還有正式的「歡樂部長」。Ben & Jerry's 還以社會責任方案作為自我保護，免受弄臣不負責任的印象所牽累，捐出一定比例的盈餘，以爭取更多的大眾支持。

位於加州的休旅運動用品公司 Patagonia，一到衝浪季，工廠就關門休息，所有人都衝到海灘去。這些公司未明言的期許是，員工能受到玩耍欲望的激勵。傲慢或無趣、沒有絲毫幽默感的人，是不可能在那裡發展的。而當然，公司所生產的產品，就是在幫助人們自得其樂。

位於邁阿密的漢堡王總部，休閒空間和工作空間結合在一起，包括一張撞球台、輪鞋曲棍球、直排輪溜冰場，還有一座正在施工中的籃球場。這裡的員工出了名的愛拿飛盤亂扔，讓飛盤從埋頭苦幹的同事頭上飛過，床鋪和浴室則是支援那些想要日夜加班的人，讓他們能夠在工作和休息間轉換。

弄臣打破傳統的思維模式，因而為公司帶來創新，不管這個公司原來的原型是什麼。例如，筆者卡羅便將某家大型癌症防治醫院的員工，根據原型分成幾組進行腦力激盪，希望能想出點子改善病

患的就醫經驗。所有的小組都想出了不少的好點子，但其中最棒的一個是弄臣小組的傑作。他們認為，癌症病人就應該享受他們當下的人生，不應該把午后時光浪費在等候室裡看著醫生跑來跑去。他們建議發給病人一個呼叫器，這樣病人就能到購物中心逛街，或者是去看場電影。他們甚至連特殊病人專用的戲院都設想好了！對弄臣來說，沒有任何後果——即使是失去生命——可以犧牲此時此刻當下的快樂。

對弄臣行銷

我們每個人心中的弄臣都喜歡幽默。我們喜歡好笑的廣告，因為它們能娛樂我們，而隨之而來的好感會為這個產品創造一層光暈效果。弄臣廣告和包裝用的是高明度色彩和許多的活動——愈誇張愈好。弄臣也喜歡生活。因此，虛擬經驗是對弄臣行銷的最佳方法。例如Club Med的網站就讓人能夠連結上虛擬的村莊，模仿你在當地可能感受到的經驗，你可以選擇如何消磨自己的時間，就好像你人已經到了當地一樣。想打網球嗎？潛水？跳舞？做選擇時，你的想像力也開始馳騁，很快的你就在享受真正的假期——在幻想中。探索頻道推出的線上遊戲「地球探險家」（Planet Explorer）也提供虛擬的異國旅遊體驗。

最重要的是，弄臣協助我們掙脫備受束縛的小框架思考。弄臣最拿手的就是腦力激盪。弄臣行銷最重要的一面就是聰明。我們每一個人心中的弄臣都喜歡誇張、聰明、全新看待世界的方法。要開發這種行銷策略，最好的方法就是放鬆你的行銷團隊。讓這個小組去玩，帶些玩具來，端出最瘋狂的點子（不管多麼荒唐可笑）來潤滑創意的轉輪。你的團隊愈自由，你的新點子就愈精彩。弄臣喜歡

> **你的品牌若具備下述特點之一，弄臣的原型或許可作為一個適當的定位：**
> - 能夠幫助人們找到歸屬，或產生歸屬感。
> - 使用該產品能幫人擁有美好時光。
> - 中至低價位。
> - 生產或銷售的公司具有愛玩、自由的企業文化。
> - 想要和自以為是、過度自信的既有品牌區隔開來。

上下顛倒，以意想不到、無法預測的角度來看世界。

　　弄臣也不像其他原型那麼強調所有權。你只要想想，我們從來沒聽過哪一個笑話是誰發明的。笑話藉由口耳傳播和網際網路，幾天、有時甚至是幾分鐘內就在全世界傳開來，讓整個世界開懷大笑。弄臣行銷曉得，把東西分送出去能夠提升公司的名聲。Kinetix是一家舊金山的多媒體公司，在公司正式成立之前，就開發出跳舞娃娃作為示範套件的一部分。不知為什麼，這個娃娃上了電子郵件，接著就一個傳一個，直到這個形象變成一種地下流行偶像，最後甚至還出現在《艾莉的異想世界》影集裡。而這家公司也因此成立了。如果這家公司限制了這個商標形象的使用，他們的成就也許就不會這麼好了。

　　最重要的，弄臣就是喜歡行銷的樂趣。這個原型並不因為發現我們身處新時代而恐慌，相反的，弄臣原型協助我們真正享受每天所面對的新環境。在這個過程中，弄臣讓廣告永保新鮮，把焦點放在顧客的注意力上，這樣他們的視線才不會模糊──至少在看到你的廣告時不會。

1 [編注] 駱駝香煙自 1988 年開始以卡通人物喬駱駝作為此一品牌的代言圖像，成功地將其軍用香煙形象轉為主打青少年市場，到了 1998 年，駱駝香煙在非法兒童香煙市場上成長了六十四倍。在強大的輿論壓力下，駱駝終在 1998 年停止使用喬駱駝為產品代言。

第五篇

立下秩序

照顧者、創造者、統治者

中世紀時，城牆圍著村落，護城河繞著城堡，都是為了能維持秩序，以及防範維京人（Vikings）、西哥德人（Visigoths）和汪達爾人（Vandals）的劫掠。美國早期移民到了一個地方之後，也會先將小屋附近的土地清乾淨，這樣才能一眼就發現入侵的野獸和印第安人。如今，可能對個人生活福祉造成威脅的事物已經不再那麼急迫和可怕，但人們仍然會栽起草皮、豎起圍牆，同樣表達出了他們對安全與秩序的渴望。

人類學家安傑利斯·艾倫（Angeles Arrien）發現，方形的物體能夠給人類一種強烈的穩定感；也因此他認為，即使是實物，對於人類也一樣具有原型的特質。這也難怪有那麼多人在成家階段時，會希望買一棟「中間有大廳的殖民時期風格房屋」──有方正、對稱外貌的四方形建築。而當然，他們對車子的要求也是要四四方方、安全可靠的──富豪汽車（Volvo）。

人們通常將這些欲望和照顧者、創造者和統治者原型連上關

圖5-1

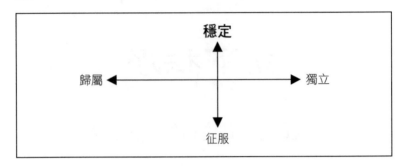

係。照顧者對人性的脆弱有著高度的認知，比較少關心自己，總是致力於解決別人的問題。（這就是為什麼十二歲的兒童，對照顧嬰兒的自信會高於自己看家的自信）。

創造者創作了一首詩、一支曲子、一幅畫或一件產品，從中發揮控制力。看看《莎翁情史》（*Shakespeare in Love*）這部電影。莎士比亞自覺無力，他的事業發展不順，他所愛的女人又必須嫁給別人。所以當他和她的美好戀情結束之後，他收拾起自己的感情，全抒發到《羅密歐與茱麗葉》（*Romeo and Juliet*）這部作品上。將經驗架構到藝術型式，這個動作讓他感受到掌控的力量，也帶給世界至美。

統治者要掌控情勢，特別是在情勢看似失控之時。統治者的工作就是要負起責任，讓人生盡量可以預期、安穩。（統治者給人的感覺就像是在說：「一切盡在我的掌控中。」）有鑑於人類處境向來都不穩定，統治者會訂下程序、政策、風俗和習慣，以強化秩序和可預期性。電影《伊莉莎白》（*Elizabeth*，虛構英國女王伊莉莎白一世的一生）顯示出，一位年輕、充滿理想的女子如何蛻變為女王的過程。而她的女王角色，事實上是到她學會展現統治者原型後，

這片古老的森林看起來是一片凌亂、不安和充滿性暗示之地。至於現代的草地或花園，則反映了對這些力量的強烈恐懼，以及對控制、穩定與安全的呼應需求。

才能真正勝任的角色。

　　照顧者、創造者和統治者都會在看似穩定的環境中得到滿足：某個地方的老城鎮、大又有價值的建築、堅固的汽車和設備、精心整理的花園與公園（而非「未經調理」的大自然）、作工精細的舒適家飾、任何他們自己設計的東西，以及能增強他們對環境控制力的科技等。整體而言，這些就創造了一個有錢景的事業。照顧者會預期別人的需求，發現該如何讓別人覺得安全有保障、受呵護；創造者則負責創新──新產品、新的生產流程、新的組織和行銷架構與方法；統治者接著要管理這些新架構，監看所有的價值能持續地

提供出來。

　　今天，隨著現代生活的步調逼著我們每一個人要每天、甚至每小時應付各種新狀況，穩定和控制的欲望也遭遇到特別的挑戰。執行長們了解，即使他們一整年的事都做得很正確，但市場、經濟和法律條件明年可能就改變了，因此整個事業就必須重新架構、重新檢討。合併和購入這類的事，不停地抽掉員工所站的地氈，迫使他們重新思考自己的人生，有時還要尋求完全不同領域的訓練。前一年對文化和藝術的資助還很充裕，下一年可能就完全取消了。

　　因為人生是如此不安定，特別是現代的生活，因此創造者、照顧者和統治者都是今日品牌非常好用的原型。當這些原型未被包圍在懷舊氣氛中，而是以現代、貼切的脈絡來解讀時，就能指導我們如何維護秩序和安定，如何將我們對穩定的渴望和改變加以協調。

13

照顧者

座右銘:「愛鄰如己。」

照顧者是一個利他主義者,受到熱情、慷慨和助人的欲望所推動。你可能會想到馬可仕・威爾比(Marcus Welby)、南丁格爾、黛安娜王妃、德蕾莎修女、艾伯特・舒威瑟(Albert Schweitzer)等人,還有鮑伯・霍普(Bob Hope)的勞軍,或者任何照顧子女的父母。照顧者不怎麼擔心自己的不安定和困難,而是這些事情對不幸者、可憐人的影響。因此,生命的意義就來自於施予。事實上,最大的憂慮是不幸降臨到摯愛者的身上,以及照顧者的守護對象身上。在《美麗人生》(*Life is Beautiful*)這部電影裡,父親如此愛他的兒子,寧願犧牲自己搶救兒子,看起來是如此的崇高。這個原型也會讓人想到上帝的形象,就像充滿慈愛的天父在照看祂的子民。

可預知的照顧形象,和護士、老式鄉村醫生、管區警察、老師等有關。但照顧者真正的特質,以及我們與此一原型關係的本質,是深刻而複雜的,就像我們和生命中最初照顧者的關係一樣。

一直以來,照顧的象徵,大多都是以有力的母性來表達,不是

> ### 照顧者
>
> **渴望**：保護他人免受傷害
> **目標**：助人
> **恐懼**：自私、不知感恩
> **策略**：為他人盡心盡力
> **陷阱**：犧牲自己、牽絆他人
> **天賦**：熱情、慷慨

理想化，就是被妖魔化。安娜‧昆德琳（Anna Quindlen）在《新聞週刊》（*Newsweek*）的一篇文章中指出，《小婦人》（*Little Women*）書中的考伯菲太太（Mrs. Copperfield）和媽媽被奉為美德的典範，而《兒子與情人》（*Sons and Lovers*）中的母親、《傲慢與偏見》（*Pride and Prejudice*）裡的班奈特太太（Mrs. Bennet），以及喜劇人物波諾伊太太（Mrs. Portnoy），就遭到其創造者的嚴厲對待。布魯諾‧貝特罕（Bruno Bettelheim）說明，兒童傳奇和童話故事是如何以兩個極端來形容母性的角色：壞到骨子裡的巫婆或繼母，以及純潔完美的好女巫或仙女。對我們來說，要將複雜的照顧者整合到統一的整體中，似乎有點困難。

在史前時代，人們會雕一些女神木像，那些女神就像現在一樣，被敬為生育之神，或者能提供食物、安慰和呵護以支持生命。在歷史上，照顧者這個原型就一直脫不了父母保護子女的情感，他們願意盡一切力量照顧子女，即使必須做出重大犧牲也在所不惜。但同時這個形象也和濫權、被控制的深切恐懼連結在一起。

> **照顧者**也可能是看護者、利他主義者、聖人、父親或母親、助人者或支持者。

有一則古希臘神話就談到了照顧者的愛與毀滅力量——這個神話也奠定了一個宗教祭典的基礎，持續達數千年之久。這個神話便

是五穀女神狄米特對女兒柯蕾（Kore）的偉大母愛。當統治冥界的
海帝斯因愛綁架了柯蕾後，狄米特發了狂似地在世界各地尋找，不
吃不睡，想把女兒帶回身邊。當她發現柯蕾[1]的遭遇後，便拒絕再
讓大地長出任何穀物，人類因而蒙受大饑荒的威脅，只有當她的女
兒回到人間時，情況才會舒解。在這個神話裡，柯蕾是每年都要回
到冥界的，而我們之所以會有冬天，就是因為柯蕾走了，母親太過
悲傷造成的。

　　昆德琳在《新聞週刊》上評論，有時將照顧者的角色（在這個
例子裡是指母親）妖魔化的欲望，只是掙脫其力量的一個方法，
「但其實這麼做成功的機會很渺茫，佛洛伊德的信徒們，不管是愛
發牢騷或專制獨裁的、全心全意或專橫的、溫暖或暴躁的母親，她
都像太陽一樣日正當中。」

　　了解照顧者的複雜性，並且了解我們與照顧者的關係，對於在
品牌傳播時充分深入這個原型是十分必要的工作。讓這個原型對當
代的消費者有幫助，也是非常重要的，因為現在的消費者更了解照
顧是件複雜的事──充滿了衝突、犧牲，以及支持而非阻礙的意
願，是多麼難得。就像昆德琳所說的：

> 　　母職（以及其他形式的照顧）主要是包括崇高的低賤
> 工作──這看似有些矛盾，但卻是千真萬確的。你怎麼能
> 如此愛一個逼得你快瘋掉、又不停要求你的人呢？你怎麼
> 能全心奉獻自己，卻只做一件注定成為配備（假如不是多
> 餘的話）的職務呢？我們為何能如此快樂地擁抱這個觀
> 念，認為我們不再是自我小宇宙的中心呢？

　　我們在做「芝麻街」時，心裡始終謹記著「母性」與「窒息」
之間，有著天生的緊張關係，這對我們幫助很大。有一個很有用的

比喻，是將父親或母親比喻為警報器，「不要爬樹！你要受
傷！」。拿這個和「如果你要爬這棵樹，先考慮一下，你往上爬
時，要先想好怎麼下來」比較一下。這個區別就能使從業務和商品
人員到節目製作人，每一個人都記住「芝麻街」就是一個母性的品
牌。雖然許多學齡前的兒童節目都披上現實的糖衣，「芝麻街」卻
誠實處理失敗、種族和文化差異、憤怒等等議題，不過完全是以建
設性的、適合兒童年齡的方法來討論。

　　「藍十字／藍盾」（Blue Cross/Blue Shield）保險公司最近一波
廣告成功地踏入同樣的領域，同時也為父母們提供當代的路標。一
位堅強有自信的母親抱著她九歲左右的女兒，旁邊寫著：

　　　　我在邊界的地方檢查了一下「小心」。
　　　　因為我掌管著開門的通關密語。
　　　　不管我們往那裡走，
　　　　只要有我們的藍十字和藍盾計畫，
　　　　我們就受到保護。
　　　　我唯一在意的是？
　　　　要將這段假期永遠留在回憶裡。
　　　　這是我的計畫。
　　　　照顧……
　　　　他們的心，他們的身體，他們的精神，他們的健康。

　　另一個非常現代的照顧者宣傳，則點明了照顧是件複雜的工
作，廣告裡的小女孩大概也是九歲左右，依偎著母親的手臂，上面
寫著：「一生與我牽絆。」這則廣告接下來談到，如果孩子照著指
示，那麼人生會多麼如意，但既然他們不會，我們只能希望和他們
一起歡笑、一起唱歌、說笑話、傾聽和交談。這個廣告最後一句話

說：「父母：解毒劑」。

　　AT&T（美國電話電報公司）是一家很了不起的照顧者品牌，曾經因為製作有關照顧和聯絡的美好廣告而聲名大噪。在最有名的廣告之中，有一則的標題說：「喬伊打電話來」，廣告裡，悲傷又帶著點寂寥的一天，因為兒子喬伊從國外打電話來，使得年邁的雙親突然覺得這一天美好極了。因為既感人、效果又好，這種「接觸、感動」的廣告，甚至引起競爭對手模仿。MCI電信公司就有一則類似的廣告，一位女士在哭泣，丈夫安慰著她──她哭泣並不是為了兒子來電而感動，而是難過電話費太貴了。但一段時間之後，MCI發現純粹建立在價格上的形象，會阻礙該公司成為電信業真正的龍頭。因此這家公司就聰明地選擇照顧者的形象，將下一波價格優惠包裝到所謂「MCI親友」方案裡。你所關心的人、關心你的人，都可以加入這個計畫，大家都有折扣。這個廣告讓這項優惠顯得溫暖又感人。而AT&T則完全被擱在一邊涼快──其最大的競爭對手不只搶走了長途電話的照顧本質，甚至還拿出更現代的方法：不只是感性又充滿希望，而且還很實際、立即、受歡迎。

　　在另一個現代化的支系中，宣揚男性之呵護能力（雖然他們要面對那麼多的壓力）的照顧者品牌和廣告，不只是感人，更是對大多數男人的用心，給予社會強力的肯定。例如，Land's End型錄裡，一名穿著休閒上班服的男士，正擺出照顧者的標準姿勢，微微地彎腰對著孩子。（這裡暗示的訊息是：「和我在一起，你很安全。」）他帶著小女兒上樓梯，手放在女兒的背後作為支持。說明的文字是：「休閒上班服。適合您在第二重要的會議中與您的執行長相處時穿。」

　　將照顧者本能與常貶抑這種本能的世界進行協調，這樣的品牌不只是在市場上非常有效果，也在我們文化的演進過程中，扮演了

建設性的角色。

照顧的世界

雖然照顧者本能更複雜、更現代的表現，能幫助今日的消費者在面對慷慨和照顧的欲望，以及本身外在衝突或現代生活的壓力時，能進行協調。然而，有時即使訴求一個不實際的夢想，追求更完美、體貼的世界，品牌也可能成功。

康寶（Campbell）濃湯是真正的典型，一直訴諸家庭、家人和母愛的呵護，有時還會引起觀眾的懷舊情。事實上，這家公司的定位從不動搖。結果，每個家庭的碗櫥裡都塞滿了康寶濃湯（不管他們是不是真的常常喝）。視覺上，這家公司的廣告很像諾曼・洛克威爾（Norman Rockwell）的畫。背景襯著感性的音樂，父母總是為孩子付出愛與感情。在其中一支有名的廣告裡，一個小男孩得意地送給媽媽一瓶花，但花瓶掉下來了。媽媽讓他坐下來，還端了碗湯給他，再把花重新插進男孩身旁一個大杯子裡。背景音樂強調這些快樂的童年回憶，都是母親的這些小動作所帶來的。

在1998年，康寶的廣告已更新為「有益身體、有益靈魂」的主題。在一則重要的廣告中，一個小女孩第一次到寄養家庭，很緊張、很害羞。當寄養家庭的媽媽端了一碗湯給她後，小女孩覺得安心多了，她說：「我媽媽以前也會做這湯給我喝。」這位寄養媽媽和她拉近關係，回答說：「我媽媽以前也會給我這湯喝。」

Stouffer's食品的自我定位，就像其副標所說的：「沒有比家更近的地方。」其最具代表性的廣告，是一個家庭圍坐在餐桌旁，熱烈地聊著天。最小的男孩坐在爸爸的膝上，媽媽則愛憐地看著已是青少女的女兒。旁邊的文字再給媽媽們保證，Stouffer's的口味，

「和家裡做的一樣」。中西快捷航空（Midwest Express Airline）讓顧客享受加大空間的座位、充分的關注，甚至創造一個經驗，刺激旅客聯想到家、媽媽的思鄉情，這對於那些恐懼搭飛機的人尤其重要。一定是有某個人想要以較便宜的方法，讓人有受照顧的感覺，而他所想出來的答案就是巧克力片餅乾。飛機飛到半途，你就開始聞到他們在烤餅乾。然後空服員就會捧著餅乾籃過來，讓旅客們覺得自己像個快樂的小孩一樣，才放學回到家，媽媽正拿著餅乾等著自己。

今天有許多人會把照顧的關係，認定為提供真實的經驗，而這個經驗是相對於虛枉的追求，是真正能讓人生值得過下去的。Eckerd.com有一則很可愛的廣告，是一個快樂的小女孩跑過草地，臉頰上留著一個唇印。廣告說：「我發誓要少花點時間尋找酒紅色口紅，讓大部分時間都不用口紅。」這則廣告還承諾：「妳將輕鬆快速地找到妳所要的──這樣妳就能儘快回到重要的事情上──例如你的生活。」

通常，照顧者照顧別人比照顧自己在行。Sunsweet去核梅子的廣告上是一位健康的成年女性，文案寫著：「為了您的健康……和快樂。」接著又說：「找專屬訓練師幫妳維持好身材，學習煮得更健康，到Spa美容中心恢復身心，或者參加專業駕訓課。」林肯金融集團（Lincoln Financial Group）則呈現一個男人快樂地在海邊釣魚，上方有這些字眼：「我一直奉獻給我的事業，奉獻給我的客戶，也一直奉獻給股東們，現在，我只想花一點點時間釣點北梭魚。」很明顯的，這個人是在說，他付出的夠多了，現在輪到他自己享受了。

或許當今將自我照顧表現得最優雅、不著痕跡的，就是協和鐘錶（Concord Watch）。三個簡單的大字「遲到了」，襯著一張乾淨的

照片，男人抓著個小孩的手臂，或者女人香甜地睡在床上。照顧照顧者的品牌如果做得好，就像他們也對世界提供了美好的服務一樣。

照顧者的幾個層次

動力：發現有人需要幫助
層次一：照顧或呵護依賴自己的人
層次二：平衡自我照顧與照顧他人
層次三：利他主義、關懷大我
陰影：犧牲、施展權力、產生罪惡感

天生的照顧者類別

　　照顧者對他們子女和其他依附者的關心，讓這個原型定位成為醫療、健康產品、保險、銀行和財務規畫等行業最自然的考量——類別太多了，幾乎難以區隔定位。就以銀行業來做例子，以下這些公司都屬於照顧者定位：Sallie Mae、BankOne、Fleet、第一聯合銀行（First Union）和美國銀行（Bank of America）等。許多廣告宣傳都訴諸人們對自己家庭的責任感，以及無法妥善照顧家人的憂慮。HealthExtras保險推出一則以《超人》明星克里斯多夫·李維（Christopher Reeves）為主角的廣告，上面說：「你可能喪失你事業上一切努力的成果。所有一切。」廣告繼續說：「我看到太多家庭被毀掉，不是因為殘障，而是因為財務耗盡。請保護你自己。保護你的家庭……和HealthExtras一起。」[2]

　　拜爾為糖尿病患家用血液測試機（只要一小滴血就可以）所推

出的一則感人廣告，其中有一位看起來很虛弱的金髮小女孩，文案挑戰讀者：「要這位糖尿病人多抽一些血再做一次檢驗？去啊，去說啊。」當然，回應這則廣告的人，誰不希望讓這個小女孩的日子能夠好過一點呢？

照顧者擔心的事還包括忽略了所愛的人。Zomig止痛藥廣告中，有一位女士躺在床上，小兒子站在旁邊，看起來又傷心又無聊，手裡拿著棒球和手套，他說：「媽媽又偏頭痛了。」很顯然的，媽媽如果因此去買這項產品，不是為了解除自己的頭痛，而是要確使自己成為好媽媽，不會再冷落了孩子。健康來源大豆蛋白質乳（Health Source Soy Protein Shake）的廣告比較開朗一點，是一個有著棕色大眼的學步小娃，廣告上說：「再給你一個小理由，好好照顧你的心。」

美林證券（Merrill Lynch）的一則廣告裡，有個可愛的小女孩，是女中音薇琪‧哈特（Vicky Hart）和指揮家瓦雷‧芮夫金（Valery Ryvkin）的女兒。廣告引用了薇琪的一段話：

> 藝術並不是最穩定的職業。當你有了孩子之後，不安全感更是衝擊著這個家。但逐漸的，萊拉（Leila，他們的財務顧問）教我們如何在這偶爾有些不穩定的藝術生活，與長期財務安全的必要之間，取得平衡。她花時間認識我們……了解什麼對我們最重要……如果我們不在乎阿曼達（Amanda）的未來，我們就不會這麼做。

在廣告的正中間有幾個關鍵大字，告訴我們：「阿曼達的需求是不容打折的。」

Nuveen投資也訴諸父母對子女的愛。其中一則廣告裡，有一位可愛的、一臉聰明相的男孩，依著牆上的尺標在量自己的身高。文

案寫著：

> 這些是小男孩的身高紀錄
> 紀錄著他一生的成長軌跡
> 這應與他一生的投資相配合
> 這就是我們Rittenhouse客製化管理帳戶的註冊商標
> 你的顧問會協助你
> 管理一生的財富
> 讓這筆財富成為這個小男孩的教育基金
> 讓他的成就無人能及

　　通常，照顧者不只關心自己的孩子。他們還掛念自己的父母、任何病人、窮人，還有他們的寵物。革命（Revolution）犬隻用藥的一則廣告，是一位年輕女子抱著她的狗，保證說：「我會每天丟球給你玩、帶你去散步、不讓你受犬心蟲和跳蚤的侵襲。」廣告還說：「在你對寵物所做的所有保證中，沒有什麼比保護他免於受傷更重要。」

　　子女也關心他們的父母——怕讓他們失望、怕自己和他們不同而使他們有被拒絕的感覺，也怕自己在某方面超越了他們。落健（Rogaine）掉髮治療產品就讓一名年輕人和父親一起在後院裡，文案是：「你老爸希望你擁有他所沒有的東西，例如頭髮。」父親是向兒子再次保證，父母親看到孩子們青出於藍、擁有他們所沒有的——教育、財富、機會——甚至頭髮時，是多麼的滿足！

　　最糟的情形是，有些品牌只掠取照顧者原型的表層。最好的情形是，品牌傳達了照顧關係的重要品質：

　　• 同理心——從別人的角度來看、來感受，而不是以自己為出

發點。

- 溝通、傾聽——別人說什麼、沒說什麼，最重要的是，他們要表達的意思是什麼。
- 始終如一——完整的、可靠的、毫無條件的付出。
- 信任——真正親密的基石。

廣告裡精彩的小故事，可運用上述任何一個親密的要素，仍然可以引起對原型的認同。

工具式和社會化的關懷

然而，大多數的關懷並不都是直接的、同理心的呵護，而是工具式的。在《捍衛穴居人》（*Defending the Caveman*）裡，喜劇演員戴夫·貝克（Dave Becker）有一段精彩的滑稽短劇，是有關一對夫妻探訪另一對即將迎接新生兒的夫妻。兩個女人體己地談著小寶寶和她們的心情。兩個男人安安靜靜地一起在後院搭一個遊戲間。女人的基本反應是，這些男人實在太「木頭」了。無論如何，女人們似乎非常親近，而男人們只會玩電動工具。貝克卻在一個重要的時機提醒觀眾，這個即將為人父的年輕先生心中必然充滿了愛，才會為一個尚未誕生的小貝比搭遊戲間。

照顧者也是保護者，在一則替富豪汽車打出安全名聲的廣告中，這個概念非常明顯，也使得這個品牌擁有一個強勢的定位，竟可從這家公司的國民車到其小車、家庭房車、最後還延伸到真正的豪華轎車上。這則廣告一開始是一對憂心的父母，在暴風雨夜裡，不停地在屋裡踱步。他倆的寶貝女兒打算在這種暴風天裡出門約會，她真的很想去，而男友到了，這對父母讓他進門來，老爸開口

說話了：「傑夫，幫我個忙好嗎？開我的富豪去。」多棒的老爸！多棒的車！

當然，父母大多數的照顧都是工具式的──煮飯、打掃、送小孩上學、盡一切力量，創造出讓孩子備受呵護的安全環境。不管夫妻倆的性別角色是不是和傳統一樣，但理想上，男人和女人都和孩子有牽絆，兩人都該有一些出於關心的必要工作。能協助他們完成這種工作的產品，自然都適用照顧者形象。

照顧者原型，在任何與照顧人，或是與真實世界有關的工作上，都看得到──園藝；洗衣；打掃家居、辦公室、街道；修補衣服、橋樑或任何壞掉的東西；照顧老弱；駕駛等等。在紐約洋基球場（Yankee Stadium），比賽打到十七局延長賽，清潔人員到場中整理場地，突然之間，有人開始跟著〈YMCA〉這首歌同步「起舞」，全場觀眾跟著瘋狂起來──這類卑微照顧者的工作，難得受到如此公開盛大的歡迎。基本上，照顧者工作的薪水都不怎麼樣，因為大家都認定，照顧，本身就是一種收穫。

然而，即使幫別人做整理的工作，也可以變成一門成功的大事業──例如收垃圾這種工作。韋恩・胡仁加（H. Wayne Huizenga）就因為提供清運垃圾的服務，結結實實賺了一大筆錢。二十五歲時，他就開始在早上清運垃圾，然後沖個澡，穿上西裝，出門去拓展他的業務。從他第一家公司南方清潔服務公司（Southern Sanitation Service）開始，最後創立了廢棄物管理公司（Waste Management）這家全美最大垃圾清運公司。自此開始，他再把錢投入其他產業，終而變成美國富翁之一，並證明了，只要滿足卑微需求地工作，一樣能夠成大器。

奇異（GE）向來是把該公司產品的價值，與提升居家生活品質的能力結合在一起。奇異源自愛迪生的研究實驗室。愛迪生的願望

就是，以平均十二天的速率，發明能改善農場、居家和工廠生活品質的產品。奇異的名稱和標誌就是希望看起來像「朋友的暱稱」，而它的標語「電氣化生活更美好」正說明了該公司助人的主題。1955年時，奇異推出一支廣告，當時還是藝人的前美國總統雷根夫婦在廣告中快樂地使用現代設備。1960年代時，這家公司朝多元化發展，甚至開始生產噴射機和醫療設備，還提供金融服務，且不只是針對金融服務設備而已。當時，既然公司所生產的並非都是電氣產品，就需要新的標語，所以新的標語就變成了：「科技打造更好的生活」。最後到1979年時，一項行銷調查顯示，社會大眾想到奇異，就聯想到硬梆梆的大男人形象。為了軟化公司的形象，它的標語又再度更改，變成：「奇異——我們為生活帶來美好」。

奇異的成就，部分是因為對研發、創新和擴張的努力所致，但其照顧者的品牌形象也一直讓這個品牌更貼近助人，而不是創新至上。把焦點放在這家公司產品的好處上頭，可產生一個照顧顧客的形象。奇異的歷史又將進步的整體概念結合到助人上頭，因此將科技的進步和積極的品質結合起來——例如家庭、家人、照顧、愛和完整的享受等。

我們常常以為只有對老弱婦孺的照顧才重要，但事實上是，人類整體的福祉，也要仰賴持續的、幕後的照顧，這種照顧在當代生活中很重要，但卻不容易為人所注意。父母愛他們的子女和所愛的人。人們會照顧有困難的親友。社會服利幫助貧苦人。老師、校長和公車司機照顧兒童。所有的衛生人員、修理工、計程車司機、侍者和清潔工——這些人負責我們每天日常生活的瑣事，讓生活能夠上軌道。同樣的，那些二十四小時堅守119勤務的人、救護車駕駛、醫院護理人員、急診室醫生，大家都發揮了照顧的功能。

沒有多久以前，在美國，小孩還會視管區警察是友善的保護者

（而不是條子），鮑伯‧霍普會將假日的歡樂和〈平安夜〉帶給遠方的美國軍隊，因為他們「犧牲自己的耶誕節來保衛我們的家園平安」，而電視裡的醫生被形容成奉獻的父親角色（如馬可仕‧魏爾比），對比著那些三十出頭、沒有方向、不知該關心照顧什麼、充滿困惑和矛盾的人。母親角色的描述通常比較刻板，但都是在推崇她們持家的角色。在社區層次上，人們認為，機構就是提供照顧者。通常，他們相信學校會照顧他們的孩子、教堂或寺廟會照顧他們的靈魂、銀行會照顧他們的金錢。諷刺的是，今天當流浪漢在街頭遊盪，兒童和老人被忽略時，照顧者的形象不再那麼受歡迎、被感謝。照顧者的地位低落，有可能是造成這些孤單人群如此匱乏的原因之一。

　　然而，真正照顧者的全新產業出現了。紐約時報報導了一個例子，是一支非營利的網路0800免費電話，會回答父母親的日常問題，包括：「要怎麼開始訓練小孩用尿桶？」、「要怎麼不讓兩歲小孩亂咬東西、撞來撞去？」等等。兒童照顧專家會當場回答，如果問題比較嚴重的話，就會建議父母去找專業協助。現代的父母親不再有祖父母、姊姊和姑姑這些過去能給他們建議的人在身旁，因此他們會大量地利用這項服務，並不令人意外。除此之外，照顧的行為——例如照顧兒童、照顧老人、洗衣和煮飯等——過去都是家庭裡的無酬工作，如今已進入有酬經濟體，提供各種服務和產品，本來就是照顧者品牌該做的事。

　　雖然整體說來，照顧者的地位逐漸在下滑中，但如果你想到如雷根總統、華特‧克朗凱（Walter Cronkite）、黛安娜王妃和德蕾莎修女這些人的崇高地位，你就會發現照顧者在人們心中仍然占有很高的地位。較好的是，照顧者不只關心他自己的家庭，他的關懷會像同心圓般向外擴大，納入社區、國家、人類和地球。哺乳動物最

美好的一件事就是，年老體衰者會為年輕力壯者犧牲自己的生命。
人類又更進一步：年輕力壯者會為年老體衰者犧牲。除此之外，人
類這個種族，也會關心其他族類，即使是和我們八竿子打不著的族
類。

　　照顧者的最高境界是利他主義，這就是為什麼照顧者是非營利
組織最有力的品牌定位。人道之家（Habitat for Humanity）、救世軍
（Salvation Army）和聯合勸募（United Way）都是其中幾例。令人
振奮的是，博愛也逐漸被視為是企業的一部分，這是對員工和顧客
高水準的慷慨和照顧。

照顧者組織：諾斯壯百貨與馬利歐企業

　　當百貨業榮景急速下墜時，為什麼諾斯壯百貨（Nordstrom）還
能繼續擴張呢？該公司的成功，部分是因為服務顧客的卓越商譽，
其中包括無條件退貨政策。這家公司甚至接受非本店所售貨品的退
貨，也十分聞名。當然，這家公司販賣符合雙足需求的特殊尺寸
鞋、訓練員工禮遇顧客等，也迭有名聲。諾斯壯真正創造一種氣
氛，讓卓越服務的表現變成傳奇，從店面傳達給顧客。這家公司甚
至編有預算，要創造口碑。重點是，諾斯壯真正的行銷策略並不在
於廣告，它所採取的方法是讓顧客能把他們在這裡受到的禮遇轉告
他人。

　　照顧者特有的心理習慣，不只有助於顧客服務，也能幫助企業
預測顧客的需求和喜好。照顧者就是喜歡為別人做點好事。他們預
測顧客需求、滿足顧客需求的欲望，不只是為了做筆好生意，更能
證明他們在工作上的基本動機。J・維拉德・馬利歐（J. Willard
Marriott）是一位摩門教徒，受摩門教的訓練，要照顧社區裡的其他

人。此外，他出身於貧窮的牧羊人之家，八歲起就學著照顧羊群。
這對於一個將照顧客人視為第一要務的行業來說，是多麼棒的基本
訓練啊！他十九歲時到華盛頓特區傳教（摩門教要求服務一年）。
在華盛頓時，他受不了熱浪，開始猜想如果在這裡賣冷飲的話，可
以賺到多少錢。他唸猶他大學（University of Utah）四年級時，一
家A&W沙士站在附近開幕，馬利歐非常喜歡這家冷飲。大學畢業
後，他買下A&W華盛頓地區的公司。當冬天生意下滑時，他開了
第一家Hot Shoppe熱飲店，首創免下車服務。

　　就像任何優秀的照顧者一樣，馬利歐非常善於預期人們的需
求。他注意到客人會在前往機場的途中到他的Hot Shoppe買點吃
的。所以馬利歐就和機場協商，將預製餐盒賣到機場，也因此展開
機上餐飲業。在食品業闖了三十年後，他的第一家飯店開幕，他形
容為「Hot Shoppe對美國家庭旅行傳統關懷的合理延伸」。一段時間
後，他再購併大男孩（Big Boy）餐廳，開拓羅伊·羅傑斯（Roy
Rogers）快餐店、太陽線遊輪（Sun Line Cruise Ships），並為多所大
專院校以及三家大美國主題公園（Great America）提供餐飲服務。
1999年時，馬利歐國際公司（Marriott International）是全球第二大
的連鎖飯店。在他的事業歷程中，馬利歐的成功一直都歸因於他能
發現客人的需求，提供最好的顧客服務，重視細節，並且善待員
工。馬利歐建議其他商業領袖要「照顧你的員工，他們就會照顧你
的客人」。

　　許多照顧者組織是非營利目的、慈善為主的企業。他們的首務
就是幫助他們的客戶。基本上，管理階層都會期望員工能夠盡力滿
足客戶的需求，但卻常常導致員工過勞，一段時間後，就形成士氣
低落、漠不關心。在健康的照顧者組織裡，員工和客人都受到照
顧，所以他們才能保持對工作的熱誠。就像醫院，通常是高度官僚

化的組織，部分原因是他們不想造成任何傷害。因此，規定和程序一定要清清楚楚，新的規定必須充分研究，員工必須接受充分的教育或訓練。因為客戶團體是脆弱的（或者被認定是脆弱的），因此每一分努力都是要創造一種氣氛，看起來確實、穩定，沒有任何不該有的驚奇。照顧不只是靠溫暖的微笑、身體的接觸來表現，也是堅持每一次接觸都要有高標準的品質。對照顧者來說，以實際行動表達你的關心，比口惠更為重要。換個方法說，空口說你多愛顧客，絕對比不上給客人一張溫暖的毯子或一杯茶有用。

安泰集團（Aetna U.S. Healthcare）表示：「許多公司都有使命宣言，但多少公司有使命？我們的使命是什麼？創造更好的方法來幫助人們獲得他們所需要的健康保障。」在指出其許多的創舉後，安泰做出了如下結論：「簡單說，我們堅持把我們的錢放在我們的使命所在。」

對照顧者行銷

讀者可能會猜想，對照顧者最沒有效的行銷方法之一，就是直接告訴他們你關心他們。在這個誰也不相信誰的現代世界，這麼做只會引起這樣的反應：「說點別的吧。」但如果你證明你關心他們，這又完全是另外一回事。如果你這麼做，他們會傳出口碑。強納森・邦德（Jonathan Bond）和李察・克許邦（Richard Kirshenbaum）在《席捲顧客》（*Under the Radar: Talking to Today's Cynical Consumer*）一書中，談到了一個有關棕櫚灘（Palm Beach）某珠寶店的故事。一位客人來電詢問一只女用胸針。業務人員立即跳上飛機，親自送到客人面前，讓客人能及時戴上，參加當晚的慈善晚會。只花了一張機票，珠寶店就在晚會所有出席者之間，創造

了美好的名聲——而且這些人都很有錢。換個比較平凡、但意思一樣的例子，如L. L. Bean郵購公司和諾斯壯百貨，他們也會提供顧客格外友善的服務，建立起商譽，讓顧客會「呷好道相報」。

現代人的長期議題，是如何在關心自己也關心別人之間取得平衡。在我們這個社會，父母常常會大手筆地投資在子女的教育上，同時也支付父母的照顧費用，另外還會存一筆錢給自己退休用。他們對時間和健康有類似的關切——也就是，如何找時間關心他人，而同時又能保有自己的生活與良好的健康習慣。強調這些關切，就是企業最棒的品牌定位。

就像讀者在本章中已看到的這麼多例子，對照顧者最有效的行銷，強調的不是品牌所給予的照顧，而是顧客對他人的關心。顧客是被描述成照顧他人的人。商品或服務要協助顧客更有效地、更輕鬆地去照顧他人。

有責任感的人花很大心力去照顧他人，因此常會對照顧他們的公司充滿感激。這種人常有一種呵護的落差：他們施比受多，他們需要支援。任何公司，只要能協助這些人照顧自己、或者幫助他們更輕鬆完成照顧他人的任務，都有可能在今日的社會贏得最大的成就。因為在當代社會，男女兩性都肩負著超過自己義務的照顧責任。

羅夫‧錢森在《夢想社會》一書中，引用《時代》雜誌在1997年的話說：雖然數十年來，裝酷都是件最酷的事，但突然間不再是如此。近來，有一股展現關懷的熱情。如果你今天去參加畢業典禮，即使是聲譽崇隆的研究所，你也會看到男、女學生抱著他們的嬰兒和小孩上台接受學位。男性和女性都將家庭列為選擇工作、談薪水和其他工作條件時的重要考量。我們才經歷過一個時代，有關依賴和幫助行為的所有文章都暗示，照顧者可能已經不再發揮功

能。而同時，對照顧的需求又不斷攀升。外界要求雙薪家庭和單親媽媽的工作時間要和其他人一樣長、工作表現要一樣認真，就好像他們沒有其他責任一樣。遊民在街上遊盪。人們抱怨著自己像處在陌生國度裡的陌生人，期待家庭的溫暖。但當然，照顧者的原型是人類的基礎。人會彼此關懷，這樣的照顧也會帶來強大的意義。你可以想像，照顧者的原型很快就會再起。照顧，將再一次變成很酷的事。

　　然而，照顧的形式卻會有所改變。如《窈窕奶爸》（*Mrs. Doubtfire*）這類電影，以及傳統男女角色變變變（如麥可・傑克森、羅賓・威廉斯與柯林・包威爾／Colin Powell）的成功，就告訴我們，雖然照顧曾被視為是女性的事，但現在一般也認為這些事對男人也很重要。（當然，一直都是如此，任何有慈愛父親或祖父的人都知道。）像《大老婆俱樂部》（*The First Wives Club*）這類電影的成功，也是告訴我們，今天的照顧者不必然要言聽計從，如果他們必須堅強，他們會的。他們期望受到尊重，如果遭到輕視，他們會非常憤怒。舊式的犧牲者早就沒有了，現在是更平衡的渴望：有施也有受，照顧也被照顧。

　　還記得《風雲人物》（*It's a Wonderful Life*）裡，吉米・史都華（Jimmy Stewart）的角色一輩子為他人犧牲，但當他發現自己將一無所有時，開始覺得失望。這是照顧者的典型故事。這個文化，才剛從對照顧嗤之以鼻的轉角轉過來。人們想要確定的是，如果他們照顧別人，別人也會照顧他們。在電影裡，奉獻進來了，喬治・貝利（George Bailey）的房子和銀行關係保住了。外界在黛安娜王妃過世時所表現的感情，或者德蕾莎修女過世時相對較和緩的感情，都在告訴我們，這個原型在現代的世人心理上，仍然有非常強烈的存在感。然而，自從水門案（Watergate）和越戰之後，我們一直生

你的品牌若具備下述特點之一，照顧者的原型或許可作為一個
適當的定位：

- 顧客服務帶來競爭優勢。
- 提供對家人的支持（從速食到房車），或和養育有關（如餅
  乾）。
- 提供保健、教育或其他照顧領域（包括政治）的服務。
- 協助人們彼此聯繫、彼此照顧。
- 協助人們照顧自己。
- 從事非營利的目標或慈善活動。

活在對誰也不相信的時代裡。照顧者希望聽到的是，如果他們照顧
別人，他們並不是輸家。我們猜，不以刻板形象刻畫照顧者的品
牌，若能加強照顧者的價值，將占有發展的絕佳地利。任何被壓抑
的原型都會蓄積能量。這股能量將推動今天的贏家品牌，但前提
是，原型表達的層次必須是兩性合一與自我實現兼俱。

此外，就像有各種的服務，是為了協助現代組織的成員能充分
合作，下一階段將出現的類似服務，不只要幫助家庭成員聚在一
起，更要培養出能夠讓人活躍在社區裡的感性能力。除此之外，社
區的發展活動也正在興起。我們已經脫離了族群關係就是種族、族
裔認同的時代。我們現在所處的是一個較為整合的環境。雖然仍有
相反的潮流，但大部分人還是希望能夠擁有一個多元社會。聰明的
品牌會了解到，照顧者原型現在不只表現在家庭裡，也呈現在全世
界。在某些方面來看，品牌似乎能夠期待人類比我們原先以為的還
要更好──比我們以為的更能擴大照顧圈。照顧者向來都與天真者
連在一起，因為通常都是照顧者讓天真者對安全、美麗世界的願望

實現。天真者品牌可口可樂的招牌歌曲「我想請全世界喝杯可樂，大家都是一家人」，以及照顧者挺身讓這個願望能夠有可能實現，兩者之間僅有短短的一步之遙。

---

1 [編注] 柯蕾又名 Persephone（波希鳳尼）。後來由於宙斯的居中協調，柯蕾才得以回到人間。但由於柯蕾已經吃下了石榴(代表冥界的果實，也有婚姻約束的涵意)，因此，一年裡有三分之二的時間她得以留在人間，但在剩下的三分之一時間裡仍得回到冥界。而從冥界重回人間的柯蕾便被稱為波希鳳尼。
2 [編注] 克里斯多夫‧李維因拍戲時從馬背上摔下來，而導致下半身癱瘓。

14

創造者

座右銘：「想像得到的，都能創造出來。」

　　創造者原型常見於藝術家、作家、發明家和創業家，以及任何積極探索人類想像力的人。創造者的熱情是以物質的形式自我表達。畫家畫一幅能反映自我靈魂的畫作。創業家照自己的方式作生意，想到什麼，立即行動。任何領域的創造者都拒絕常規，而是探索自己獨特的能力，想出不一樣的方法來。在藝術上，你可能會想到喬治亞・奧基夫（Georgia O'Keeffe）或畢卡索。在電影上，你會想起《阿瑪迪斯》（Amadeus），探索莫札特的怪誕行為，以及他的天才。

　　創造者品牌向來都是異教徒式的。創造者不談融入，而是自我表達。真正的創造需要無拘無束的心靈和頭腦。創作的空間包括工作室、廚房、花園、社交社團和職場等，任何可以產生創意計畫的地方。創造者品牌包括可樂拉（Crayola）蠟筆、「情趣大師」瑪莎・史都華（Martha Stewart）、家具家用品零售商威廉斯索諾瑪（Williams-Sonoma）、美國最大塗料生產商雪溫威廉斯（Sherwin-

創造者
渴望：創造具有永久價值的東西
目標：讓願景具體化
恐懼：願景或執行結果平凡無奇
策略：培養藝術控制和技巧
任務：創造文化、表達自我願景
陷阱：完美主義、誤創
天賦：創造力和想像力

Williams）、縫紉機公司勝家（Singer）和Kinko's照相複印輸出連鎖店（「表達自我」）。此外還包括食品，例如墨西哥餅製造機——邀請兒童創造自己「個人」專屬的墨西哥餅，以此作為產品的吸引力；以及古怪的、破除傳統的品牌，例如百變飲料公司新鮮莎曼莎（Fresh Samantha），就幾乎是大聲在嚷著：「我充滿想像力。我就是不一樣。」

創造者原型活躍在個人身上時，他們通常都熱中於創造或發明——否則他們就會覺得悶死。真實性對他們來說是絕對重要的，而偉大的藝術和改變社會的發明，基本上都是源自於某人內心深處的靈魂，或是奔放的好奇心。這個人，從許多方面來看，就是文化的先驅。確實，藝術家基本上都自認為是在創造未來世界。他們對於文化的大環境可能是悲觀的，但他們相信創造的過程，也相信想像的力量。

一般來說，他們以獨具風格的服飾、住家和辦公室來表達自己的創造力。創造者擔心他們的創作會遭到其他人無情地評斷。他們常常都有一個嚴格的內在批評家和審查人，時時提醒自己沒有任何東西是史上最好的。結果就是，他們也會擔心自己會屈服在這種聲音之下，而不能完全發揮出他們的天賦。

再者，居創造者原型高層次的人，認為自己渴望自由。他們也確實如此。從這個角度來看，他們就像天真者、探險家和智者。然而，更深層的動機是發揮美學或藝術控制的需求——從某個角度來

看，就是扮演上帝，要創造過去所沒有的東西。追根究底，創造者的欲望是以特殊的方式完成藝術的作品，讓它能萬古流長。創造者也因此達成了某種不朽。

員工們常常嘲笑，為什麼每位新老闆都要進行組織重組，然而，每位創造者都知道，架構決定結果。如果你沒有正確的架構，你的願景就不可能實現。創意的形式喜歡除舊架構、布新格局的過程。這就是大多數顧問，尤其是組織發展領域的顧問，最喜歡做的事。在行銷上，樂趣來自於某樣新鮮事——能吸引大眾目光、又能展現你自己或公司願景的創新作法。在研究和發展上，創造者提供了開發新產品和服務的原動力。

創造者原型最高的境界，能促成真正的創新和美麗。最低的層次，是為不負責任和自我耽溺找藉口。創造者通常都受不了次級、大量製造的商品，以及缺乏想像力和品質的服務人

> **創造者**也可能是藝術家、創新者、發明家、音樂家、作家或夢想家。

員。因此，購買行為變成創造者展現個人品味和價值的方法。

我們受到創造者原型的吸引，部分是因為想藉由我們所創造的東西來證明我們自己。不管我們有沒有藝術天分，我們的家、辦公室、生活方式，在在都反映著我們部分的核心內在。所以創造者消費不是為了獲得印象——而是在表達自我。我們內心的創造者也會被他人的藝術才氣所吸引，所以我們不只欣賞藝術美術館，也欣賞精心設計的消費產品。

重塑自我

健身、美容和教育等領域，常常都自我定位為能夠協助人們重

塑自我。EAS健身房刊登了兩頁的廣告。第一頁是米開朗基羅的大衛像，第二頁則是一位帥氣的現代男人，文案是：「米開朗基羅花了三年時間才雕塑出一件巨作，我只花短短三個月（而且我的比例更好）。」諾斯壯百貨的一則女性健身服廣告是一幀美女照片，裸體、有吸引人的肌肉線條。文案寫著：「她向來都感受到內在力量。現在她展現出來了。」諾斯壯另外還有一則非常簡單、直接的廣告，以簡單的命令句「重塑妳自己」來推銷一款紅色高跟靴。

　　化妝品也可以當作把你變成藝術品的工具。MAC彩妝藝術化妝品有一則廣告，將口紅盒包裝成火箭般即將升空的藝術照片。文案是：

> 「美化你的心。什麼啟發？在過去十二個月的展示中，MAC創造出一系列能夠表現出世界頂級攝影師、時尚家與彩妝藝術家作品的彩妝組合。MAC彩妝特有的創意態度創造出來的色彩、質感，以及流行、自我表現、非制式特色便是這套彩妝組合的特色，它將讓天才們能夠盡情發揮，以非傳統、最有想像力的方法，運用彩妝的工具、材質和引人注意的可能性。你看，彩妝可不只是美容工具！MAC要說：美化你的心。」

創造者的幾個層次

動力：白日夢、幻想、靈光乍現
層次一：模仿的創意或創新
層次二：將自己的理想付諸實現
層次三：創造能影響文化與社會的架構
陰影：人生過度戲劇化、生活有如肥皂劇

「畫得漂亮」（Color Me Beautiful）的作法則比較實際。它提供美容諮詢服務，幫助女性和男性決定哪種色彩最適合自己。這家公司在自己的網站上推銷其彩妝，保證：「美麗一直都是被發掘的……不是外加的。」

Gateway.com承諾：「發掘你所有的潛能。不管是什麼。」只要使用Gateway.com電腦設備，你就能「培養你內在的　。」這家公司提供以下選項讓你填空：「搖滾明星、攝影大師、金獎導演、驍勇戰士」。科羅拉多州丹佛（Denver）的ISIM大學說：你能夠藉由「上網取得碩士學位」而「e化創造自我」。

Mondera.com珠寶的廣告，呈現了非傳統、創意女性是如此地成功，因此男人都想要送她們漂亮的珠寶。其中一則廣告裡，一位女性正和小女孩開懷笑著，旁邊的文案寫著：「因為她比較喜歡學齡前的塗鴉，更勝後現代的雕塑」，所以要送她「和她一樣獨特的美麗珠寶」。

幫助你美化人生的道具

遠古的藝術品顯示，人類是天生的藝術動物：洞穴繪畫、雕刻、籃子、精繪的碗、圖騰柱、珠寶和紋身，以及很多很多其他東西。即使是最平常的工具，也都有裝飾的作用。在農業的社會裡，每個人隨時隨地都置身於藝術中。如果我們想一想藝術的歷史，即使是在今日的世界，大多數人也都有一些創意的出口，不管他們是不是自認有創意細胞。人們會畫、縫、做木工、園藝、裝飾房子、化妝、美化自己的環境。

創造者原型的產品能夠幫助他們完成這樣的任務。工業革命帶來各種科技，讓人們更容易創造。艾里亞斯・霍威（Elias Howe）

在1845年發明了第一部縫紉機。辛格（I. M. Singer）[1]後來加以改進，使之成為家用品。他於1851年時正式銷售縫紉機，但對一般家庭來說，價格還是太高，所以他又發明了分期付款的方案。1920年代初期的印度，甘地在宣布全面禁止西方機具時，將縫紉機排除在外，就是因為這個機器對自立更生實在是太重要了。

雪溫威廉斯是第一家製造「DIY預混油漆」的塗料公司。在此之前，粉刷房屋、調色，都是專業人員一手包辦的工作。雪溫威廉斯還很聰明地提供各種技術指導資料，輔助油漆的銷售。家用補給站和各種設計、材料及工藝店，都在滿足人們想在自己的家裡、服裝上和花園裡展現創意的念頭，其他如《妙管家》（*Good Housekeeping*）和《美麗家園》（*House Beautiful*）等雜誌也是如此。

高級家具和地毯最喜歡訴諸創造者原型來行銷。以李斯（Lees）為例，廣告上就呈現了一塊地毯，地毯上有一張很藝術的女性臉孔（可能是希臘女神），使得地毯散發出希臘神廟的氣息。文案寫著：「建築師的精煉，您的創造。」來自奧諾娃公司（座右銘是：「讓『假如』成真的所在」）的 X Quest 壁紙，廣告上有個戴高帽子的男人，胸部以下似乎泡在一座湖裡。他正走向一片從水中出現的複雜花紋方形物中，看似古代的寶藏或外太空遺跡。廣告上提出一個問題：「漂浮在宇宙海裡嗎？放眼一片新天地。您想像不到的各種壁飾，就在您的眼前。」

許多這類的廣告，將居家裝潢與高檔藝術結合起來。家具製造商道芬（Dauphin）的廣告中，是兩張看起來很藝術的椅子，放在一幅椅子畫的旁邊（如安迪‧渥荷／Andy Warhol的康寶濃湯畫），文案說：「人生如藝術。」Donghia 是家具、織品和壁紙的製造商，廣告中有各種漂亮的紡織品，堆在一隻芭蕾舞鞋上。B&B義大

利家具（「超越時代、無上珍貴」）廣告上有兩張非常典雅的現代桌子，寫著：「品質、和諧與現代生活的選擇。」Bombay Sapphire琴酒畫了一只馬丁尼酒杯（這真是藝術之作），馬丁尼裡是美麗的花朵，文案說：「請注入無價之物。」

職場與校裡的創造者

　　在職場上，創新的能力特別被看重，只因為我們在一個如此競爭又變化萬千的時代。各個領域無時無刻不在創新。同時，科技的進步為這樣的情形提供無盡的資源。Homestead.com的廣告上，陶藝師父沾濕的雙手正在捏塑一個瓶口。陶藝師說：「在你所有的偉大創造中，個人網站將是最容易的一個。」德州儀器公司（Texas Instruments）宣傳數位訊號處理器，廣告詞是：「讓聲音滿足影像滿足語言滿足你的想像力。」照片是一位正沈迷在鍵盤上的女子。

　　利貼（Post-it）便條紙因錯誤而被發明出來，這個故事已經變成現代的創意傳奇。秘書們為那些已經不夠黏的膠水找到了一個新用途，而這項嘗試也因此而名留青史。大型筆記利貼（Post-it Self-Sticking Easel Pad）的一則廣告說：「就像是吃了類固醇的利貼。」接下來以較小的字體寫著：「你正在開會，在筆記本上寫下你的點子。但當你要找大頭釘或膠帶時，一切就嘎然而止。除非你用的是筆記利貼。」利貼會自己黏在牆上，吸力夠強。佳能（Canon）Image Runner 600挑戰消費者「你能想像在自己的辦公桌上就能製作出兩百頁的三孔文件嗎？」當然，你現在做得到了。Kinko將自己的事業定位在支援消費者的創意，其座右銘是：「自我表達」。其寓意是，Kinko的工作就是幫助你自我表達。

　　Palm Pilot利用藝術家與成功人士拿著Palm的照片來行銷這個

產品，幾乎馬上打開知名度。在那些廣告裡，這家公司不只是在推銷Palm Pilot和其功能，也是在推銷藝術生活的迷人。其中有一則廣告請來凱薩琳‧海恩絲（Katherine Hennes）這位織品設計師。文案（秀出地址簿）：「我最欣賞的織工和刺繡師父；我在藝術學校的朋友。」（秀出行事曆）：「高級訂製時裝秀，周一，上午九點；與麥克斯共進午餐，周五，下午一點。」（秀出記事本）：「春夏流行的初步想法；待看的小說。」（秀出待辦事項）：「與設計師會面，更新：工作室新計畫；在雨季來臨前種下球莖。」（秀出HotSync）：「讓Palm Vx和電腦同步、備份資料，只要輕輕一按。」這個作法造成有趣又高度的區隔作用，與一般的科技和特定商業工具多以常見的統治者影像來廣告，作法正好相反。

　　我們能有多少創造力？想自己製作迪士尼電影？這則像是新聞的廣告，主角是麥特和丹‧歐唐尼爾（Matt and Dan O'Donnell）這對雙胞胎，他們曾創造出一套稱之為「墨西哥」的軟體，這套套裝軟體可以幫助創造有生動光影和面部細節的動畫。該廣告引用麥特的話：「演員會回應舞台指導……你創造了一個模特兒，你說：『史諾基：走向船長那裡』，電腦便會輔助後續的動畫。」

　　當然，我們都希望自己的子女有創造力。蘋果電腦推銷其iMac的廣告，就是強調iMac和數位攝影機的相容功能：「現在，學生和教師都能以前所未有的方法來說故事──將課堂外的經驗鮮活地重現在課堂上。最棒的是，它非常簡單。每個人都可以是導演。」Crayola（可樂拉）是一個創造者品牌的代表，其中一個廣告是一盒蠟筆，在削筆機旁有一段文案，寫著：「內建的心靈削筆機。」文案繼續解釋：「研究顯示，兒童在成長過程中若接觸藝術，將來的SAT測驗得分，口語成績平均將高於五十一分、數理高於卅八分。這就是創造的威力……就從這裡開始。」（有一盒蠟筆）。為鼓勵父

母提供彩繪的機會，這個品牌兌現其創造力的承諾，廣告中常常室範各種彩繪勞作——例如將父親節卡片剪成手臂和手的樣子。廣告保證：「屬於老爸的瘋狂日：不是蛋做成的蛋料理！優格作成的咖啡？藏在卡片裡的擁抱。我們有許多驚喜又瘋狂的方法，讓你說聲：『父親節快樂！』」

家樂氏（Kellog's）發現，麥片粥（加進泡軟的棉花糖和瑪琪琳）是許多小朋友學會的第一道烹飪。為了強化和創意的關聯，家樂氏針對學校舉行食譜雕塑比賽。1998年的金牌雕塑是「六呎寬、三呎高的珊瑚礁與相關生態系模型……從三十餘州、六十五個學校中脫穎而出。」

創造者品牌：「芝麻街」

很少電視節目能夠撐過第一季。但備受好評的「芝麻街」可不是如此，現在已經進入播映的第卅二年，成為全球最知名、最受尊崇的品牌之一。現在這個時代，比「芝麻街」剛推出的時代更為競爭，但全球仍然有數百萬兒童在收看，這個節目已經獲得七十六座葛艾美獎（比史上任何節目都多！）和八座葛萊美獎。到底這個點子是如何持續，並且不斷發展的？

「芝麻街」的成功，相當程度是因為這個節目有強力的學習方法，審慎開發出課程內容後，再以創造者別具吸引力和創新的表達方法，將這些課程付諸實現。

每一集「芝麻街」都是根據一套複雜、整體的課程，其目的是支持兒童認知、社交、情感和體能的發展，教育專家和研究員每天和編劇與製作人攜手合作。很顯然的，如果沒有這些教育性的研究，它就只不過是另一個兒童節目；而同時，這些用心良苦的專業

教育，也可能變成無聊的課程，使得學齡前的小孩寧可去玩他們的娃娃和玩具。但「芝麻街」的概念呈現方法別具創意：在這一條街上，主角住在垃圾桶裡，另一條街則像吸塵器一樣會把餅乾吸走，明星主角中有一個是八呎高的大鳥，節目裡有一個連續性單元，叫做「怪獸劇院」。在有關太空的特別系列裡，老牌的東尼・班奈特（Tony Bennett）打出「登上月球……」，也因此即使我們看到伊薩克・帕爾曼[2]或別的名人與芝麻街布偶（Muppets）高興地蹦蹦跳跳，也就不會太驚訝了。就如同芝麻街企業公關主任蓋爾・大衛（Gail David）所說的：「真是太神奇了，每件事可以這麼地合理、又這麼地快樂。」

　　「芝麻街」本身，正是創造者品牌創造過程和誕生的最佳例證。瓊安・甘茲・庫妮（Joan Ganz Cooney）是「芝麻街」的創始人之一，她在即將出版的文章中寫著，在1966年三月的一場晚宴談話中，「芝麻街」的點子首度蹦出來。庫妮當時是紐約市當地教育電視頻道WNET的紀錄片製作人，她和羅耀德・莫瑞斯特（Lloyd Morrisett）說著話，莫瑞斯特當時是紐約卡內基企業（Carnegie Corporation）的副總裁。兩人非常興奮地談到要做點什麼嘗試，以開發電視作為教育媒介這項尚未為人所發掘的潛能。因此幾天後他們又再度碰面討論。莫瑞斯特一直對兒童認知開發非常有興趣，身為兩個幼子的父親，他曾經驚訝地發現，他們會注意電視的測驗模式，等待卡通登場——這是當年缺乏適合兒童觀賞的高品質節目的情形。庫妮一直很關心貧窮、人權和貧窮所造成的教育缺憾等問題。這場晚宴的談話對雙方都有如當頭棒喝。庫妮現在回想：「我突然發現，我可以把餘生用來在第十三頻道做一點紀錄片，但這對真正有需要的人卻毫無影響力；或者，我也可以運用電視來幫助孩子們學習，尤其是弱勢的兒童。我突然把一切都看得非常清楚，就

好像聖保羅示現一樣。」兩人合作，加上對電視可成為兒童生活正面力量的這股信念，兩人認定他們的教育課程可以以新鮮、貼近的方法來呈現。

　　當時是60年代，一個「歡笑」的年代，也是一個偉大創意在電視上、在廣告裡都通行無阻的年代。庫妮發現，小孩子尤其著魔於剪接快速、怪誕形式的電視廣告，廣告歌學得比ABC還快。她不介意利用當時普遍的感情，想要將電視導向對學齡前兒童有益的方向。她在《紐約時報》（*The New York Times*）上說明這個節目的立意時說：「傳統派的教育者可能會不贊同，但我們將以更快的節奏剪接這個節目，比任何兒童節目的節奏都快。孩子們喜歡廣告和踩到香蕉皮滑一跤的幽默、標新立異的影音技術……我們必須以孩子能接納的方式，來灌輸我們的內容。」

　　創意的夢幻隊伍成軍了，最後包括了吉姆・韓森（Jim Henson）和他舉世無雙的芝麻街布偶；喬・拉波索（Joe Raposo）這位天才作詞作曲者；傑夫・摩斯（Jeff Moss）這位優秀的年輕編劇；擔任這個節目製作人和導演長達二十六年的瓊・史東（Jon Stone），以及一群陣容龐大的研究人員，包括蓋瑞・李瑟（Gerry Lessor）和艾德・帕默（Ed Palmer）。但除了這些天才的組合之外，還有自始即主導一切的概念──追求真實與創新。

　　在回顧節目〈芝麻街，未鋪柏油〉裡，瓊・史東回想道：創造者們「不想要再多一間俱樂部、寶庫或樹屋……於是我便提議，這是一條真正的內在城市之街，因此我們要以真人帶來人氣。」

　　這項任務中出現的創造者原型，主要是因為這個節目被視為一項宏大的實驗，而且一直都是。可以說孩子也是原始的演出指導。舉例來說，一開始考慮將布偶放在另一個獨立的單元，而不是有真人角色出現的地方，這些小孩才不會搞混；但調查顯示，兒童在布

偶出現時最為投入，因此布偶就整合到真人的演出當中。在這個節目裡，不只鼓勵幽默感，甚至根本就是必要的。根據「芝麻街」監製亞林・薛曼（Arlene Sherman）所說，純粹的喜劇一直都是其創造力的重要元素：「當外界要求我簡單形容什麼是『芝麻街』時，我總是說，這是一部育教於樂的喜劇節目。我們有電視圈最棒的喜劇編劇幫我們寫劇本，這就是為什麼我們能成功的原因。」研究人員也受到鼓勵、甚至是被要求，要利用機會去創新。

創造者搞笑的意願，展現在以下的單元裡：蟲蟲太空總署（Worm Air and Space Agency／WASA）要找出五種外型適合且又是國際知名的蟲蟲，以便送到月球上去（而這些蟲蟲還必須有正確的曲線！）；有一隻自以為是蟲的雞混進了太空船；有一位農夫預知將有暴風雨，因為他的羊稍早跳了一段恰恰；大鳥聘請首席動物建築事務所「豬豬豬」（Pig, Pig & Pig），並且由全球知名的I・M・豬先生（I. M. Pig）領軍，為他的巢提供改建建議。據說，韓森和史東的點子有時實在太天馬行空了，以致於常要和研究人員角力，因為研究人員的責任就是要讓課程維持正軌。

但是在奔放的創意和「芝麻街」教育工作間，出現建設性的角力，正是這個創造者品牌成功的核心。芝麻街研究中心副總裁羅絲瑪莉・楚格莉歐（Rosemarie Truglio）形容，在每次討論腳本時，就像是一場溫和的拔河，編劇興奮地描述有趣的新劇情時，研究人員就必須痛苦地指出一些修正，以確保兒童安全、排除負面角色、建立學習的基礎等。然而，合作是非常快樂、成功的，其原因就如楚格莉歐所說：「我們尊重對方的專業，我不是喜劇作家，所以有時編劇們會想教我一些『喜劇入門』，但我不覺得被冒犯。我尊重他們的才華。相反的，我確實了解兒童，所以有時是我在教他們『兒童發展入門』。我代表了兒童的聲音。」

結果很有效。學術研究顯示，在學齡前三年裡定期收看「芝麻街」和其他兒童教育節目的兒童，在各項標準評鑑上，表現都比較好。另一項研究顯示，即使到了高中，曾定期收看教育性節目的兒童，在英文、科學和數學的表現上，比起偶爾或從未收看的學生而言，平均成績都比較高。這些研究都針對了父母教育水準、收入等選項進行控制。

質的調查也證明，收看「芝麻街」還有一些其他的正面副作用。看來這個節目在許多複雜的層面上都能發揮作用，即使是學齡前的兒童。觀眾會形成一種特別的意識形態，一輩子都記得。「芝麻街」的第一代觀眾——也就是看原版節目長大的人——常常記得，他們第一次遇見和自己完全不一樣的人，就是透過「芝麻街」。舉例來說，芝麻街可能會讓他們第一次認識非裔美國人（他可能頂著一頭像靴子一樣的大蓬蓬髮型！）或者，他們可能在理解什麼是「另一種語言」之前，就透過芝麻街學會以西班牙文算數。母親或其他照顧者在陪著孩子一起收看「芝麻街」時，常常會碰到一些與當時事件有關的指涉，讓學齡前的兒童和母親（或者其他照顧者）都能會心一笑。「芝麻街」宣稱：「這個節目是由『三』這個數字和『Ｑ』這個字母所呈現給您的」[3]，突然之間，這個世界變得多美好。

今天，這個節目已經度過第三十二季，逐漸發展到要更強調藝術和音樂——不光是藝術和音樂本身的技巧，而是作為協助兒童學習和競爭的工具。例如，在即將播出的一集中，龍捲風將襲擊芝麻街，大鳥非常傷心，因為他的巢已經在風暴中毀於一旦。社區其他成員安慰他，有點幫助，但真正的支持來自於，有人建議，如果大鳥真的這麼懷念他的巢，就該畫一張圖。他的畫不只能安慰自己，也是一個計畫。如果巢可以畫下來，就能重新建造，這也就是教導

小孩子，不只是對抗，更要學習如何因應逆境。

在今天這麼複雜的世界裡，成人生活的問題已經開始滲透到兒童的世界，這麼美好的創造者品牌能繼續提供如此豐富、具參與性的方法，讓學齡前的兒童學習、成長，實在是美事一樁。

創造者組織

創造者原型的組織文化，是一個藝術家的集合。人們要求有表達創造力的最大尺度、最小控制。組織架構的功能則是提供一個促銷、開發和行銷藝術作品的空間。尊嚴來自於對創造過程重要性的集體認同，這樣才可以避免大家同時一起往市場靠攏。一般而言，長期性的品質比一時大量銷售更重要。最好避免削價競爭，因為員工們會認為這是在玷汙他們工作的重要性。

創造者組織可見於藝術、設計、行銷和其他需要高度想像力與「突破框限」思維的領域。員工合理的自主被視為是創造過程中極重要的一環，所以員工常常要控制自己的時間和完成任務的方法。穿著風格和行為規範可以是花花公子式的，也可能只是不拘常規，員工可以自由在行為上表現自我。只要交出高品質的產品成果，自由永遠至上。

許多公司會強調他們的創造力，或拿他們產品的品質和你在高級藝術中所見的品質相比較，從而重新定位公司，不管他們是不是具備真正創造者組織的特色。以Saab汽車公司為例，它為其敞篷車推出一支廣告，以大字體宣稱：「Saab　VS. 韋瓦第」，詢問消費者：

　　一輛車能和樂曲比美嗎？韋瓦第（Antonio Vivaldi）

的四季協奏曲是你最好的測試。第一部「春」從高音而下，如自由湧入。「夏」隨之而來，呼喚著道路一起嬉戲。渦輪引擎證明同儕無人能及。快轉到「秋」，充滿空氣動力的車身讓風也無可奈何。「冬」繼而復仇，前輪驅動回應；三層隔離車頂、暖氣前座、暖氣後窗，都盡職盡責。韋瓦第樂逢敵手。音樂繼續飄揚。

巴爾的摩房地產公司（Baltimore Estate）為其房屋、花園和釀酒廠打廣告，廣告上有座華宅，還有一排文字：「從油畫到巨作……永無止盡的神奇。」說明文字寫著：

他從一片空地起家。因為藝術眼光，他栽種了樹林、公園和農場。然後喬治・凡德畢特（George Vanderbilt）興建了一棟百年大廈：巴爾的摩之屋（Baltimore House）。從雷諾瓦（Renoir）到巴里（Barye），從惠斯勒（Whistler）到杜爾（Duer），他以各種大師巨作：繪畫、雕塑、書籍和帶有幾世紀藝術品味的家具，增添這座華宅的神奇。歡慶。……今夏，在巴爾的摩，我們為重新裝修的客房揭幕，稱之為藝術家套房。」

較含蓄一點的，Serta（「我們生產全世界最棒的彈簧床墊」）有一則廣告，顯示一張床墊放在一間漂亮、華麗的房間裡，靠著一張大開的窗戶，窗外則有一彎新月。你從一面鏡框裡看到上述一切，因此就像是在看一幅畫一樣。廣告下方有一行字：「有時，『美好的夜晚』似乎仍不足以形容。」

摩凡陀錶（Movado）把它的錶定位為藝術品，並廣為宣傳該公司對藝術的貢獻。有則廣告是芭蕾舞者在街頭跳舞，與一只可愛的

手錶並排著，文案寫道：「推動藝術形式」。廣告還說：「六十年來，美國的芭蕾舞團一直以全球芭蕾界最先進的編舞家、設計家和舞者，讓全球觀眾大為讚歎。Movado很自豪十幾年來都是美國芭蕾舞團（American Ballet Theater／ABT）的最大贊助者。」這則廣告接著又將公司自己的藝術與芭蕾結合在一起：「在Movado的歷史上，一直都以創新著稱：有九十九項專利、兩百多個國際大獎；更在全球五大洲榮獲各大博物館收藏。」這是個創造者原型品牌的重點，則是到了最後才以更大的字體點出：「Movado錶在全球各大博物館的永久收藏館中展出。」

　　這類廣告孕涵著更大的寓意，即創造者組織不只是要看似藝術的作品，而是要真正具備藝術。在過去，能帶給這類公司靈感的比喻通常是交響樂團，公司內每位成員要跟隨著指揮（執行長），才能與其他成員奏出最和諧的音樂。最近，爵士樂的即興演出方式已經影響到經理人和組織發展專家，提供了另一套能讓音樂保持合諧的模式──領導人可以視必要更替，成員們彼此之間的連繫也很緊密，他們知道何時該先發，何時該後至。在創造者組織裡，錢的重要性比不上美麗。整體而言，為公司工作的經驗、產品的品質，都要滿足重要成員的美學感受。那麼，一切就都沒問題了。

對創造者行銷

　　有誰會想到，就在女人群起湧向職場時，女人在家庭裡的傳統創造力，竟能建立起一個王國來？女人似乎已經拒絕為家庭宴會製作精美創意的中心裝飾、為耶誕節裝飾家裡、或花一整天煮飯料理。然而，瑪莎‧史都華直覺地認為，家庭的創造力依然健在。事實上，成功的大道就在抓緊壓抑已久、但火力依舊的原型潮流。你

要做的只是搧風，然後你就入對行了。瑪莎·史都華抓住這股潮流，創造了一個產業。她不只教女人如何在室內藝術上獲得成就，現在還有一整套的生產線。結合創造者原型，帶給她的產品一種高級感。甚至她還為K-Mart設計了一整條生產線，因而提升了K-Mart的形象。

真相是，男人和女人都喜愛能幫助他們釋放出心中創造者的品牌。這種結合關係，和這個世界如此失控有關。在最明顯的層次上，人們知道他們必須不斷地創造、創新，才能跟上時代腳步。在較深的層次上，創造的過程需要專注的能力，才會帶來控制感。當你在創造某樣東西的時候，你是完全沈浸在其中的。在過程中，你將色彩、音樂、資料、或者任何東西，組合成一個架構，而這也讓你得到控制感和快感。人生變得愈難以控制，人們就愈渴望創意的出口。當一個失戀的男人創作出十四行詩後，便會覺得好過一點；被上司臭罵一頓的女人，回到家中會縫製一件漂亮衣裳。這麼做可以治療他們。沒被球隊選上的青少年，回到家裡畫了一套卡通動畫，會覺得好滿足，不必再在意球隊了。任何的藝術工作都能滿足人類對形式和穩定的欲望。

藝術也能培養自尊。人們的創作是一面鏡子，映照出他們自己。當他們看著自己的創作成品時，他們便更肯定自己，因為他們做出有價值的東西。如果行銷時也能讓顧客參與，一起創造產品，將是聰明的做法。你的顧客是創新的專家，你可以常常以電子郵件和他們聯絡。看看他們的回信，當他們的想法有所供獻時，也不要忘了給他們回饋。

今天，品牌建立定位的速度是非常可觀的。所有的元素——設計、生產、行銷——都必須發揮極致的創造潛能。雅尼姿卡·溫格勒（Agnieszka M. Winkler）在《極速品牌》（*Warp Speed Branding*）

你的品牌若具備下述特點之一，創造者的原型或許可作為一個
適當的定位：

- 你的產品功能鼓勵自我表達、提供顧客各種選擇，協助他們
  創新，或者你的產品有藝術的設計。
- 屬於創意的領域，如行銷、公關、藝術、科技創新（如軟體
  開發）等。
- 你想要做點區隔，不同於「為顧客打理一切」、沒有太多選擇
  的品牌。
- 當DIY可以替顧客省錢時。
- 你的公司有創造者的文化。

中說明，對今天大多數的品牌而言，必須在設計產品的同時就考慮
到行銷策略。設計、行銷和生產團隊，必須不斷地互相溝通。這個
新世界所需要的創造力，會使階級和精心策畫的會議消失於無形。
新的、更集體的策略，需要所有相關成員感性的智慧、更棒的溝通
技巧、彈性與即時的決策，並且安於固有的模糊地帶。

　　此外，行銷人員也必須了解，他們是處於藝術的事業中。舉例
來說，我們都認識一些老在惋惜未拍出好片的廣告人。我們認為，
影片的編劇、編曲、作者和導演、視覺藝術，以及其他藝術領域的
人，都是以非常實際的方式在創造文化。除了宗教以外，藝術也能
夠發揮它的動力，創造出社會的集體意義。然而，今天我們必須承
認，各種形式的商業傳播，已經變成一種藝術形式，徹底影響著我
們的文化。人們可能永遠不會走進博物館、不會去聽音樂會、或者
看戲，也可能不會去讀好詩或小說，但每個人都會接觸到商業傳
播、行銷的訊息。今日，廣告裡蘊含的關懷和品質，數量大得驚

人。所有廣告都是精心設計、大手筆投資的。

　　如果你願意把廣告和其他行銷傳播當成一種藝術形式，你就會了解，今天，行銷是我們所處社會的一股重要影響力量。以創造者原型來行銷，需要我們能接受這個動機，並盡可能了解，影像、符號和故事在集體心理層次上的影響。至於藝術，這樣的認知就不需要盲目樂觀的影像。生命的整體，不管正面還是反面，都可以反映到藝術裡。藝術真正需要的，是我們要負起責任，釐清自己的價值，進而了解所有與促銷產品相關的關聯，並以有力而藝術的方式來表現這些價值，讓我們在銷售產品的同時也讓社會變得更高尚。藝術向來有此能力。廣告現在也做得到了。了解這樣的可能性，可以使這一行業及其從業人員更有尊嚴，把自己定義成當代的主流藝術家。

---

1 [編注] 勝家公司便是以其創辦人辛格為名，只不過Singer台灣分公司與代理商將中文名稱取作「勝家」，但為求譯名貼近英文發音，故人名的部分仍作「辛格」。

2 [編注] Itzak Perlman，當代最傑出的小提琴家之一，自幼便罹患小兒麻痺。

3 [譯注] 三Q即謝謝（thank you）的意思。

15

統治者

座右銘：「權力不是一切，而是唯一。」

　　當你想到統治者原型時，只要想一想國王、王后、企業執行長、總統、萬能媽媽，或者任何帶著命令、權威態度的人。如果是有權勢的人，就想想邱吉爾（Winston Churchill）、柴契爾夫人（Margaret Thatcher），或者任何大法官。比較一般的則是上司、爸爸，或者表現得有如天生統治者的媽媽。

　　統治者知道，避免混亂的最好方法就是取得控制權。天真者認為別人會保護他們，統治者並沒有這樣的信念。因此取得並保持權力，就是最重要的動機。對統治者而言，這是讓自己、家人和朋友安全的最好方法。如果你覺得王宮裡的擺設和環境都令人印象深刻又喜愛，那是因為這些東西是權力的配件。因此，統治者的環境是實質的、精彩的──想想那些有著大圓柱、占地廣袤的建築。所有的材料都要持久，暗示著沒有時空限制──就像花崗石或水泥、精細的鑲板和厚重的帷幕。

　　統治者品牌包括美國國稅局（IRS）、白宮、赫頓證券（E. F.

統治者

渴望：控制
目標：創造繁榮、成功的家庭、公司或社區
策略：發揮領導力
恐懼：混亂、被推翻
陷阱：擺老闆架子、獨裁
天賦：負責、領導力

統治者也可能是老闆、領袖、貴族、父母親、政治人物、負責的公民、角色典範、管理者。

Hutton）、Brooks Brothers服飾、微軟、IBM、美國運通（American Express）、高科技產品公司The Sharper Image、花旗銀行（CitiBank）、凱迪拉克、個人管理用品公司Day-Timers，以及大多數健康保險機構、老銀行、保險公司及高檔的法律與投資公司。老布希總統可以被視為總統型的統治者品牌，部分原因是預校教育，部分是因為他在競選時，強調其圈內地位和在政壇的長期經驗。統治者產品可能包括家庭警報系統、對講機、中央暖氣系統，以及草地自動灑水系統等。

當統治者原型活躍在個人身上時，他們會很高興承擔領導角色，盡可能掌握權力。考慮組織活動的最好方法、訂出策略和程序，會帶來一種自我主導和對世界的權力感，這種感

統治者的幾個層次

動力：沒有資源、秩序或和諧
層次一：為自己生活的狀態負責任
層次二：在家裡、團體、組織或職場發揮領導力
層次三：變成你所處社區、領域或社會中的領導人
陰影：專橫或操縱的行為

現代統治者廊柱式住宅，是在呼應古代
統治者的作法。

覺非常令人滿足。統治者也非常擔憂，如果他們不能掌權，世界可
能出亂子。你可能會想到希臘神祇亞特拉斯（Atlas）肩負著世界，
這就是統治者有多負責的印象。為了這個理由，他們通常討厭那些
擺出大砲、威脅要擾亂統治者苦心經營之秩序的人。

　　有高度統治者原型傾向的人，他們關心的議題是形象、地位和
名聲──不是因為他們很膚淺，而是因為他們了解這些外在表現可
以增加權力。他們的行為表現有著與生俱來的權威感，讓其他人自
然而然就會跟隨。統治者最高的境界，是受到幫助全世界的欲望所
驅策；最差的情形是，他們只想掌控、統治。

　　只要想想帝王、女王和總統，你很快就會發現，他們是為了維

持社會和平（如果他們失敗，就派出軍隊殲滅威脅），要建立和維持法律的規則，並且訂出政策和程序，讓愈多人能夠富裕發展。統治者這個原型，有助於個人變得更富有、更有權力，並且在他們的領域和社群奠定地位。

　　統治者原型喜歡階級化的組織，因為在這樣的組織裡，你的進退有據。你的角色由職務內容明確定義，會告訴你該做些什麼事。你知道誰對你負責、你的老闆是誰。你要管的人不該越級去找你的老闆，你同樣也不應該越級找大老闆。角色和關係是穩定的、定義明確的——直到或除非，有人真正改變他們的工作。

新的皇族

　　許多統治者品牌和廣告，訴諸我們每個人都想功成名就、位高權重的欲望。在遠古時代，帝王和女王不是被視為神祇，就是和神祇有些什麼關係。現代廣告有時會把成功和神祇結合在一起。Lotus有一則廣告，是一位女子充滿決心地走在街頭，看著報紙。文案寫著：「凡人只管人與錢，你管數千人的知識」。傢俱製造商Thomasville推出一則廣告，一張漂亮的沙發置於有著白色廊柱的走廊上，還有一座希臘雕像俯看著海洋。文案寫著：「為了引誘，神祇們常以凡人不能抗拒的形象出現（請小心接近）。」我們接著會知道：「Thomasville 將舒適、豪華和風格，帶進一個連全能宙斯都會羨慕的境界。」

　　鳳凰理財（Phoenix Wealth Management）的廣告，總是會出現戴著皇冠、女王般的女子。其中有些廣告裡，有位女子穿著全身帝王似的裝束，就好像她曾經在文藝復興時代掌權一樣。文案說：「有些人還在繼承財富；其他人除了自己賺之外，別無他法。好消

息是，我們大部分人都知道該怎麼做。一百五十年來，Phoenix將
嶄新方向指引給人們。我們知道，賺錢，和知道怎麼賺，這是兩種
不同的技巧。這是高淨值人們轉向Phoenix求助的理由。」Acutron
則呈現出兩隻手錶繞著地球轉的畫面。他們再次向你保證：
「Acutron已經登上月球，進貢給皇家，也跟著空軍一號[1]飛行。或
許也配得上您的手腕。」別克汽車（Park Avenue Buick）有一則廣
告，毫不客氣地將該公司的車與地位結合在一起：「在會議開始之
前，已經說明了一切。」

　　紐約的瓊斯（Jones of New York）向來將穿著該品牌服飾的女
性，描繪成自信、掌控、有權的人。你可以從她們的儀態上判斷她
們是重要人士。DKNY一系列連續廣告上都沒有文字──只有一些
成功男性在辦公。這一系列最後結束在「DKNY」四個大字上。照
片已經說明一切。哈特（Harter）以簡單的兩個字「從不」，推銷其
主管辦公室工學椅。

　　凡卡邦基金（Van Kampen Funds）的廣告上有一位小男孩，剛
走出一個塑膠的小游泳池，要去玩一個大汽球。廣告文案說：「皇
家之地，王子，皇家汽球。」雖然凡卡邦的服務是財務管理，但該
公司明白指出，真正的尊貴是對人生的方法，而不是你有多少錢：
「做對了投資，任何人都可以享受人生的真正財富……因為享受人
生才是人生的意義。」

　　許多慈善和公益組織也會訴求統治者的高貴義務。自然先鋒
（Heralds of Nature）是全國野生動物聯盟（National Wildlife
Federation）的社團之一，要求讀者「挺身而出。如果你身為全國野
生動物聯盟具影響力的自然先鋒一員，你要肩負領導角色，協助全
國野生動物聯盟，為野生動物在這個現代世界取得永遠的地位。」
除了幫助野生動物之外，你還會獲得「好處和特權」，包括各項活

動的「內幕報導」、「特別邀請」、「事前通知」等,「你的大名也會列在全國野生動物聯盟的年報中」。

富豪促銷其橫跨美國的四輪傳動車款的方式,是乾脆灌消費者迷湯,說他們就像這款車子一樣:「擁有權力的秘訣,就是要能有效地運用權力。再加上它們有力、渦輪推進的引擎,這些富豪汽車有聰明的四輪傳動,不只能穿越障礙,你還有避開障礙的選擇。所以如果你想要稍稍調節你的權力,歡迎來試駕。」貝爾直升機公司(Bell Helicopter Textron)也採用類似的手法,描繪了一個高大自信的男人,看起來像是某家大公司的執行長。文案寫著:「您的使命就是我們的使命。您知道如何成功,我們也知道。這就是為什麼我們要研發並生產最安全、最可靠的產品和服務。就像您一樣。我們都知道在正確時間抵達正確地點的重要性。無論如何,我們的目標也是坐穩高處。」

但如果別人不知道你有多重要呢?美國運通推出一則成功的廣告,其中,知名人士使用美國運通卡,如此一來,不管有沒有被認出來,他們都能享受到帝王般的待遇。其中一則廣告很精彩,主角是作家史蒂芬・金(Stephen King)置身於一座恐怖的老房子裡。他坦承,不管他是多麼著名的小說家,「當別人沒有認出我來時,我真是想死啊。所以,我不再聲明我是寫《嘉莉》(Carrie)[2]的作者,我帶著這張信用卡。」他說,沒有美國運通卡,「人生就有點可怕了。」當然,美國運通最為人津津樂道的廣告,其中一支是以鮑伯・杜爾(Bob Dole)為主角,他在家鄉受到熱烈歡迎,直到他想要以現金付帳。這裡的訊息很清楚:如果你想受到好待遇,就拿出你的美國運通卡。OneWorld也有類似的說法,這家公司代表了幾家大型的航空公司,提供顧客進入許多機場貴賓室的服務。一支廣告裡,一位外貌高貴的商務人士說:「有些人從來不在意有沒有貴

賓室。你也是其中之一嗎？」顯然，你不是，所以他們建議你，趕快加入OneWorld才是明智之舉。

雖然我們認為捷豹（Juguar）整體上應該算是情人品牌，但其一則廣告卻直指地位是人們購買該車的主要動機。這支廣告將捷豹定位為「適合追求權力、表現和別人羨慕目光者」的車。在另一個廣告裡，Lincoln Navigator被鮮活的落日和「豪華享受」幾個大字所環繞著。水晶海上假期（Crystal Cruises）則是一位穿著黑西裝的侍者，還有一排字「掌管每個細節的大臣」。這家公司承諾「為您服務……我們照顧您每一個欲望。整個2000年，我們獨一無二的友善服務風格，將登陸歐洲及全球各大城市，隨侍您左右。」

華盛頓大學（George Washington University）自我定位為統治者的學校，他們說：

> 威廉·傑佛瑞·柯林頓（美國前總統）搬進街角那去了（白宮），全世界的媒體將華盛頓大學視為其總部；前總統隆納·雷根在接受華盛頓大學醫療中心救命的治療後一年，回到華盛頓來接受榮譽學位……全球重量級人士出現在校園裡，幾乎是華盛頓大學的例行事件，因為我們的鄰居是全球最有權力的美國和跨國企業、組織和辦事處，也因為這所大學享有特別的全球聲譽。

這裡暗示的承諾是，如果你上這所大學，你也會成為成功的重要人士。

盡在掌握之中

統治者是掌權、主控之人。基本上，他們被形容為非常負責任

的人，可以巧妙應付許多重要的任務。統治者的產品可以協助他們
以適當的方法管理，也能再次肯定顧客的權力和地位。NEC的投影
機廣告，就是投射出的幾個大字「統治這間會議室」，廣告文案
說：「有各種光學鏡片，你就能進行各種想像得到的產品說明」。
Saab（廣告主軸有些搖擺不定，但大體上算是統治者品牌）為Saab
轎車推出一款廣告，上面說：「為了釋放你的情感，連控制也不要
了嗎？」這家公司再次向其高地位的顧客保證：「如果您開Saab 9-
5 Aero就不必如此」。惠普和英特爾推出的廣告，也是呼籲顧客要
「掌握」他們的電腦，就像他們掌握員工一樣：「如果你的電腦不
是你最可信賴的員工，炒它魷魚吧。當你的電腦當機時，你會更生
氣。別再接受『主機當掉』的藉口。是到了改變你對電腦穩定度接
受水準的時候了。要求更好的電腦。」

德爾菲汽車系統公司（Delphi Automotive Systems）承諾你，即
使你塞在車陣裡，你一樣可以控制一切：「當你塞在車陣裡的時
候，打電話給一家能提供你MP3隨身聽、電子郵件和上網設備的公
司。做什麼呢？上網。」相反的，www.autobyel.co.uk告訴你，你
可以「從自己的個人電腦上舒舒服服地購買你下一部車」。
PayMyBills.com的廣告宣傳「史上首見最強的付帳工具」，承諾：
「只有一件事比把帳單整齊疊在書桌上更好：一疊帳單整齊放在你
的電腦桌面上。」

你要如何聚積你的力量？部分可以藉由網路。Bizzed.com提供
資源給小型企業，協助他們增加競爭力。有個廣告出現一位自信、
微笑的女性。文案說：「參加專業組織——好；參加產業活動——
很好；將你的公司名片上網，與潛在的顧客和同事互動，參加大型
商展，即時得知產業新聞——了不起（Bizzed）。」

權力也是採取決定性行動的能力。MySAP.com的廣告上，一位

成功女性帶著筆記電腦，出現在機場。這是一段小故事，一開始是
這幾個字：「五個空位。二十五位焦急的旅客。一位帶著筆記電腦
的女士。剩下四個空位。」廣告繼續呈現：

> 莎拉・柏格（Sara Berg）遇上麻煩了。她的班機取
> 消，置身陌生的城市，非常渴望睡在自己的床上。所以她
> 就登入mySAP.com網站。只要輕按幾個鍵，就直接連上旅
> 客訂位系統，搶到下一班飛機的機位。再按幾下，她的消
> 費紀錄和旅行計畫也更新了。立即、便利、自動化……想
> 知道你公司裡的每個人該如何變得更有權力？請上
> www.sap.com/mysap，我們會告訴你如何辦到。」

　　如果權力這麼重要，那麼你可以打賭說，只要有一人成功，鐵
定會惹惱到其他較不成功的人。有些品牌會告訴你如何幫自己的成
功創造歡迎，並以某種方式再提升自我。《財星小企業》（*Fortune
Small Business*）雜誌就呈現一位女士，開著車，文案寫著：「她是
那種你會非常討厭的女人。有錢、成功，自己就是老闆。但只要把
她變成顧客，你就找對切入點了。」ThirdVoice有一則廣告，是一
位傲慢但美麗的女子，顯然完全掌握自己的人生，一排文字寫著：
「好奇我如何從網站上獲取所需？（提示：我並不搜尋）」當然，她
並不搜尋。她看來是如此女王氣派，自然是一切臣服到她腳邊。她
的秘訣？「我就用ThirdVoice2000，把整個網站帶到我眼前」。

　　接著是Advil止痛藥的廣告。一位非裔美國女性主管非常有威
嚴地在講電話。在她的照片下是一段文字：「我可沒有一個月的時
間。」統治者也沒有時間在電話上等待。所以赫茲金牌租車（Hertz
#1Club Gold）承諾：「來電不必等，別擔心。」

　　通常，統治者廣告對地位的強調不及對掌權、達成某種個人責

任的能力——對工作、家庭和自己健康的責任。Solgar Optein 健康飲料的廣告中，有位女子以堅定的決心在雨中慢跑。文案紀錄著她的一天：「帶狗散步，送小孩上學，與新客戶簽約，組織籌款者，送兒子參加足球練習，針灸，準備晚餐，等著每天的傍晚慢跑（在傾盆大雨中）。」現在，這名女性掌握了自己的人生，可能更像某種典型，而不像是真正的人了。

另一則廣告比較實際（推銷牛肉），一個媽媽洋娃娃被東扯西扯。廣告說：「能屈、能伸、全方位的現代媽媽。下場玩、找客戶，這些日子以來，妳什麼都得做。幸好，牛肉能幫妳找到長居高處的力量。」Post Shredded 麥片和《預防》（*Prevention*）雜誌推出一份女性手冊，介紹如何「平衡妳的人生」，提供秘訣，讓什麼事都有效。當然，這種手冊有他們公共服務的因素在，同時也使這個品牌定位在協助高成就統治者原型的人能繼續重擔一肩挑。

就和照顧者一樣，統治者是願意為社會整體福祉負起責任，把個人和各機關組織起來讓社會繼續運作。總統的首要工作就是要讓我們所有人都安全，在必要時指揮軍隊。葛林斯班（Greenspan）要注意經濟變化，在必要時採取行動。銀行家、企業領導人、工會領袖、警察、律師和社區領袖也都不斷做出政策、執行政策，以穩定我們的社會。如果他們把工作做好，社會就能成功。如果他們失敗了，社會也完了。

企業領袖受到神聖的託負，要讓員工、股東和顧客安全。整個產業都在幫他們做到這一點。Epoch 網際網路訴求著這樣的關切，廣告是一幀金字塔的照片，強調「法老王知道如何保護他的寶藏。貴公司不也該如此嗎？」這個廣告繼續說：「就像法老王一樣，我們了解保障寶貴資產的重要性。尤其是在主持公司網站的時候……當然，你的網站位於最高度安全的資料中心時，你的事業就有可能

成為世界第九大奇景。」同樣的，Iomega電腦保險公司也出現一個狂野的年輕男子，正抓著一台電腦。文案寫著：「如果張三砸了你的車，你有保險。但如果他砸的是你的電腦呢？」當然，如果有讓統治者恨得牙癢癢的事，一定就是他所不能掌控的改變：全世界第一支手持全球衛星電話和定位網路（www.iridium.com）的廣告說：「食物改變了，水改變了，語言改變了，至少你的電話號碼不必改。」

Driveway再次向你保證，即使你是邪惡帝國的頭子，它一樣會助你成功。它的一則廣告裡，某位好似外星帝王的人穿著一身黑袍，文案寫著：「自各地取得你的檔案，包括你在火山的秘密基地。」假設你在度假，希爾頓飯店向你保證：「商務要用的任何東西都在你手邊，包括CAIS高速網站連結。」

統治者自然和愛國情操有關。我們愛我們的國家，因為我們很驕傲她的法律、她的傳統。在感性上，我們愛她的程度讓我們願意遵守這些社會和文化的規定──成文與不成文的；我們共享對領導者的責任。我們變成良好行為的角色典範，也是維持現狀的力量。你可以想想，媽媽老是提醒你要做別人的榜樣。

Black Current Tango（黑潮探戈）汽水一直以尊貴的英國飲料來行銷（雖然事實上，探戈舞步源自阿根廷）。有一支非常有名的廣告，一開始是黑潮探戈的代言人揮著一位法國交換學生寫來的信，這位學生試過這種飲料，但並不喜歡。廣告繼續指出，這位學生不欣賞這種汽水，正是他對英國文化缺乏了解的跡象。代言人非常失望，他開始撕扯自己的衣服，怒吼著：「是的！黑潮探戈是味蕾的全新改變，是的，它是很強烈！是的，要有點膽量！我們也有膽量。法國人，瞧瞧我們！」廣告結束時，一群人揮舞著旗幟，代言人跨進拳擊場，準備要拿下法國、歐洲和全世界。

統治者原型不只是財富和權力。統治者是社會理想行為的典範。因此，專屬和品味是最重要的。

統治者風格的捍衛者：勞夫羅倫

勞夫‧羅倫（Ralph Lauren）和他的兄弟傑瑞（Jerry）在紐約布朗克斯區長大。當其他孩子到了迷熱門電影的年紀時，勞夫和傑瑞看的卻是蓋瑞‧葛蘭特、金格‧羅傑斯（Ginger Rogers）和佛烈德‧艾斯泰爾（Fred Astaire）的影片。當其他人在聽貓王時，勞夫和傑瑞只擔心艾拉‧費茲傑羅的蒐集不完整。當其他人還穿著緊身的黑棉衣時，勞夫和傑瑞已經為海軍領毛衣、卡其色的合身有扣襯衫所誘惑。他們夢想著普林斯頓（Princeton）和耶魯（Yale）大學，猜想在海尼斯堡（Hyannisport）的海灘丟下一顆球會是什麼情形，想像著如果看來神氣、又似乎絲毫不在意自己的外貌，會是什麼感覺。

勞夫一開始在Brooks Brothers服飾賣領帶，然後開始設計自己的領帶，最後，創造出公司的品牌形象。但外界較不清楚的是，勞夫‧羅倫細心研究「較好的人」的生活方式，讓每個人至少能過過這樣的生活。就像勞夫和傑瑞觀察讓蓋瑞‧葛蘭特看來如此自然流露高雅的每個細節，而現在各種身分的消費者，幾乎都可以從Ralph Lauren的每一個副品牌上，「學會」某種服飾風格，與更重要的——行為表現。最高級的服飾，有著紫色或黑色的Ralph Lauren標籤；Lauren，是舒適的富人穿著；Ralph，則是年輕和流行的品牌；Polo Ralph Lauren，就是高級的休閒服系列，最後，還有更平價的Polo Sport。透過這一系列副牌，Ralph Lauren呈現了「人生當如是」的一貫觀點——文明，有條理，永遠高雅。

　　人與地都配得上最極致的神秘潛能。鱈魚角（Cape Cod）活在我們對落日沙灘晚會的想像中，每個人都曬成古銅色，看起來好健康，領子翻了起來，孩子們赤腳在浪裡衝來衝去。如果這就是我們一直以來夢想的美好生活——這就不只是錢的問題，而是一種特權，讓你感覺在這個世界上還有一處安全地點；也是一種肯定，你正過著你最棒的生活，這是你一直希望如果有機會就一定要實現的生活。

　　勞夫‧羅倫也有最高層次統治者的責任。勞夫‧羅倫本人捐獻不少錢，修復原版的美國國旗，其中還包含了法蘭西斯‧史考特‧濟斯（Francis Scott Keys）的詩——當然，這首詩成為美國國歌的靈感來源。今天，在史密斯索南博物館（Smithsonian Museum）裡，你可以看到工匠辛勤地以手工縫製這些東西，這樣的努力，可能也出自於勞夫‧羅蘭對秩序、穩定和遺產的堅持。

　　在Polo Ralph Lauren，人們會開玩笑地說：「喝下KoolAid」——他們如此相信創業者的精神和價值，所以他們玩笑地猜想自己是不是會喪失觀點。但勞夫幾乎天天在激勵他們。每一次拍攝廣告時、或者當他首度視察某個新生產線的概念時，他的招牌問題：「有什麼故事？」我們要呈現給大眾的是什麼樣的情緒、感受和說法？員工們覺得自己也是故事的一部分。他們確實是的。

　　同時，勞夫也很篤定知道自己的故事下一步要如何發展。從某個意義來說，他解決了一個兩難困境：天生不是「銜金湯匙出生」的人，要如何學會富豪人家的社交高雅？不過現在這個問題可能改變了：我們要如何花時間享受美好人生所帶來的樂趣，但同時又不會忘記讓人生值得生活的價值呢？矽谷和西雅圖那些一夕致富的故事，正孕育出新一代的統治者，展現出較輕鬆的西岸風格與感性。常春藤風格是不是會轉型為全新的風格？

　　不管問題如何、不管答案為何，勞夫・羅倫是自我成就的統治者，他投下時間和精力，確使他的「王國」追隨者不會故步自封。他出馬帶領大家，加入他這段偉大的發現之旅。

統治者組織：美國政府和微軟

　　另一種統治者組織，常見於保險公司、銀行、管理和政府部門、專為主管設計辦公室產品的製造商，以及數不清的各種全球大公司。許多統治者組織都會設定標準，主導事情該怎麼完成。舉例來說，保險公司現在就管到醫療領域的管理照護，原型價值的衝突會造成醫療糾紛。醫療服務提供者的原型通常該是智者、魔法師或照顧者，因此，他們的價值，和那些常常告訴他們什麼能做、什麼不能做的公司是不一樣的。

　　一般而言，統治者組織的階級都很嚴明，有明確界定的權力關係，以及部門與部門間的相互制衡關係。權力愈大，表示犯錯後的代價也愈高。因此，所有決策都必須經過命令鍊一路往上取得同意。通常，會有一些政策主導一切，但意外情況也很常見，因為常常有許多規定並未充分整合。

　　這類組織的一個優點是，都很穩定、生產力高、秩序井然，並以適當的程序和政策讓組織運作順暢。然而，只有在環境不需快速反應或高度創新的前提下，這樣的組織才算適合，因為它們的行動速度都很慢。這類組織的通用貨幣是權力——對內對外都一樣。人們知道、也在意誰享有邊間辦公室。權力的些微差別也反映在人們的穿著方式上。在某些情況下，服裝是正式且保守的。即使是休閒場合，衣服最好也要能產生權力的氣氛，而且，一般而言，這些衣服的剪裁很傳統，顏色很保守，感覺卻很紮實。

　　當然，政治存在於每個組織裡，但在統治者組織裡，遵循政治是非常重要的旁觀者運動。如果這個組織並不是真正的獨裁政治，那麼衡量相關選民的利益會比較有幫助，就像政府所做的一樣。這表示，共識是可以達成的。有時候，制衡關係太過極端，同一件決策或報告可能要十幾個人簽名核可，這種過程會拖慢事情，但也提供了一個管道，讓各領域的經理人可以彼此協商，讓工作進展。

　　最典型的統治者組織就是美國政府，或者我們可以說，是任何安定國家的政府。公務服務保障員工的工作，所以員工會覺得安全。政府各部門的制衡主要是拖慢決策，以確使不致產生快速又有殺傷力的改變。在今天的組織氣氛下，即使是政府，都免不了要改變組織架構。每一部門的組織都已經不那麼階級化、會更有彈性、可以更快更即時做出決策。因此，「再造」美國政府的努力，將能削除中間管理階層、簡化決策、消除公文作業的層次，削減成本，工作更有效率，從而減少階級層級數。

　　現代版的統治者組織，可以在微軟的成長過程中看到。比爾‧蓋茲和保羅‧艾倫（Paul Allen）從駭客起家，但他們第一個大機會是IBM需要在新的個人電腦上加裝一套作業系統。蓋茲和艾倫買下另一家公司原有的系統，加以改進，與IBM達成合作關係，這使得微軟大蒙其利。IBM可以使用MS-DOS，但微軟擁有軟體的所有權，還可以將軟體使用權授權其他公司。結果，IBM每賣出一台電腦，就等於促銷了微軟。同時，微軟繼續開發作業系統，賣給所有和IBM相容的電腦公司。這完全是統治者的作風。他們也建立了業界的標準。結果是其他所有電腦公司都必須依賴微軟，以致於微軟的重要性終使IBM相形失色。後來，當微軟開發出視窗系統後，又再度套用老招。視窗Office系列整合的系統，對商業應用非常有幫助，很快就取得市場主導地位。微軟接著又說服主要電腦大廠預先

內建視窗系統，最終達成可觀的市場龍頭地位，卻也使得微軟招致
反托辣斯法。

　　微軟展現了統治者組織正反兩面的潛能。積極面是，微軟了
解，如果和市場其他夥伴合作，可以利用夥伴關係增加自己的好
處。簡而言之，微軟曉得如何玩商業政治。此外，當其他競爭者專
心銷售軟體時，微軟把重點放在產業標準上，後來也果然成功。如
果你想到許多國王女皇所擁有的帝國主義特質，你就不會對統治者
組織喜歡接收別家公司和別家產品線而感到訝異。統治者公司常透
過購併而成長。當然，其負面就是會因為壓迫競爭的科技，而成為
產業界的惡霸。一段時間之後，這樣的行為可能會招來代價高昂的
反托辣斯法案及形象上的噩夢。

統治者行銷

　　在舊經濟體裡，統治者機構常常視顧客為它們的「臣民」。除
此之外無他。但顧客本身也想當統治者。LiveCaptial.com有一支效
果很棒的廣告（「商業理財很容易」）就反映了這個情形。廣告一開
始是一個男人坐在桌子的另一端，盯著滿臉疑慮的銀行人員。文案
是：「A選項：你坐在這個人前面，解釋你過去兩年的生活和工作
值得一筆貸款。B選項：你上線填寫簡短的申請表，從各個貸款來
源取得財務協助。」當然，如果你的訴求是統治者原型，你總是要
讓顧客擁有權力。你絕不能想著要羞辱顧客。

　　統治者都喜歡控制，他們不喜歡別人告訴他們該怎麼做。微軟
推出一則廣告，讓顧客自己決定要不要在假期裡工作。你看到一艘
小船在一個美麗的日子出海去了，你只看到船主的下半身——他的
膝上型電腦、兩腿交叉的兩隻光腳丫。他看起來完全地放鬆，一排

大字橫跨全頁：「你現在擁有能在假期工作的科技。這是指你要做更多的工作，還是更常常去度假？……決定權在你。」不管是那一種，這張圖片都顯示此人輕鬆地享受他的生活，又能掌控一切。

　　在過去，公司的運作大部分看起來像是獨立存在。沒錯，他們需要供應商，他們也知道外面有競爭者，但在日常的運作上，他們採取自治。雅尼姿卡・溫格勒在《極速品牌》中，以一個很有說服力的例子說明，舊時光真的結束了。在一個全球化的經濟體系裡，國家必須承認他們彼此間的依賴。同樣的，公司也依賴所有和它有生意往來的公司。除此之外，溫格勒說：「這是一個愈來愈複雜的互動關係，有各種促成產品和服務的相關人士與品牌牽扯其中」，定義了決定公司如何運作（至少是理想上的）的重要生態系。她說：就以一個典型的軟體產品為例，

　　　　軟體可能必須要與微軟的視窗系統相容。要能適用所有的電腦品牌，而包裝上要載明Pentium處理器足以跑這個軟體。現在，把Pentium和Intel加到品牌效果上。我們已經有五個品牌了，還沒考慮到配銷和促銷活動呢。每個和我們品牌合作的品牌，都對這個品牌產生作用。

　　比爾・蓋茲實在是個天才，不只了解當前現實的潮流，也有充分的政治智慧，始終站穩優勢。

　　如果你經營的是健康保險機構（HMO），你會發現情形很類似。你的「生態系」包括隸屬於HMO的公司員工、你自己的員工、保險公司，所有為你工作的獨立包商（診所、醫師、實驗室）、政府保險委員會、政府與公司的退休制度，以及製藥公司——你還沒把病人算上呢！在這樣的環境下要做決策，就需要對生態系、你在其中的有利地位，有全盤的了解——也需要統治者有相當的政治手

腕，爭取各種相關團體的支持。很明顯的，你的品牌定位不只要對你的主要顧客起作用，對整體的生態系也一樣。

理想上，品牌應該對整個系統的健全有幫助，以確保必要的合作。現代生物學告訴我們，物種要生存，不只是必須成為一般認定的適者。事實上，那些能繁盛的物種，是因為他們在最有利位置上盡量放大自己的地位，並整體參與生態系中，能強化每一個人的施與受行為。溫格勒建議：

> 你的品牌策略、品牌承諾、品牌內涵、個性和人格，都必須考慮清楚，並且寫成書面，這樣才能傳達給所有相關人士知道。這是唯一能保護你的品牌，免受其他品牌關係的影響沖淡。你的品牌會隨著環境而成長、改變，但你的任務是確保品牌能繼續強壯和健全。

我們還要強調，你應該要確定你的品牌能繼續保持為真正有說服力、可被認識的品牌。

統治者原型的表現，隨著時間變化，從帝王變成政治人物，從絕對的地區統治到全球統治者間的互動依賴。統治者對我們生活的貢獻，也因為科技典範的改變——尤其是如我們已經看到的，在革命和生物科技上的改變——而經歷一場革命。在19世紀時，企業巨人想要不計代價取得市場龍頭地位，是有道理的；但微軟反托辣斯案告訴我們，如果過去曾經可以，現在也絕對不行了。一個品牌可以賺到多少錢、公司到底能有多大，並沒有極限。然而，品牌現在受到期待，要當地球的好公民。如果你想贏——以他人為犧牲——很諷刺的是，你可能會輸得很慘。這就像政治一樣：雙贏的結果是維持成功的最安全牌。偉大的品牌知道如何成為世界的好公民。

統治者的象徵如果在表達統治者的「超卓」特色太過極端時，

可能反會削弱統治者，變成一個笑話。一旦超貴的小皮包變成瘋狂
企業的狂熱時，有自我意識的高級主管們可能便會開始攜帶從
Land's End買的帆布包，或是休閒大背包。同樣的，Philfax也被更
聰明的Palm Pilot所取代——這玩意聰明地定位為創造者工具，而非
統治者的工具。在「Beamer」變成狂熱80年代的象徵時，許多車主
其實不好意思開它們上路，即使他們很喜歡這款車的操控感和架
構。這並不是說統治者的象徵不重要，而是這些象徵可能會引起一
些特別的感受。這個曾經發生過波士頓茶葉事件[3]的國家，只能容
許某種程度的明顯階級區隔。同樣的，西雅圖和矽谷的新統治族
群，非常有可能穿著卡其褲上班，而不是穿著來自Saville Row[4]的
高級西裝。他們展現了上流社會表達真正自信的新標準。

　　傳統統治者和其更貼近民眾的新族群，都認同良好制度的重要
性。因為這個原型堅持，如果沒有制度，卻想去管理意義，將造成
一片混亂、非常不安全。統治者要求決策必須照本行事。但麻煩的
是，大多數品牌決策都沒有真正有用處的「本」，能真正監督品牌
意義的演進。當你在執行本書的建議、為你的品牌安排一個具說服
力的原型定位時，很重要的一點，你必須要有一個架構，才能將原
型的意義傳達給所有相關人士、所有行銷顧問、廣告公司或其他參
與行銷決策的人。如果你再加上「生態系」的觀念，你會發現，你
的顧客比較不像是被說服來購買產品的消費者，反而更像生態系中
的組成分子。從這個角度來看，你的努力是在與他人象徵性的關係
中發展。在最基本的層次上，如果你的顧客在經濟上並不強勢，他
們可能無法買你的產品。在日常的基礎上，如果你的產品不能促進
他們的生活，他們不會繼續購買；如果你能一直努力了解你的選
民、理解他們的需求，你自然就能生產可提升他們生活的產品。他
們也會報以忠誠。統治者會告訴你，這不只是說說而已，而是大範

圍的力場轉移。

　　這也不是市場調查，詢問顧客他們要什麼。通常，他們都不知道。如果你真正了解他們，你會在他們知道自己要什麼之前就知道他們要什麼。盛田昭夫證明，一直到隨身聽出現後，人們才開始需要隨身聽。為了了解美國人，他努力社交，花很大心力了解他們在說什麼、做什麼。在過程中，他注意到美國人很愛聽音樂，也喜歡散步，大部分都很客氣，不願意公開播放音樂打擾到別人。盛田注意到，人們不知道要求這樣的隨身型錄音機，是因為他們根本不知道可以這麼做。

　　偉大的統治者品牌非常了解自己的人民，因此能預期到他們最深切的需求。了解原型，是一個有力的工具，能協助你穿透表面，找到看不見的、逐漸浮現的需求。

你的品牌若具備下述特點之一，統治者的原型或許可作為一個適當的定位：

- 有力人士用以加強權勢的高檔產品。
- 協助人們更有組織的產品。
- 提供終身保證的產品或服務。
- 提供的科技協助或資訊服務可以維持或提升權勢。
- 有規範和保護功能的組織。
- 產品屬於中高價位。
- 希望能與較普遍（凡夫俗子）的品牌有所區隔，或者是在業界有龍頭地位的品牌。
- 處於相對較穩定的領域，或在混亂的世界裡保證安全和可預期性的產品。

　　本書的第二篇至第五篇，都在幫助你了解，原型就像天上的星座一樣，能夠幫你在看似一團混沌的資料中，找出秩序和意義來。我們希望，到目前為止，你知道你的身旁（不管是電影、音樂、政治辯論、廣告，還有最重要的偉大品牌），有些什麼樣的原型。至於本書的第六篇和第七篇，將協助你把這樣的智慧應用到自己的品牌定位上。

---

1 [編注] Air Force One，美國總統專用座機。

2 [編注] 這是史帝芬・金第一部改編上大螢幕的小說。

3 [編注] 1773年，一群偽裝成印第安人的麻州居民，在波士頓海港將一艘商船上裝載的英國茶葉全部拋入海中，以表達拒絕付稅給英國的抗議。這便是著名的波士頓茶會（Boston Tea Party）所發起的波士頓茶葉事件，後來更導致了1776年的美國獨立革命。

4 [編注] 倫敦製作最高級手工西裝的一條街道。台語的西裝便是這個字的譯音：撒米洛。

第六篇

北極星

定位出你的品牌原型

　　古代的航海家利用星座指引方向，即使是在有了雷達和聲納的現代，飛行員依然仰賴地平線維持他們在飛行時的角度。而且事實上，引導差點毀滅的阿波羅13號太空船（Apollo 13）回到地球的，也是月亮。沒有固定、穩定的羅盤，我們幾乎篤定會迷失方向。

　　但常發生的情況是，即使是最有經驗的行銷人員，在嘗試管理品牌的意義時，也有身陷茫茫大海的感覺。因為他們缺乏任何可提供系統或架構的有意義方向或框架。常常，因為沒有指引的架構，他們便會過度補償，以複雜的形式和規格，嘗試抓住和表達品牌的意義——塞滿了說明式形容詞的「品牌金字塔」（brand pyramid）、強調意義核心層次的「品牌轉輪」（brand wheel）、多重品牌內涵或價值陳述——好像，一個費心的計畫就可以彌補品牌意義是隨便、任意規畫得來的事實。

　　但在組成目前常見之主要「意義管理」過程的「形容詞湯頭」中，還有另一種選擇。這另類的探索系統，使得發現最適合你品牌

的意義變成可能，也能長時間維持、培育和豐富品牌的意義。你要思考和探索的意義，是基本的、沒有時空限制的、舉世皆然的「參考指標」，就像星座或地平線一樣。它是清楚的、一貫的概念，不必任何的轉輪或金字塔來掌握或應用。它們會逼迫你做出選擇、擁抱一個理念、將你自己沈浸在這個理念裡，而不是被有關一大篇屬性或形容詞等無止盡、沒意義的辯論所困住。

　　本篇將：1. 協助你找出最適合貴品牌的理想原型；2. 探索利用虛構故事模式和其他有效述說品牌故事的方法；以及3. 提出個案研究，了解為什麼美國兒童慈善組織「小錢立大功」（the March of Dimes），能夠重新找到原型定位與貼近的故事模式，並據此建立具說服力的宣傳。

16

朝鮮薊

發掘你的品牌的原型意義

　　就像在吃朝鮮薊一樣，目標是要摘掉不重要的枝葉，直搗核心
——毫無爭議的核心品牌意義。你開始可以先認識一下第4至15章
所介紹的各種原型。然後再採取步驟，從新的透視鏡檢視你的事
業、你的品牌、你的產業類別、你的公司。這必能為你釐清和點出
品牌未來的規畫方向。如圖6-1所示，這五大步驟是發掘品牌原型
定位最重要的方法。

步驟 1：尋找品牌靈魂

　　開始時，先以類似考古挖掘的方法，發掘你的品牌最深層、最
基本的價值——其內涵或靈魂。把你自己當成品牌的「傳記作家」，
提出以下這類問題：誰創立的？為什麼？當時的文化大環境是什
麼？一開始的定位如何？這個品牌曾經最棒、最讓人津津樂道的宣
傳是什麼？多年來，消費者對這個品牌有什麼聯想？現在又有什麼

圖6-1

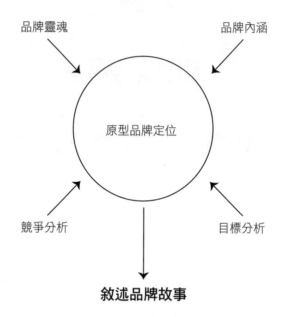

品牌靈魂　　　　　　　　品牌內涵

原型品牌定位

競爭分析　　　　　　　　目標分析

敘述品牌故事

聯想？品牌的內涵或價值中，有什麼能贏過對手？

　　就像傳記作家一樣，你要深入理性和感性的「紀錄性」史實，以及品牌的軼聞。

　　舉例來說，「品牌傳記作家」會曉得歐蕾這個大眾市場肌膚保養的領導品牌，其原始配方是由葛拉罕·戈登·沃夫（Graham Gordon Wulff）在1940年代於南非所研發出來的。公司的知識經由口頭第一手傳播，再由書面第二手紀錄。紀錄中，原始配方本來是當成藥用軟膏，要用來治療在二次世界大戰中英國飛行員遭燒燙傷後的脫水皮膚。這本來是一種「秘密武器」，但不同於戰爭的可怕效果，反而療效驚人，以致於被當成神奇魔法。當這項產品在1970年被李察森維克斯公司（Richardson-Vicks）取得、行銷後，最初，

管理人曉得不能以傳統手法銷售這樣的「秘密」，否則就會失去其特殊性。一開始，是以微妙、資訊性的平面廣告，取代電視黃金時段的廣告，理由是，他們認為這樣的產品應該由女性來「發現」，而不是你去「賣給」她們。每則廣告的內容都精心設計，以評論的型式登上許多雜誌。後來，當廣告進入電視媒體時，廣告裡出現來自全球各地、使用歐蕾的美麗女郎。但平面廣告仍維持女人對女人的親密性，其標題都是「妳在照鏡子時，是不是以為看到了媽媽？」這個微妙的策略是，要讓使用者覺得，當她和老公或家人一起看到這個品牌時，其「大眾」形象是美好的，但當她自己在看雜誌裡的廣告時，她和歐蕾卻分享著她們的「秘密」。

　　圍繞著這個品牌的視覺和口頭語言，也充滿了神秘的氣氛。最初的產品甚至不叫做「保濕霜」，而是在文案上被稱為「美麗秘方」。如瑪丹娜般的女子妝點著其商標。在廣告上，這項產品從來都不「供應」，而是「慷慨呈現」。剛進入這一行的人（其公司和廣告商），都必須閱讀歐蕾的「白皮書」，並以此為行為準則，白皮書中說明了這個品牌的特有歷史和文化。

　　早期那些強勢魔術品牌的行銷人員都了解、也會運用其品牌的獨特源起和精神、品牌的原型（即使他們並不了解原型的基本理論或真心認為歐蕾是一個魔法師品牌）。他們發現，他們面對的是魔法，而諸如煉金術這類魔法傳統，通常是很秘密的、只傳授給入室同修。

　　最近，福斯重新設計和推出金龜車，這項任務必定十分艱難。你要如何再現1960年代金龜車大成功時的象徵精神和內涵，而同時又能在新千禧之際賦予全新的特色？

　　原型或可指引方向。新金龜車的創造者杰‧梅斯（Jay Mays）現在領導福特汽車的設計部門，他最喜歡說，這輛車的設計概念就

像三個同心圓一樣簡單，只是再現、但重新註釋其較早的車款。但如果從原型的透視鏡來看其設計，我們發現新金龜車的「臉孔」看起來就像一個娃娃的臉——有一雙大眼、又高又平的前額。調查顯示，在動物和人類的國度裡，這一類娃娃的臉部特色、天真者的特質，代表著沒有威脅、這個東西需要照顧。因此在無尾熊、泰迪熊、米老鼠，甚至最近英國電視節目玩偶天線寶寶（Teletubbies）上，都可以看到這些臉部特徵。他們的臉都在全球贏得喜愛。

現在，這張臉，天真者的臉，在一輛特別的、迷人的汽車設計上被表現出來了。但這樣就能正確表達這個品牌了嗎？

若你以品牌傳記家的身分來回答這個問題，你必須要檢視原版福斯金龜車在那個年代所代表的深刻意義。一如我們先前已經討論到的，對許多身處反戰、反制度、環保熱情等種種陣痛中的中產階級大學生來說，汽車是一種禁忌——尤其是他們父執輩喜歡的那種高耗油、大得像客廳一樣的車種。但身為年輕的探險家，他們也必須出去闖闖。真是左右為難。接著，答案就來啦！小型、長相奇特、省油的汽車：「非汽車」。天真者。

今天，我們看看重現的金龜車，總會會心一笑。我們可能不清楚到底什麼好玩，但我們覺得，開一部這樣的車、擁有一部金龜車，一定很棒。因為不知名的原因，我們會想買一部原色的車子。我們身為消費者的直覺，雖然難以言喻，但我們很高興天真者竟然以這麼聰明的方法再現了。

當你在為一家公司或一個組織打品牌時，多走一步是明智的。花些時間評估組織的文化和價值。看看品牌或公司的「創世紀」。是怎麼起家的？創立者的核心價值是什麼？如果要針對貴公司拍攝紀錄影片，片名怎麼取？情節怎麼安排？

舉例來說，福特的起源就與美國裝配線生產工廠的出現，以及

娃娃臉上的一雙大眼和又高又平的前額，與泰迪熊、米老鼠和天線寶寶，甚至最令人意外的新金龜車的「臉孔」相呼應。

擁有汽車的可能性等因素有關。回顧起來，亨利・福特（Henry Ford）代表了一種美國民俗英雄，一種不斷將這家以他為名的汽車公司和對手相區隔的精神。另一方面，通用汽車的歷史就和美國的勢力和進擊有關，代表著另一種前進式的內涵。歷史和典範品牌並非不相關，他們是經過誕生的時代與地點的焠煉，最後，塑造了文化。

　　通常，發掘一個品牌深層的內涵或靈魂——尤其是當這樣的內涵與組織的價值一致時——會引導出一個非常真實、正確的原型定位，看起來好像不必再探究下去。但即使這就是正確答案，完成完整的五個步驟也是必要的。因為對內涵的解讀，在當代的脈絡下，必須夠貼近，也要有區隔。

步驟 2：尋找品牌內涵

第二步是分析，可以確保藉由「挖掘」所得到的原型定位，也具備和產品或服務有關的事實基礎——理論上，最好是實際的、現代的事實。舉例來說，許多銀行和存放款機構，都是源自於照顧者的機制。再回想一下《風雲人物》這部電影。片中，鎮上的居民都受喬治的銀行照顧，而他們也在銀行有難時，傾囊、傾撲滿相救。不只是電影上如此，在真實的生活裡，許多鄰里和小鎮的銀行，也都曾經和客戶在真正的信任和穩定基礎上，建立起溫暖而支持的關係。前參議員比爾・布雷德利（Bill Bradley）的父親威廉・布雷德利（William Bradley）就說過，他身為家鄉密蘇里水晶市的銀行總裁，最驕傲的成就，就是不曾在美國經濟大恐慌時查封任何一位客戶的農場或住宅——因為銀行和客戶會一起想辦法度過難關。

但如果銀行今日扛起照顧者的定位時，我們就必須探索這個概念的當代真實性。銀行和客戶關係的基礎是什麼？是真正的關係，還只是一連串的交易？銀行內部員工政策的特色是什麼？客戶申訴政策？如果信用一向很好的客戶突然間因為失業而貸款遲付時，會怎麼樣呢？

如果是照顧者定位，這就不會有什麼問題，即使它可能提供貼切或區隔性的傳播定位。另一方面，如果能誠實地探索銀行究竟能持續提供什麼，將可引導出其他同樣具說服力的象徵方法。

有時，這些實際或功能性的支撐點會比較明顯，又能與原型的定義相結合。例如，如果一項科技在文化上是全新的，就常會帶有明顯的「魔法師」特質，直到這些科技變得普及為止。想想當電話還是新鮮玩意的時候，或者電視、微波爐等等例子。早期的長途電話廣告——對人們來說，簡直就是太神奇了——顯然就是引用魔法

師的精神。立可拍也同樣做得不錯。舉例來說，柯達即可拍早期的一則廣告，就是一些小朋友，第一天上學，看來又興奮又害羞，然後老師來了，帶著一個立可拍，大家開始互相拍照，看著照片慢慢顯影。背景響起的音樂讓人聯想到魔法師的魔法（「突然間，你們就比以前更親近。」），我們也看到小朋友們開始對新朋友、新老師熱絡了起來。

實際產品本身也能提供有意義的線索。照顧者產品常常是緩和的、平靜的，就像熱巧克力一樣。天真者產品的架構通常很簡單，顏色多半是白色的，就像爽身粉一樣。亡命之徒產品可能會有一些「刺激」，例如墨西哥辣醬。魔法師產品可能是閃閃發光的、透明的、可以變化的。

當產品的特色並不能明確指出是哪一種原型定位時，仔細、深入的消費者調查就有其必要性，以發掘產品在日常真實生活中「產品固有劇本」的真相。這一類的調查不只是提供資料或資訊，而是要運用技巧、觀點和分析能力，去引導出真正的認識。

人類學的研究，是近一步了解人類真相的方法之一。採用文化人類學，這個方法需要研究者花時間對目標顧客本身的環境，進行觀察、互動、討論產品和對消費者整體生活的幫助等等。可能要花上幾小時、甚至幾天，但學習機會無限。目標顧客是怎麼裝潢自己的家？茶盤裡放了些什麼？家裡人什麼時候最緊張？什麼時候最放鬆？其成員的互動模式如何？家裡什麼最能表現目標顧客的價值？什麼是他們衝入火場也要搶救的東西？通常，這種貼近個人的觀點，會帶來許多令人意想不到的成果。

比方說，「芝麻街」這個受歡迎、受敬重的學齡前教育節目，當初設計是要吸引母親和其他照顧者、兒童收看，因為兒童電視工作室（Children's Television Workshop，現在的芝麻街工作室／

Sesame Workshop）調查的結果顯示，兒童在與父母互動下，看電視的學習效果更好。根據這個原則，製作人是以兩個層次在設計節目：針對小孩所精心研究的教育性娛樂；更聰明的另一層次，為娛樂母親而精心編寫的文化相關議題。

在焦點團體裡，母親和其他照顧者談到，他們和孩子一起收看時，都很喜歡這個節目，印證了這個長期堅持的原則。但當我們早上實地到一些人家裡觀察時，卻發現有點不一樣。當「芝麻街」節目開始時，忙碌的母親（許多人忙著送大孩子上學、或者自己也有事）覺得可以去做一些他們必須要做的事，他們放心把學齡前的孩子交給這個有品質的節目來照顧。他們可能偶爾探頭查看一下，可能看到節目某個片斷而笑了一會，然後又跑開了。他們在看嗎？算是吧。但這樣的表現是否就順應節目的認定，他們會和學齡前的孩子一起輕鬆坐在電視前面，從頭看到尾？恐怕不是。

從這些人類學觀點的研究觀察，可以引導製作小組和編劇重新思考這些內容該如何和大人產生相關性，而不只是純粹的兒童導向。這個節目的招牌智慧和大人式的世故，大部分都還保留著，但這些研究有助於解釋「艾爾摩世界」（Elmo's World）這個新單元為什麼大受歡迎。因為這個單元純粹就是為三歲的兒童所設計的。

另一項人類學觀點，是研究美國家戶晨間的情形，也可以導出對產品真相不同的了解。一家大型的食品廠商一直推測，女人上午一定忙翻了，所以他們就針對女性人口中的某一族群，集中火力推銷外帶式的健康「快速早餐」。為有助於重新定義這個產品概念，我們組成了一般的焦點團體，探查這些家庭上午都在忙什麼。然而，不只了解其內容，我們還請每一位女士詳細說明她每天早餐吃些什麼、在哪裡吃、怎麼吃。讓我們非常驚訝的是，不管這些婦女早上多麼忙亂，她所謂的快速早餐，其實是她最寶貴的寧靜時刻。

雖然可能只是三、四分鐘，也可能是在廚房的一隅而非餐桌，但我們所訪談的每位女性都說，她在享用貝果或麥片、咖啡的這段時間，是她整頓自我、振奮精神，為一天做好準備的時候。對於一位女性來說，她要提早起床，比全家每一個人都提早離開被窩，只是為了在早餐時能享有寧靜的一刻。我們問對了問題，又能細心傾聽答案，因而拯救了我們的客戶，不致於犯下大錯，能及時重新思考整個產品前提。

有些問題可能會進一步探索消費者和品牌間的關係，這些問題包括：

這個品牌的主要功能或價值，能夠清楚地傳達出來，讓使用者都明白嗎？

這個品牌屬於高度參與，還是低度參與的產品類別？

使用者是偶爾，還是會固定使用到這個品牌？

消費者是不是會專門選擇，或主要使用這個品牌，還是說，這個品牌只是消費者可以接受的眾多品牌之一？

消費者對這個品牌有什麼感情？

你是否想抓緊目前的生意，或吸引原本喜歡別家品牌的使用者轉移到你這邊來？或者你嘗試以吸引他們認識你的品牌為手段，擴大此一產品類別的整體使用率？

你是不是只想針對那些已經使用你的品牌的人，增加他們使用的頻率？

步驟 3：尋找競爭施力點

在幾次反覆的探索、完整又有效果的消費者調查後，步驟1和2已經能帶領客戶做出假設，列出哪個，或哪些，原型適合他們利益

相關的品牌。步驟3是確保這個「答案」不只是可以接受，還要能在市場上提供明顯、持久的區隔性。

揚雅廣告的品牌資產評估系統與資料庫顯示，貼切的區隔性就是「品牌引擎」——讓品牌充滿活力和維持強勢的特質。在今天這個喧鬧的市場上，讓人看不出特點的品牌將落入平庸之流，也難怪價格變成消費者選擇的主要依據。

要著手評估原型是否提供貴品牌顯眼的基礎，就要看看在原型意義下的競爭內容：

- 有沒有任何品牌已經進入原型的領域？如果有的話，是哪一種原型？有沒有任何品牌已經接近最適合你的原型？
- 競爭對手支持或實踐其品牌的表現如何？
- 競爭對手表現的原型是哪一個層次？有沒有可能進入更深層、更貼切或更有區隔性的層次？
- 在你這一類別裡，有沒有誰表現出同樣一個、或兩個原型？這個類別有沒有出現真正的新原型？

舉例來說，當咖啡品牌都在玩照顧者的各種變化時，統一食品的歐洲風味即溶咖啡就提供了一個探險家的定位，展現享受咖啡的刺激新方法給消費者。最近，星巴克咖啡也這麼做，而且更為成功。

通常，就像我們將會在下一章中討論到的，一個產品類別裡的領導品牌都會擁有「類別原型」（例如，象牙就是代表清潔的深層、原型意義的「品牌代表」）。如果領導品牌把這一點做得很成功的話，那麼，其他的品牌就得創造出區隔性，甚至全新的類別原型。例如，不同於象牙肥皂的天真者定位，多芬（Dove）就更接近照顧者品牌，因為多芬強調有著象牙所沒有的柔軟特色，可以「呵

護」肌膚。

　　類別的領導者有時也有機會表現出「挑戰者」的原型，或者綠葉角色。駱駝喬就是相對於萬寶路嚴肅「英雄」形象的「弄臣」。發揮到極致的是百事可樂，這又是另一種「弄臣」品牌，不帶惡意地嘲弄著有時看來故作天真者的可口可樂。

　　另一個創造區隔的機會，在於找到原型中過去未被注意的新層次。比方說，如果你翻閱以年輕人為對象的雜誌，會發現廣告幾乎被探險家式的形象所淹沒，從服飾到娛樂皆然。這可能是因為探險家與年輕人間的連結太明顯了，因此即使是不怎麼了解原型的人都看得出來。但如果仔細一看，你很可能會發現，基本上每個品牌不只原型相同，連原型的操作層次都一樣──也就是最膚淺、最明顯的一層。一個又一個廣告都在強調特立獨行，但這只是探險者最表面的冰山一角。在表面之下是這個原型較深層的一面，雖然依舊與年輕人高度相關，但卻為廣告人所忽略：探險家是真理的追求者，對自己真誠，絕不背棄、永不妥協，他們也是注重原則的人。在歐洲，Levi's牛仔褲的品牌，被定位成適合勇敢展開發掘自身信仰和信仰源頭之旅的年輕人。但在美國，這裡是移民之國、幅員遼闊、擁有強悍的個人主義，更是人權法案保障「生命、自由和追求幸福」的地方；但這也使得探險者原型這深一層的啟發，很諷刺的，幾乎從未傳達給這裡的年輕人。

　　這種競爭性評估應該可以讓你的思慮更清楚，將適合的原型範圍再度縮小。向別的原型「借」點東西。這個念頭似乎很吸引人，但如此一來，清楚、連貫的原型概念所具備的強大力量將因此打折。所以，一旦有一個原型看似「速配」你的品牌，就要深入這個概念的深層。檢視你的原型的各個層次，一如我們在前幾章中介紹的。

　　有時候，看看對手在某一個特定時間是如何定位他們的產品，

把他們的方法畫成一張簡單的圖表，將對你很有幫助。圖6-2就大略點出在本書撰寫期間，各種運動鞋廣告的原型。當然，其中只有少數品牌的原型很一貫。當然，如果你在調查對手，你應該區分既定品牌定位和一時的宣傳主題，最好是能找出其原型層次。

當新產品的開發成為關鍵時，從原型角度來分析產業類別，可以產生決定性的、跳脫窠臼的思維。這樣的架構會迫使你去思考一些令人驚訝的可能性：亡命之徒型銀行要提供什麼？情人型啤酒呢？針對學齡前兒童父母的探險家型雜誌呢？

不管你的產品是新的創意還是既有的品牌，都要決定最能發揮作用的原型層次。然後，研究你要如何全方位地傳達出你的品牌原型。例如，麥當勞的天真者原型不只是在餐廳和廣告上活靈活現，這個原型還表現在麥當勞學校樂隊（McDonald's All School Marching Band），在諷刺的年代，這是健康的標誌；麥當勞叔叔之家，這裡支持所有受苦的「天真者」；還有金色的雙拱門標誌，以及麥當勞推出的廣告等。百威這個凡夫俗子原型的啤酒，不斷招喚克萊德谷馬[1]作為象徵，提醒傳統和努力工作的重要性。腦力激盪一下，想想如何將你的原型在每個可能的傳播方法上傳達出來。然後，再藉由對顧客的深切認識，注入新的，或者更清楚的品牌定位，進一步豐富你的方向。

步驟4：認識你的顧客

分析的最後一步，就是要確保該原型對你的目標對象，是真的貼切、真的有意義。雖然我們有些人對每一種原型都會有所反應，但特別的內容、情境或人生的轉捩點，會凸顯某一個原型特別有威力。

圖6-2

畫出版圖		
原型	品牌	廣告圖文
創造者	Diadora	「誰去通知一下達爾文，他一定會想瞧瞧這個。Mythos300，是有腳以來，跑步基因最重大的進展。」
照顧者	Fila	兩隻光溜溜的腳從床尾的被褥下伸出來。文案：「你的腳會和你的身體一樣舒服。」
智者	Avia	跑步者的頭上頂著背包。「我們省下投資的錢，用在科技上。」
情人 （伴侶）	Oasis	「你是否曾經穿舊一雙鞋，不像是你穿著它們，反而像是它們真的伴隨你跑步？」
弄臣	Brooks	腳趾頭上畫著快樂面孔，以及快樂年輕人的笑臉。「快樂跑」。
英雄	Nike	「放手去做。」
亡命之徒	Tattoo	有紋身的跑者在荒野中跑著。步鞋的照片冒出火焰，鞋底還有一隻怪獸。
魔法師	Reebok	強調流暢性。
魔法師 （或探險家）	New Balance	「關掉電腦，關掉傳真機，關掉手機，連上你自己。」
天真者	Saucony	「自1989年來，我們安安靜靜地生產最棒、最合腳的鞋。」

　　初為人父母者，正學習如何成為照顧者，他們本身也需要智者和照顧者。才脫離父母羽翼的年輕人，需要探險家品牌來表達他們新到手的自主權。而有時候，還在「滿巢」人生階段的父母也需要探險家品牌，這樣他們才會有一點點年輕、獨立和自由的感覺。

　　針對人們的生活方式行銷（lifestyle marketing）的假設是，認為人們希望在廣告中看到自己的投射形象，否則他們就不會對廣告產生共鳴。原型行銷的假設剛好相反——未獲滿足的渴望會引導人們回應他們所欠缺的最深層需求，而不是他們已經有的東西。

　　我們在圖6-3裡介紹的艾瑞克·艾瑞克森的人生階段，就說明

以視覺為根據的投射技巧，通常都很有
用。例如這個全國親職協會（National
Parenting Association）所用的研究，是
在探索父母親與無子女者，在選擇時的優
先順序和偏好。這種方法常常比直接詢
問，更能揭露更深、更真實的認識。

了人生每一階段的基本衝突或議題。每一次的「奮鬥」都會引發一
些有力但衝突的議題：代表前進的目標或征服，以及永遠維持現狀
的目標。舉例來說，小學時期的孩子要用功勤奮，才不會變成次等
人；而處於人生較後期階段的人，面對的不是完整，就是失望。雖
然兩種動力都很有力量，我們卻可以說，原型觸碰並指引較健康、

圖6-3

艾瑞克森的人生八大階段及相關個人衝突

過渡年代

	1 嬰兒期	2 幼年期	3 玩耍期	4 就學期	5 青少年	6 青年期	7 成年期	8 老年期
VIII.								完整 vs. 失望
VII.							生產力 vs. 停滯	
VI.						親密 vs. 孤獨		
V.	暫時觀點 vs. 時間混淆	自我肯定 vs. 自我意識	角色試驗 vs. 角色固定	學習 vs. 表現無力	認同 vs. 認同混淆	性取向 vs. 兩性混淆	領導－跟隨 vs. 權力混淆	意志堅定 vs. 價值混淆
IV.				勤勉 vs. 次等	任務認同 vs. 無用感			
III.			創新 vs. 肇禍		角色預期 vs. 角色實踐			
II.		自主 vs. 丟臉、懷疑			做自己 vs. 自我懷疑			
I.	信任 vs. 不信任				相互認同 vs. 自閉孤獨			

較正面的欲望，將比訴諸負面欲望的原型，能夠帶來更大的成果。從某個角度來看，運用正面原型，將可塑造目標對象較健康的天性。要檢視顧客與你考慮使用的原型牌間會有什麼關係，考慮他們的人生階段，將是很好的著手處。

除了目標對象自己的人生階段之外，如果能把目標對象的家庭人生週期也考慮進去，將是一件很明智的事。他們是年輕夫妻或者老伴？他們是獨居老人嗎？如果他們還在「築巢」期，他們是在初期「滿巢」階段（最小的孩子不滿六歲），或是後期（最小的孩子在六至十八歲之間）？因為現代人傾向晚婚、生子也較晚，因此在艾瑞克森個人發展的後期階段，非常有可能仍處於家庭組成的初期。

同樣的，有時候，目標市場人口最主要、最明顯的特色，並不見得就代表是和他們接觸的最好機會。舉例來說，我們對四十歲以上、仍在人生「滿巢」期女性所做的調查，發現她們最主要的傾向反應出統治者原型——帶著孩子跑來跑去、安排遊戲時間和宴會、維持家裡的和樂，而同時，還要顧好自己的工作。她們對秩序、穩定和控制的堅持，讓這一切變成可能。

無數的廣告人都發現了同樣的傾向（雖然他們不一定了解統治者原型的深層根源，尤其是在忙碌的母親身上）。為呼應這樣的認知，他們加入「生活方式」的品牌定位和宣傳列車，展現女性忙來忙去、卻像女超人般妥善打理一切的形象。

然而，我們的研究顯示，統治者母親不必然需要她們的這一面被反映出來、或者被強調——她們非常清楚自己的生活是什麼樣子，知道自己該做些什麼事！更重要的是，深層的原型分析指出，新「萌芽」的形象和傾向——當所有壓力壓下來時，潛在的渴望對那個她希望成為的人發出呼聲——這個小小的聲音在說：「我自己

呢？！」這樣的渴望需要真正的支持和認同。

　　在許多這類女性的內心深處，都有著強烈的創造者，現在或許只透過偶現的藝術作品或到藝廊「自我沈醉」時，才能看得到。在另外一些女性心中，則有著智者的傾向，她們不自覺地開始整理多年來的經驗，並賦予意義。還有一些人心中有著強烈的魔法師渴望和能力，她們悄悄地準備好長一段時間，準備讓家裡、婚姻、社區或自己煥然一新。

　　因此，難怪瑪莎‧史都華透過尊崇、強化創造者渴望；歐普拉‧溫佛瑞透過肯定、支持智者；還有無數的美容中心、自助書籍等，都變成強勢的產業。同時，也難怪有這麼多的品牌雖然搭上「萬能媽媽」生活方式的列車，卻變成沒有什麼特色的芸芸眾牌。

　　常常，類似的隱性渴望是存在於整個文化之中，創造出一個龐大的需求──也是機會。你可以說，美國在積極的80年代時，創造者原型在社會上並不怎麼受到尊敬──當時比較欣賞統治者的特質：控制、責任和成功。所以瑪莎決定以家庭創造力的概念來逆勢操作，也促使主要目標對象及整體的文化，接納了這樣的概念。

　　邪惡的力量也可能填補這個真空。對於一個急於要感受到國家榮耀事跡的文化來說，希特勒來得正是時候──一位統治者，觸及人民想要感受到權力、重要和控制的渴望。在戰後美國日漸世俗化的社會裡，魔法師的黑暗面（需求與脆弱）如此深刻、如此普遍，以致於欺騙和貪婪的「神職人員」（如吉姆‧瓊斯牧師／Jim Jones等）很容易就取得數千人的忠誠信任和追隨。

　　當原型的力量在文化中較不明顯時，這些力量反而更有威力──就像黑洞般積極地尋找能填滿的活躍力量。廣告商和江湖術士直覺就了解這一點，而行銷人員則比較喜歡更理性、更直接的方法，努力地要追求最新的「潮流」。

　　原型的系統可以提供更實質的方法，幫助我們認識個別顧客和包圍他們的文化，讓我們能以比現有方法更深入、更有意義的方式，把焦點放在「潮流」上。我們這裡並不是說，要根據現在流行什麼，從一個原型跳槽到另一個原型。當一個品牌正要打出定位時，可以跳上某個已呈現、正興起的原型潮流上。一旦這樣的定位建立起來後，就要找出以可長可久的方法，穩定這種基本人性需求的表達。

　　不管是哪一種情形，如果能想想以下這些問題，將對你很有幫助。「在我們個人和整體歷史的這一個時刻，哪一種基本人類需求受到最好的照顧，哪些未受到應有的照顧？」這些問題可以引導出真正的見解與靈感。

　　因此，最後一步，是要比傳統方法更進一步探究目標對象的希望、恐懼、衝突和理想，以真正了解原型如何引起他們的共鳴。

步驟 5：保持正軌──管理你的「品牌銀行」

　　到了此一分析過程的最後，企業對於他們在世界的潛在象徵或原型地位，已經擁有前所未有的自信──這是來自於市場的成功，以及對整個公司具備刺激與鼓舞的焦點。

　　等到品牌在市場上的原型地位已經釐清後，培養此一定位的過程，以及從中獲取好處，必須小心加以管理。有一個比喻，非常適合那些要每天為事業做決策的經理人，以及負責長程規畫的公司領導人。這個比喻就是瑪格麗特‧馬克的「品牌銀行」（Brand Bank）概念，如圖6-4所示。

　　一個品牌，就是對消費者豐富意義和善意的寶庫。任何以品牌為名的行動或「提案」──不管是短期降價以吸引新用戶，或是顧

圖6-4

品牌建立

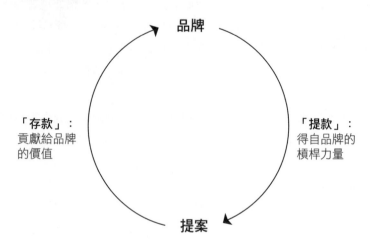

客關係方案、產品線的擴張──都在強化或培養這個品牌的基本原
型意義,或者是加以利用。以下面這個例子來看,利用其意義不見
得是件壞事:當迪士尼或Ralph Lauren決定把品牌名稱擴張到其他
的新產品或概念時,他們就是在「提領」多年來小心呵護和培養的
原型定位。愈來愈多公司決定同樣嘗試將強勢的既有價值發揮到最
大,以作為推出新品牌、在高度競爭市場上失足風險的代價。

　　然而,這麼做並不簡單。公司在考慮透過品牌延伸,以「提領」
原型定位時,必須先長時間大手筆投資在創造強勢、一貫的原型連
結上。以Levi's為例,有一段時間,這個品牌看似有些迷惘,在原
先的探險者原型,到亡命之徒、英雄、凡夫俗子以及最近的情人原
型間,擺盪不定。所以,如果要推出Levi's主題假期,消費者該期
待些什麼?充滿性感的逃遁之旅?踏實的預算之旅?還是深入野地

的蠻荒冒險？一度，我們會直接跳到第三個答案，但最近似乎又不太確定了──這形成了消耗母品牌形象的負面情況。想想，如果推出Ralph Lauren Polo系列假期，或者比恩郵購（L. L. Bean）之旅呢？你是不是立刻就能聯想到它們分別會是怎麼樣的假期？這樣的比較就是最簡單的測試。

　　除了要確定我們一直在培養一個強勢的定位，我們還必須確定，從品牌銀行「提款」的動作，要有「存款」預期意義的相稱動作配合。比方說，麥當勞叔叔之家、麥當勞校園樂隊，以及一致原色的餐廳，都是在彌補一個事實，即麥當勞較少推出溫馨的品牌廣告，都是比過去更有競爭力、更要把握機會的促銷廣告。但如果這一切都是為了要扭轉他們在全國廣告中的重點，而沒有補充性的「存款」，那麼品牌的損益平衡表就會出問題，美國人對這個品牌的印象也會完全兩樣。同樣的，迪士尼拍了一部精彩的《獅子王》，就使得一家戲院動手清掃時代廣場，以及迪士尼／美國廣播公司與時代華納的龍頭之爭這些影響，完全不被消費者所在意。

　　這種品牌銀行或損益平衡表，在小型、只有一種產品的品牌時，幾乎在直覺上就可以加以管理。但隨著愈來愈多的品牌變成多元產品的「超級品牌」時，更用心的「金融管理」就有其必要。

　　如Jell-O和象牙這類的品牌，都不只是單一產品，但掛著同樣品牌名稱的產品都很類似，問題就簡單許多。例如，所有象牙的商品都和清潔有關，所以維持和支持天真者品牌原型就是很自然的事。但想想我們先前所提到的品牌──迪士尼、Ralph Lauren和諸如維京（Virgin）之類的。每一個品牌都有多種產品，在外貌和功能上也都不一樣。現在，整個重擔就落在維持某種概念的跨產品統合，並且確保其意義不致於被連續的「提款」所沖淡，而是持續地加強、充電。

　　當品牌老闆本身就是一個活象徵時,維持這種概念上的統合最
容易成功。這一點並不令人意外,就像維京和Ralph Lauren一樣,
或者像華德‧迪士尼這樣的傳奇人物。領導者的感應力會影響他所
接觸的每一件事情。

　　但在沒有個人崇拜的情況下,制度還是要運作,而品牌銀行就
是我們最好的方法。和開發線性行銷的計畫不一樣,品牌管理還需
要從類似「存款」和「提款」、評估損益表的「平衡」等概念上,
為品牌組織計畫,並據此加以調整。管理品牌的過程,和管理事業
的流程要等量齊觀,這是不讓原型定位被糟蹋的必要工作。

---

1 [編注] Clydesdale,一種健壯的拖車馬,原產於蘇格蘭的克萊德谷。

17

述說你的品牌故事

　　如果說到好行銷傳播的品質和特色，有不少值得一談。但真正厲害的傳播——能創造、建立和維持偉大品牌威力的傳播——都有一個基本的似非而是的論點。就像所有精彩的文學和藝術一樣，都存在著永久性與時代性的交叉。其中包含著，或觸碰到一個基本的、長久的人類情境真相。而同時，又以新鮮、符合時代的方式在表達這樣的真相。

　　就像品牌必須落入某一原型中一樣，所有的品牌符號、事件、公關工作和廣告宣傳，也必須進入這個有威力的場地，與那些多年來吸引顧客的模式相呼應。百威啤酒的克萊德谷馬、麥當勞叔叔、綠巨人和Nike的勾勾——這類的象徵都歷久彌新。而有些其他的則是在曝光幾個星期、幾個月後，就突然消聲匿跡了。人們即使經過多年，甚至數十年也一樣，一再地看，也不會看膩原型的觀念。一代又一代的消費者、生活方式、人生階段和全球市場，即使它們的差異就像黑夜和白天一樣黑白分明，卻仍然普遍地不斷受到原型的

吸引。而且，最貼近我們稱之為廣告的迷你故事，讓原型以故事形式出現，傳播的效果常常最為強大。

當電影《外星人》造成大轟動時，我們許多人都驚歎於這麼一個親切的小外星生物竟能贏得這麼多人心。但我們的原型分析點出一個故事的模式，這是多年來一再被傳頌的故事：「棄兒傳奇」，這是一個兒童的照顧者故事。

在這個故事裡，一個小人兒，通常是個孩子，一開始是覺得錯亂、孤單，但後來發現一個比他更脆弱的對象。這個孩子馬上變成保護者。隨著他和所照顧的對象開始神奇地溝通、跨過了種族的差異後，這個孩子一分鐘、一分鐘地開始變得更強壯。他們的關係不為更強壯的人（通常是大人）所知，但會擴大，讓其他的脆弱者加入。大家一起，就能抵抗任何的威脅，維護小生物的安全。有一位大人——通常是媽媽，也多半是女性——獲准加入他們這個保護小圈圈裡，變成他們的盟友。最後，這些小孩子們的智慧勝過他們的掠奪敵人，自願地和他們所愛的照顧對象分離，把它送回自然的家園，這樣它才能自由、適當地成長。

幾乎每一代的小孩都有屬於自己那個時代的「棄兒傳奇」。這類的故事會幫助孩子們了解，當他們最終要離開他們的最愛、最需要的——母親——時，他們不只能熬過這場分離，甚至還可以成長茁壯。他們能做到這一點，是因為當他們知道能照顧其他人時，將有助於了解到，自己最終也能照顧自己。

間接地經驗到這樣的故事，將可幫助兒童發展。記住這個故事——即使是潛意識中——甚至也有助於我們成人之後面對競爭。我們可能不大記得在外星人片尾時強烈感動的源頭，但那個感覺還在。在我們內心深處，那種分離的記憶，還有撐過分離痛苦的勝利感，很能觸動人心。

　　因為棄兒傳奇的強大價值，因此當筆者瑪格麗特與南加大電影學教授保羅‧伍蘭斯基（Paul Wolansky），針對過去五十年的五百多部影片，重建故事模式，受歡迎的棄兒故事也每隔一段時間就再度重現江湖，如此並不令人意外。幾乎每個世代都需要這樣的故事，也都會有自己的棄兒。（我們可能會好奇，在每一段棄兒故事重現之前的這段空檔，所失落的機會。）這些原型故事的細節各不相同，但基本的架構幾乎都差不多。

　　1946年的《鹿苑長春》（*The Yearling*），1958年的《海角一樂園》（*Old Yeller*），1982年《外星人》，1993年的《威鯨闖通關》（*Free Willy*）……神話故事的力量和重要性，驚人地一再重現。棄兒可能是一隻馬或一隻狗，或是90年代具「政治正確」色彩的威鯨。但這些故事的基本架構和所代表的意義，都是不容玷汙的。細節的變動只是為了更具時代精神。但在每一個年代，人們都喜歡聽故事，一次又一次地聽，因為這些故事對觀眾而言，代表著重要的心理作用，不管這些觀眾是否自知。

讓我為你說個故事

> 精彩的人類故事只有兩、三個，
> 而且本身一再重覆，
> 重覆之強烈，恍若過去從未發生過。
>
> 威拉‧卡瑟（Willa Cather）

　　身為原型品牌的說書人，我們要能了解、傳述偉大的人類故事，提供一個配得上神話定位的「聲音」——透過廣告、銷售點、網站、公關等等傳播出去。在許多情形下，這些故事可能是一些口

述故事，顯現包圍你的原型的主要困境與議題。然而，好的故事模式常常可以套用到一個以上的原型。例如，灰姑娘是一個情人的故事，因此適用於情人品牌。然而，如果你的品牌在功能上類似仙女，那麼這個故事也可以用來代言魔法師品牌，把品牌塑造成魔法幫手的角色。如果你的品牌屬於英雄或探險者定位，你就可以鎖定在王子的角色，他上窮碧落下黃泉尋找他失落的真愛，並且在過程中拯救了愛人。

但哪些是精彩的故事？而故事最初在我們生命中的意義和目的是什麼呢？先看看故事早期在我們人生、文化演進中的角色，會有點幫助。

如果你有小孩，或者你還記得自己的孩提時刻，你就知道你第一句學會的話，而且一再重複說著的句子，就是「說故事給我聽嘛。」如果故事很好聽，你會想希望再聽一次、再一次。

傳統的看法是，孩子喜歡簡單的熟悉。但這可以解釋為什麼兒童故事會一代又一代地受到珍視嗎？或者這麼說，為什麼現代、忙碌的大人，每年都還要再看上一遍《風雲人物》，即使他們早就熟透每一個情節？或者，為什麼原版的《星際大戰》三部曲或〈星艦迷航記〉電視劇集，會培養出這麼龐大的星戰迷？他們為什麼對這些電影和影集百看不厭？或者，更顯而易見的，為什麼世上最偉大的宗教，也都有同樣的故事、人物和主題？

伍蘭斯基和瑪格麗特一起分析故事模式，他說：「在文字出現之前，故事是一代傳給一代，是營火邊的故事、鬼故事或床邊故事。隨著時間過去，人們說著能使聽眾產生共鳴的故事，記住、傳頌某些故事、想法、主題和情境，因而讓這些故事留傳了下來。有些故事會被人認為內容空洞，而被拋諸腦後。以電影來說，這些故事都對各個世代有很好的『口語』效果，最後變成持久的、慢慢滲

透的、普遍的『真實』神仙故事、傳奇和神話故事，一直流傳到我們今天。」

《魔法的力量》（*The Use of Enchantment*）的作者布魯諾・貝特罕（Bruno Bettelheim）也說明了同樣的「分類過程」，也就是兒童在分辨好故事、普通故事時的分類過程。小孩希望一再聽到好故事，因為他們自然會在其中發現一些真相，他會有模糊的感覺，這個故事裡有些重要的事情要告訴他。

然而，最好的故事、超越時間和地區的故事，都不只有娛樂效果而已。這些故事在某個方面對我們，不管大人還是小孩，都有幫助。這些故事能幫助我們度過不自覺的壓力，應付恐懼、憤怒、憂慮，並且表達出我們常常難以形容或說明的深層渴望。這些故事可能都披上現代的外衣，它們的「傳送系統」可能是電影、笑話，或是三十秒的廣告；但如果它們能提供這種深層的統合價值，就能有力地推動我們。就像兒童一樣，我們也想了解故事的「禮物」，想知道它想要教給我們什麼，並且把這份「禮物」整合到我們的人生之中。

好故事、好廣告

把故事放到廣告裡，這個想法可以追溯到寶鹼公司率先推出的「人生切面」（slice of life）構想，寶鹼公司並因而大獲其利。一般多認定，故事的效果比單純介紹特色和優點，更能引起觀眾注意，讓觀眾進入產品的一連串劇情裡。事實證明也是如此。

但廣告故事不只創造有效的銷售，事實上，它還提供了一個「禮物」。這個原則一直到寶鹼公司創新之作好幾年之後，才被系統化的研究，研究者是伊利諾大學芝加哥分校的瑪莉・珍・席林格

（Mary Jane Schlinger）。席林格博士分析數百則電視廣告的觀眾反應，發現最有效的廣告都出現「互動」的原則：當觀眾被「授予」某樣東西（除了促成銷售的必要資訊之外）時，就會回報時間和注意力。廣告的播放包含一個「公平交易」，也就是某種「一物換一物」，換取觀眾的時間和注意。觀眾因此更可能考慮光顧廣告商的生意。另一方面，如果廣告中除了推銷商品外，不再提供觀眾任何東西，那麼這樣的交易是淺薄的、不滿足的，當然也不會有效果。

席林格與李奧貝納廣告公司的喬瑟夫‧普朗默博士（Dr. Joseph Plummer）合作，發現「觀眾回報」有難計其數的角度，也因此發展出一套獨特的工具，或說測試系統，以計量電視廣告的主觀回應。利用這個技巧反覆探測不同消費族群對各種相異產品類別等大規模廣告的反應，兩位研究者證明，廣告不能被排除在「故事實用性」原則之外（這是貝特罕或坎伯應用在傳奇和神話上的原則），或是容格用來解釋全球各地病人一再重覆之夢境的原則。

最棒的廣告，就像所有真正有效的傳播一樣，會觸動最深的神經，或者發掘最深的真相，對於這股普世、永久力量的回應，是可以被紀錄下來、讓人了解的。舉例來說，看看同理心的特色，這是「觀眾回應紀錄」（Viewer Reward Profile／VRP）技巧所檢驗出的七大觀眾回應角度之一。同理心會透露觀眾參與廣告事件和感受的程度，自比情境中的某個想像角色，能對所發生的事情感同身受。同理心可能是一種情感回應經驗，讓觀眾能提升自我形象或表達自己的價值。通過一個階段的儀式和典禮、對親密溫暖關係的描述、誇大的人物，常常會贏得較高的認同分數，但情境、關係或者人物，不必然一定要真實到能引發同理心。（神話人物和地點，如貝氏堡的麵糰寶寶和綠巨人的「山谷」，都會產生高於一般的同理心）。

李奧貝納廣告公司是此一研究的原始參與者之一，利用這項測

驗和理論，支持並擴大該公司創造深而長遠之廣告宣傳與符號的權威，例如萬寶路男人、綠巨人和奇寶（Keebler）精靈是其中幾例。後來，普朗默把這個技術帶到揚雅公司，以支持和豐富揚雅對創意工作的認識。而這樣的創意工作，是受此一認知所引導——偉大、故事導向的宣傳將會為諸如賀軒卡片、AT&T、美林證券和嬌生公司等品牌，贏得業界喝采和市場成功。

其他廣告公司也有自己的辦法。在菲爾‧杜森貝利（Phil Dusenberry）和泰德‧沙安（Ted Sann）這兩位商業界最棒的說書人領導下，BBD&O廣告公司為百事可樂品牌，推出一個又一個動人又持久的好故事。

當優秀的藝術指導和文案作者直覺想出這些「品牌小故事」時，這些故事都非常地成功，「觀眾回應紀錄」提供廣告公司一項工具，能去測量評估並支持在賣產品的同時又撼動人心的廣告。但這些創造者和作家，即使是箇中高手，也有文思枯竭的時候。結果，麥迪遜大道所不足的，好萊塢就補上了。

星際大戰與千面英雄

1960年代，當喬治‧盧卡斯還是南加大電影學院的學生時，他的一個發現影響了一生的命運，並從此改變了電影的藝術和技術：他無意中發現了坎伯的著作。盧卡斯的《星際大戰》在十年後推出，主要便是依據這次的發現及亞瑟王傳奇。在那些傳奇中，農家子弟帕西法（Parsifal）必須變成一名武士，找到聖杯，否則大地就會滅亡；在星際大戰裡，奴隸「天行者」路克必須精通武藝，發掘摧毀死亡之星的秘密，才能拯救銀河系。魔法師梅林是年輕亞瑟王的導師；絕地武士歐比王（Jedi Knight ObiWan Kneobi）是路克的導

師。亞瑟王拔出石中劍；路克學會使用父親的光劍，就用這把劍來撥亂反正。

在編劇、製作人和故事分析人克里斯・佛格勒（Chris Vogler）的合作下，《星際大戰》的深層架構顯示出，它和坎伯英雄之旅的模式有著近乎平行的結構，如圖6-5所示。然而，不像外星人和棄兒傳奇的相似平行，《星際大戰》的模式似乎更為微妙、有意。

當然，星際大戰成了史上的票房冠軍。盧卡斯確實打下一片新天地。過去是有不少「改編模式」。亞里斯多德在西元前三百二十一年時，就在他的《詩學》（*Poetics*）裡，首度揭櫫戲劇的原則，而拉賈斯・艾格里（Lajos Egri）在《戲劇寫作的藝術》（*The Art of Dramatic Writing*，1946年）中也強調課題或命題的重要性。1979年時，席德・菲爾德（Syd Field）在《劇本》（*The Screenplay*）中提出一個簡單、易懂的三部典範，而如黑澤明和尚・雷諾（Jean Renoir）等偉大導演，早就發現在電影架構和象徵架構之間有著類似的關係——三至四個動作，包括開展、發展和結果。

但盧卡斯對坎伯的作品所下的功夫，不只是改進了故事的「技巧」或敘述方式。如伍蘭斯基所點出的，盧卡斯了解到這是主架構角色的內在掙扎，因而大有收穫。他的動作也為創意人員，開闢了靈感與合理的全新來源，這些創意人員各行各色，他們從原型的角度直覺地思考和感受，但並沒有工具可以引導和組織他們的工作。

把神話帶到麥迪遜大道

筆者瑪格麗特一直相信，原型的故事模式可以加以研究、整理，並應用到廣告與其他宣傳的發展上。她同時認為，行銷圈一直被困在孤島上，在這樣的環境下，對於外界如何回應藝術和文化的

圖6-5

英雄之旅	星際大戰
英雄置身於平凡世界	「天行者」路克是一個無趣的農家奴隸，夢想能上星際學院。
他受到冒險的召喚	路克收到莉亞公主（Princess Leia）的求救。
差一點要拒絕召喚	路克把訊息送交歐比王，但決定要回家。
長老建議他接受召喚	歐比王建議路克和他同行。
他進入一個奇妙的世界……	路克跟著歐比王進入坎帝納（Cantina）。
他遭遇考驗、發現盟友和敵人	路克遇到韓·蘇洛（Hans Solo），大家一起逃離帝國軍，戰勝雷射軍，逃入外太空，捲入一場大風暴。
他深入最深的洞穴	路克一行人被拉進死星。
他遭遇最大考驗	路克一行人被打得落花流水，歐比王被「黑武士」維達所「殺」。
他拔出劍	路克取得前往死星的計畫。
踏上歸途	路克一行人追捕維達。
差一點送命但獲救	雖然受傷，路克還是擊中死星的弱點，將之摧毀。
帶著靈藥凱旋	路克學到本片的寓意：不要依賴機器，而是「相信原力」──他的直覺，原本就有的原力。他從男孩變成英雄，一個完整實現的人。

了解——不只是學術界的那一套，而是日常最常見的形式——都不能加以利用。如果我們是「影像創造者」，為什麼我們不繼續檢討和嘗試了解，那些被海內外民眾選來掛在客廳牆上的平面廣告，其背後的吸引力呢？或者，就這件事來看，為什麼我們不能研究一些最受歡迎的賀卡圖案和文字，或者遊客到華盛頓、紐約時最喜歡購買的明信片呢？（哪一種美國的象徵，是同時受到一般美國民眾和國外遊客所喜愛的呢？這難道不是認真的行銷傳播者應該要知道的事嗎？）或者，我們難道不該繼續分析暢銷歌曲的歌詞內容？最重要的是，為什麼我們感覺不到一股急迫性，要去了解全球、各年齡層民眾喜歡什麼、重視什麼？

瑪格麗特既獨立研究，也與揚雅廣告合作，她與伍蘭斯基組成小組，系統化研究最「熱門」的故事「傳送系統」——電影的模式。看了一部又一部片子，伍蘭斯基不以表面的電影「類別」（浪漫喜劇、恐怖、懸疑等等）解構故事，而是以其更深層的架構或故事的「骨幹」為主。他們的研究主要集中在締造票房成功的電影，而不是叫好但不叫座的那些片子。

最後，他們的分析顯示，似乎過去五十年來所有的票房電影，整體或部分都反映了神話的模式。在大多數的例子裡，這些模式都有文學上的前例，如宗教故事、神話故事和傳奇。但有些例子非常有意思，電影似乎要做點調整以滿足大眾。這在他們所謂的「警告故事」（cautionary tale）中最明顯。宗教和文學裡充斥著他們稱之為「失樂園」的類別：天真者，不滿足於所處這個世界的美麗，觸碰了禁果，結果就失去了生命中美好的一切。在聖經或中世紀的道德劇裡，因為有嚴肅的警告和悲慘的結局，沒有人能掌握這個「代價」。但在電影裡，「警告」必須以較間接的方式來傳達，才能為人所接受。所以，舉個例子來說，電影《致命的吸引力》（*Fatal*

Attraction）顯然就是一個「失樂園」的故事（就像亞當和夏娃或浮士德的故事一樣），將原本註定的命運，變成主角在最後一刻的自新機會，形成一種「差點失樂園」的調整。然而，大多數而言，賣座電影的故事架構都和寓言、神話和傳奇相當接近。比方說「醜小鴨」的架構：

- 主角的特殊美麗、美德和力量，都被掩藏在普通的服飾或裝扮下。
- 主角受困於一成不變的生活。
- 沒有人發現主角內在真正的能力或美德，除了一個人，他覺得可疑。
- 關鍵時刻是變身，或改變「外貌」，顯露出真正的內在。
- 主角開始發現到自己特殊的一面。
- 有些外力（或者內在的障礙）試圖要把主角帶回原來的角色。
- 主角克服這些阻力，獲得應得的榮耀。

醜小鴨故事的心理「禮物」或吸引力，反映了我們不斷感受到的一股深切渴望：如果他們知道我的內心深處是多麼美好、多麼聰明，如果他們認識真正的我，我就會被接納、被推崇、被愛等等。

我們發現醜小鴨的故事出現在完全不同的各類型電影裡，如《蒙面俠蘇洛》（*Zorro*）、《發暈》（*Moonstruck*）、《窈窕淑女》、《超人》、《龍鳳配》（*Sabrina*）、《上班女郎》（*Working Girl*）和《麻雀變鳳凰》，當然，還有史上最受歡迎的《灰姑娘》。

如果劇作家或廣告人不了解「變身」在這個故事裡的重要性——也就是「內在」與「外在」取得一致的時刻——我們就永遠不會看到超人在電話亭裡、茱莉亞‧羅勃茲在時裝大道，或是灰姑娘一身破爛變成舞會禮服的魔術。更重要的是，如果作者把這個模式誤

解為「實現自我夢想」，就可能扭曲故事的價值或寓言，就像大牌雲集的失敗之作《越愛越美麗》（*The Mirror Has Two Faces*）。在這部片裡，芭芭拉・史翠珊（Barbra Streisand）變成另外一個人，只為了贏取愛情——而不是過自己的人生。這並非好榜樣。另一方面，在最棒的醜小鴨故事裡，我們看到的是如何了解、表達自我，然後一切都會順心如意。

這麼多的故事模式都可以視為指引，或是警告，傳達著相關的訊息或「禮物」，如圖6-6所示。

圖中故事模式的「弧形」代表整個人生過程中不斷地成熟與發展。就像原型一樣，大部分適合一個象限，但在故事裡，對於個性發展或改變，有著固有的假設。

舉例來說，位於左下象限的故事，是反映對現狀的偏安、對改變的恐懼——這是反映出一個人、一個文化渴望保有「安全」的感受。變身的故事，出現在圖形的交叉口，這是一項大躍進，也就是我們準備好要追求命運的轉捩點。進入右上方的象限，我們看到英雄的旅程，這反映出對自我實現和完整的追求；至於新樂園則是實現了完整。

在弧形上所顯示的迷途天使，其中包括協助主角從成熟和自我發展的階段進入下一個階段的催化劑。

在如《風雲人物》這類的經典名片，或是當代的電影，如《上錯天堂投錯胎》（*Heaven Can Wait*）、《歡樂滿人間》（*Mary Poppins*）和《征服情海》（*Jerry McGuire*）等，都是一位神秘或過客般的角色，他為主角「指出明路」，讓主角能夠不受阻礙地達到目標——珍惜自己人生的環境。這樣的轉變可能和一個人的人生階段與發展有關。在我們一生中，這所有的架構都是有用的，但是，依文化的時代精神或我們所面臨的個人議題，有時會有一、兩個架構看起來比

圖6-6

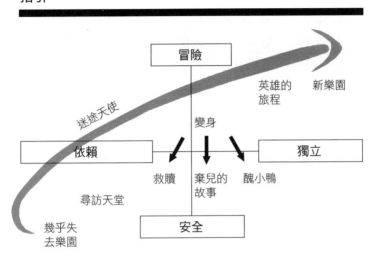

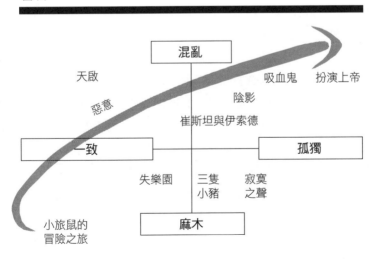

較貼切。

　　例如，天堂的架構對於過度緊張的統治者，是很有說服力的。因為他們會很希望遁入那樣的生活，卸下所有成功的裝飾，享受普通生活的愉悅——簡單來說，統治者的願望是變成天真者。尋訪天堂的故事模式就是扣緊這一點：主角不經意地闖入一個人間天堂，享受了一段時間的簡單美好，但接著又不情願地發現，他必須返回自己的崗位。如《證人》（*Witness*）和《小鎮風波》（*Local Hero*）這類的電影，都談到這樣的渴求與實現——「你可以嘗嘗更簡單、更美好的生活，但然後你就要回到屬於你自己的地方。」

　　鎖定統治者為目標的假期，就可以觸及尋訪天堂的故事。這種故事模式提醒我們，單純的簡單對生活過度複雜的人來說，有多麼大的吸引力。就像在《證人》裡的哈里遜・福特（Harrison Ford），生活在安曼教徒之間，能夠享受天真者的快樂，不管多麼短暫，都令人難以抗拒。

　　新樂園的架構又將這股渴望帶往另一境界。在這個模式裡，主角是處於停滯狀態。他可能有需要解決的問題，或者隱隱感覺到事情可以更好，但是他不知道該怎麼做。然後他就闖入了一個桃花源，那裡的生活很簡單，輕重緩急很清楚，但他可以慢慢聞著玫瑰的花香。一開始，他會對陌生之地有些抗拒，但一段時間後，那裡的美開始吸引他。他被叫回原來的世界，依依不捨地離開這個天真者的天堂。他決心回到自己原來的生活，但他不再接受過去的自己，現在他知道的更多，他已經在過程中轉型了。他再次發現了烏托邦，選擇要留在那裡。

　　反映這個模式的故事，不只是表面化的、蜻蜓點水似的想法：主角一頭栽入，改變自己的人生。看看黛安・基頓（Diane Keaton）的《嬰兒炸彈》（*Baby Boom*）吧。

　　基頓所扮演的角色有位高權重的好工作和生活，但被無情的關係和野蠻的競爭事業所牽絆。當一個棄嬰（遠房表妹的孩子）闖進她的生活時，她失去了工作，無奈地被迫搬到佛蒙特（Vermont）一個農莊上。基頓覺得這個房子、這個鄉村、這個孩子、鎮上唯一的單身男人（山姆‧夏普／Sam Shepard飾演的素食者）都陌生得讓她難以言喻。但逐漸的，她喜歡上這個孩子、這治療、佛蒙特。她又展開事業，但這是天真者的事業——生產天然、高級的嬰兒食品——就叫作「鄉村寶寶」（Country Baby）。當她原來的公司擋不住她生意本領的壓力，提議買下她的「鄉村寶寶」，並且讓她復職，這讓她有復仇的快感。有那麼一刻，她幾乎要重返這場低劣的競賽，但一陣頓悟，她選擇回到佛蒙特、她的娃娃和新情人身邊。當然，這個故事的寓意是說，更簡單、更美好、更滿足的生活是可能的，只要你有膽量拋棄所有的名聲、權力和地位來交換。

　　投資公司可以利用這個模式。對於每一位高成就的嬰兒潮世代來說，他們為了未來的私人飛機和豪華住宅而存款，但還是有人渴求另一種奢侈——可以每天想釣魚就釣魚，可以在家當全職老爸，或成為市內小學的老師。

指引和警示的互動

　　了解指引和警示的互動，將能幫助我們了解該在何時運用哪一種故事。舉例來說，美國兒童慈善組織「小錢立大功」想傳達該組織的重要工作是基因研究，就考慮使用超越傳統界限的正面與「黑暗」故事。在「黑暗」這一面，相關的故事是扮演上帝的領域，表現在電影《科學怪人》和《變蠅人》（*The Fly*）——科學這麼地誘人，讓人類跨越了環境的界限，冒險進入神祇的世界。但在積極的

一面，這些動機自然演變，變成一種指引，證明健康又正確地追求成功，正是英雄（濟弱扶傾）、魔法師（讓人和事變得更好）與智者（提供智慧和知識）的故事。了解這兩種故事模式，企業就能站穩有利位置，以啟發，而非駭人的方式傳播。

新發展出來的故事模式，如今將能協助各行各業的傳播者，從

指引

心理需求	寓意／「禮物」	故事模式
依賴和安全	欣賞自己的世界和所處的地位	（幾乎）失樂園、尋訪天堂
期待冒險和獨立	成熟和成長很困難，但做得到；你自己要願意改變	救贖故事、棄兒故事、醜小鴨
實現冒險和獨立	如果你有成長的勇氣，你就能獲得此生真正的快樂	旅程、新樂園

警示

恐懼	寓意／「禮物」	故事模式
一致與麻木	你將迷失在對安全和一致的奢侈欲望裡	小旅鼠的冒險之旅
獨立與麻木	只有接受訓練、有勇氣的人才能恢復秩序	寂寞之聲、三隻小豬
混亂與獨立	沒有紀律和依賴，難逃毀滅一途	崔斯坦與伊索德、陰影、吸血鬼

那些雋永的、受人喜愛的傳奇中獲得靈感。而且，終於能在我們稱之為廣告的小故事裡發生作用。

一種原型多個故事

　　我們的方法是建議你，要為你的品牌找出最適合、最有效的單一原型。但你在這麼做時，很可能會發現許多故事模式，或是一個故事模式有不同面貌，都能在一段時間後啟發品牌的傳播。開始時，先重新發現你的品牌原型的基本動機需求，然後再找出和故事模式有關的呼應概念。

　　以Nike為例，它曾經是一個強勢的英雄品牌，對英雄旅程的某些部分表現得很棒：號召冒險（「放手去做」）；進入奇妙的世界（美麗的遠景，跑步者的私密空間）；以及最高的考驗（意思是，在考驗你自己時，你也是在呼喚內在的守護神）。但它還有許多進一步探索故事深層的機會，Nike卻置之未理：誰是這位跑者的梅林，或長者？誰是他的盟友和敵人？這個例子裡的靈藥，你要怎麼去找？

　　以百事可樂來做個比較。長期以來，都是以一連串新鮮有趣的故事，來滋養其弄臣原型：米高・福克斯這位現代的頑皮鬼，從他的公寓窗戶爬出來，沿防火梯溜去為他那在門口等著的美麗鄰居買一罐低卡百事；百事意外地被送到老傢伙的門口，結果引發一場瘋狂宴會，而收到可口可樂的大學兄弟會裡，卻是人人呼呼大睡；在一個「考古」現場，未來的教授和學生發現了一個1990年代的古物，他們一個個核對歷史的指標，發現這是可口可樂的瓶子，但這個名字已經消失太久，沒有人知道指的是什麼。（當然，他們在驚歎這個不知名物品之際，喝的是百事可樂。）

　　百事可樂，以及它的廣告公司BBD&Q，對弄臣原型精神的直覺認識，已經成功轉換到一個非常穩定的和善、頑皮的惡作劇形象——總是對造作的可口可樂開玩笑。這些故事從來都不會過時。從最早的「百事挑戰」，到今天的廣告，一位有著教父聲音的小女孩為主角，挑戰那些想拿可口可樂騙她喝的人。

　　其他品牌也藉由說故事的方法，表達品牌原型與其他原型關係，因而堅持他們自己的定位。比方說，AT&T的深層價值，使其成為一個強勢的照顧者品牌。自從它被強制分家而產生根本的改變之後（每天還在繼續地改變），AT&T的深根和最大力量，在於公司是最關心也最關心顧客的通訊品牌。其原本的外號叫Ma Bell（媽咪貝爾）。在分家時期，AT&T發現顧客混淆了，很憂慮，就設立一支免付費專線，並打出廣告，歡迎用戶來電，打出副標「來談談」。AT&T的接線生在接起電話時會說：「我能幫您什麼忙？」——有一段時間，AT&T的全國廣告就用這句話。他們的接線生很有名，不只是職責上協助顧客解決問題，還有許多故事是有關接線生搶救在危急時來電的孩子。

　　即使在近年的混淆期中，AT&T真正照顧者的色彩已經淡化，但這家公司仍然領先群倫。這是因為某個時期，在全國性的廣告宣傳中，照顧者原型的AT&T摻入了另一原型的部分個性。例如，在一個廣告裡是一位超級忙碌、超級厲害的統治者型母親，而照顧者讓她能放鬆、軟化，暫時享受天真者的世界（尋訪天堂）：她從辦公室溜出來一天，帶著小女兒到海灘玩。她的AT&T行動電話讓這一切變成可能，因為傍晚她還是可以打電話回辦公室。

　　在AT&T另外一個系列廣告裡，照顧者領著孤兒找到避護所，這種救贖／迷途天使的故事架構，很像《風雲人物》的劇情。小小逃家者絕望地躲在黑暗街角，但終於找到回家的路，心靈上和實際

上的家因為他有一個神秘的經驗，聽到一位美麗女子在冷冷的夜空下唱著〈奇異恩典〉（Amazing Grace）。這段音樂讓他想起家園，當年和爸爸將聖誕樹搬上車的回憶。他找到公共電話，告訴接線生他要打電話回家，可是沒有錢。「在線上等一下，我可以幫助你。」接線生說了，然後幫他接上他那驚訝又滿眼是淚的母親。這則廣告在耶誕季節推出，最後有這幾句話：「如果你迷路了、不知該怎麼辦，我們可以幫忙。請撥這支免付費電話。AT&T祝您耶誕快樂。」

　　打進這一線的電話，多得讓AT&T最強的轉接線路都超載。在系列的另外一支廣告裡，照顧者AT&T讓孤獨探險者覺得和人有了聯繫。在艾爾頓‧強（Elton John）〈火箭人〉（Rocket Man）的音樂聲中，一名男子在飛機上傳真給太太，請她在當晚的某個時間到大門口去。當她照做時，看到他先生所搭乘的飛機正從她頭上的星空中飛過。

　　這些「故事」宣傳非常美好地證明了，一個原型（照顧者原型），將可以有助於其他各種原型。這些故事本身就是非常有力的敘述體，其基本架構都是立即讓人熟悉又新鮮：我們都能立即發覺它們所包含的深切人性真相，然而我們又驚訝於這些故事竟能以這麼新鮮、讓人意想不到的方式重述。事實上，就是原型故事令人訝異的熟悉，讓我們能立即認得它們，即使是在三十秒的廣告短片裡。

　　卡爾‧希克森（Carl Hixon）是李奧貝納廣告公司光榮時代的一位創意才子，他這麼說：

> 我花了好多年時間、好多工夫才了解到熟悉老調的價值。因為，身為年輕的文案，我的直覺是要避開老調，擁抱新時代的東西。但是我學到經驗了。我的一位老師是「大鼻子」吉米‧杜蘭特（Jimmy Durante, "the schnoz"），

我和他在1960年代時共事多年。杜蘭特把熟悉的理論用在
他的幽默上。他認為幽默有兩種。一種是意外的幽默，是
讓你遇上意想之外的東西，還有一種熟悉的幽默，是人們
喜歡一再聽到的，就像小孩在聽他們熟悉的床邊故事一
樣。第一種，當意外結束的剎那，幽默就沒了；另一種卻
能愈陳愈香。杜蘭特的成就，就是建立在第二種幽默之上
——人人喜愛的熟悉感——是觀眾心知肚明的老調，是沒
聽就會失望的那一種。

「原型品牌和故事都是讓人熟悉的，因為它們屬於我們的內在
生命，」希克森說：「就像我們會牢牢記得小時候的玩具，或是與
初戀交織在一起的某個音樂，或是當家裡那隻老狗又濕又溫暖時聞
起來的味道。」我們認得這些故事、歡迎這些故事，因為它們所代
表的意義，比產品或服務更大；產品或服務只是它們其中的一個意
義。

當然，故事可以在電視上說，也可以用文字來敘述。有些非常
精彩的平面廣告就能說一個故事，即使並不完整。舉例來說，有一
則刊出很久的廣告，主角是「哈沙威男人」（Hathaway Man），他的
一隻眼睛戴了眼罩。他為什麼要戴眼罩？他到底是誰？這許多的未
知——必須填滿的「空格」——都在要求讀者自己根據廣告想一個
故事來。最近，Foster Grant太陽眼鏡的「這後面是誰⋯⋯？」廣
告，作法類似：我們必須參與廣告，想像廣告裡的故事。

今天的故事變成明天的偶像

原型品牌不分階級、不分年齡、沒有宗教之別，其最深的意義

必須是未受褻瀆的。這就是為什麼品牌的故事（不只是廣告，而是環繞品牌的整個神話和傳奇）與品牌核心原型一致，會是一件很重要的事。品牌受到信任的程度，端視他們是不是每件事都能一致。當產品的每件事情都符合其意義原型時，產品就對了。這顯然就包括產品的標誌、副標、包裝和店面擺設，以及故事的設計、產品銷售的周邊環境，還有所有促銷資料（包括你的網站）的外貌和故事等。這一切都該傳頌著你的故事。

　　品牌創造歷史，品牌會變成歷史。它們會變成我們共同的故事，或者我們個人、個別的故事。一般而言，如果你要一位三歲的美國小孩畫一片餅乾，她一定會畫出Oreo餅乾；如果你要她畫狗餅乾，她會畫一個牛奶骨頭。畫「理想家園」，許多嬰兒潮時代的人會畫出殖民時期官員所住的兩層樓房子。深深銘刻在我們集體和個人記憶裡的，是我們先民的故事，是我們的初戀，是我們實現或未完成的夢想。廣告的世界揉和了這些最深層的回憶和渴望。我們只要研究、了解這些非意識的地圖，就能找到我們品牌最確定的道路。

18

美國兒童慈善組織「小錢立大功」的玻璃櫃

大廳的課程

美國兒童慈善組織「小錢立大功」（March of Dimes）位於紐約州白原市（White Plains）的全國總部大廳，是一個安靜、舒服、樸實的地方。除非你逛到樓梯後方某個角落，才會注意到那裡有一面展示牆。展示玻璃櫃後有來自另一個時代的遺物：一些報紙和包裹，其中的故事既讓人不寒而慄，也充滿了啟發性。那是《紐約時報》和《美國日報》（*Journal American*）的頭版，已因年代久遠而泛黃，兩倍大字體的頭條仿若大聲宣告著，已經發現一種有效的牛痘疫苗，能對抗致命的流行病小兒麻痺。沙克疫苗的包裝盒就躺在報紙旁邊，以棕色紙包著，上面印滿了「快」的大字。如果你轉個方向，會看到一具鐵肺[1]，那曾經用來搶救小兒麻痺的患者，希望能挽救他們撐到疫苗出現、並且普及化。

今天很難想像，在小兒麻痺襲捲美國時的那種恐慌。維克多・柯罕（Victor Cohn）在《四百萬個一角錢》（*Four Million Dimes*）中，描述了1916年那個夏天：「恐慌降臨東部，尤其是紐約市，兩

千人死亡，七千多人感染病毒（其中四分之三是五歲以下幼兒）。數以千計的民眾想要離開——但在高速公路和火車站被警察攔阻下來。少數醫院接受小兒麻痺病患，警方必須破門而入，從母親手中帶走已經死去的孩子。」這種病來得毫無預警、難以解釋、社會單位也束手無策——甚至連出身富裕的法蘭克林・狄拉・羅斯福（Franklin Delano Roosevelt），這位後來的美國總統，也是受害者。

在接下來幾十年裡，美國社會開始以類似作戰的力量，對抗小兒麻痺。醫療研究人員積極找出治療方法，有人甚至在實驗新藥的過程中送了命。在羅斯福總統和巴西・歐康諾（Basil O'Connor）的領導下，數百萬美元投入支持醫療研究，又有數百萬美元來自全美各地，一點一滴地在支持這場另類戰爭。在這場前所未有的公共參與中，有一個叫作「全國防制小兒麻痺基金會」（National Foundation for the Prevention of Infantile Paralysis）的新機構，也就是後來為人所熟知的美國兒童慈善組織「小錢立大功」。

那個恐怖的時代、如今「小錢立大功」這個安靜舒適的白原總部，還有這個機構所面臨的新危險，都可以透過原型的透光鏡來了解和統一。除此之外，對於原型定位的了解，也協助了「小錢立大功」變成更有效對抗病毒與無知的力量。

新的大敵

今日，「小錢立大功」遭遇了不同，但一樣具毀滅性，比20世紀前五十年折磨美國的小兒麻痺更可怕的威脅——畸形兒。「小錢立大功」進行了有關早產的重大新研究，以及基因治療的突破性研究。該機構贊助大型的公共服務宣傳，鼓勵所有生育年齡的婦女要服用維他命葉酸，結果顯示這可助於防治胎兒腦部和脊髓畸形。該

機構遊說讓一千一百萬名尚未受健康保險的兒童納入健保；經營「小錢立大功」資源中心，該機構健康資訊專家透過這個中心，提供懷孕和畸形兒相關問題的專業解答。

「小錢立大功」要努力預防問題，如果預防不了，他們所要面對的問題是非常真實、非常普遍的。在美國，每天有一百五十一名早產兒必須和死神搏鬥；有九十三名嬰兒的心臟有問題；七十七名嬰兒死亡。但和小兒麻痺不一樣的是，這些威脅，以及威脅所造成的悲劇結果，都是比較私人的、個人化的。嬰兒死亡，或者終身照顧嚴重障礙的孩子，對於必須承受這個結果的家庭而言，是非常可怕的經驗。但對於整個社會而言，這竟然相當「不明顯」。這是很可怕，但並不是傳染性的疾病。因此，除非發生在我們自己身上，否則我們都認為自己「免疫」。結果，要立即引起社會大眾對「防治畸形兒」的積極支持，比起當年喚起對小兒麻痺症的支持，要難上許多。因此，很諷刺的是，了解大眾、了解如何讓人們對這個問題有更多的急迫感和積極態度，對於現在的「小錢立大功」來說，幾乎就和他們所贊助的醫療研究一樣重要。

同樣諷刺的是，這個非營利的機構（像其他的非營利組織一樣），也面臨了一個比大多數營利事業更艱難的挑戰——這個挑戰需要更高層次的行銷高招：「小錢立大功」是在「推銷產品」（防治畸形兒），但人們根本不去想這件事，更別說要積極行動了。這個機構是在對抗面目不清的敵人：拒絕和冷淡。然而，該機構還是想激發廣大的社會支持。「美國行腳」（Walk America）是「小錢立大功」年度主要募款活動，全美一千四百個社區的一般民眾大約有一百萬人會在每年春天的某一天，站出來支持兒童。去年，「美國行腳」募得八千五百五十萬美元。自從這項活動於1970年首創後，「小錢立大功」總計已經募得十億美元以上。既然有這麼多障礙，

他們是怎麼辦到的？

新的定位

1995年時，「小錢立大功」董事會進行一項市調，打算了解和深化該機構與目標對象的聯繫——女性、兒童、受惠於該會的家庭，以及其現有與潛在的捐款人與志工。董事會想要了解「小錢立大功」的形象，並知道要如何才能更強力呈現出機構的使命。

首次研究的主要成果是定位上的改變——從「防治畸形兒」這個讓人聯想到已經坐輪椅的殘障兒童的主題，改成「一起救孩子」，讓人想到天真的嬰兒，想到人的潛能可能會被糟蹋。雖然這兩個概念在情感上都很強烈，但後者更能真實傳達「小錢立大功」目前的工作。雖然「小錢立大功」提倡服務殘障兒童和他們的家庭，但該機構大部分的募款和研究，卻是為了從頭就防治這些問題發生。

但所有的行銷專家都知道，預防是最難推銷的一種，尤其要預防的是像畸形兒這樣令人不安的議題。人類對於生下「不完美」孩子的恐懼，是很原始的——從遠古開始，新生兒的母親就會數著小娃娃的手指頭和腳趾頭數目，而神話和傳說裡也充斥著畸變兒童的影像。

但這種原始的、或原型的恐懼，是不是能轉變為正面的情感，並讓這份情感強烈到將防治呼籲化為行動呢？蘇珊‧羅伊兒（Susan Royer）是「小錢立大功」的廣告代理商，上帝使團（Lord Group），的規畫主任。她就認為有此可能。她看過筆者瑪格麗特以原型和原型故事所創造的成績，她認為，如果用在「小錢立大功」的志業上，可能也會發揮強大的效果。

　　第一次對機構董事會簡報的這一天，是非常關鍵的一天。瑪格麗特讓他們了解將原型應用在品牌定位上的概念，然後又簡單介紹了原型和原型故事模式。羅伊兒緊接著簡報，說明她初步認為這個機構該以何種原型來領導。從這裡開始所發生的事，就是一個了不起的例子，證明這種思考可以促成一個機構發現、並對他們最深層的文化價值採取行動。

　　簡報一做完，「小錢立大功」的董事長珍妮佛・豪絲博士（Dr. Jennfer L. Howse）對全體表示，這樣的思維使她對機構的「靈魂」獲得確定的結論，她很想知道其他人是不是也有同樣的立即反應。她已經把她認為最適合他們核心的原型寫在面前的一張紙上。其他人回答說，他們也一樣。當大家舉起手中的紙條，展示他們直覺下的想法時，「英雄」這個字一致地出現在每一張紙上。

　　這個毫無異議的選擇實在太令人驚訝了。幫助兒童的非營利組織，向來幾乎都會被照顧者的引力拉走，依附在照顧者原型相關的形象上。競爭調查也再次證明，在協助兒童的組織之間，照顧者定位最為普遍。即使是「小錢立大功」，在其早期的定位研究中，所採取的機構標誌，就是以線條畫出一個嬰兒在母親的溫柔懷抱中。

　　但促使豪絲和其他主管在紙上寫下「英雄」，背後的感覺卻和「照顧者」的感覺大不相同。每一天，當他們走過那個寧靜的大廳時，不管他們有沒有注意到，他們都會經過那個鐵肺，還有那些宣告著戰勝小兒麻痺的報紙頭條。每一天，他們上班，努力扭轉今日那些靜默、隱而不見的敵人：年輕與無知造成妊娠不健康、早產、身心障礙的畸形兒，以及小嬰兒無謂的死亡等。不管他們注意到沒有，這些工作都是為了一個英雄的理由，如果能承認這一點，加以證實、加以啟發，是非常美好的一件事。這些英雄原型也等於在向他們表示，身而為人，他們表達出共同的價值，這激勵了他們的集

體行動。但在這個充滿懷疑的年代裡，要怎麼樣才能有效果呢？

　　豪絲對這個主題，及原型方法的潛在威力，實在再清楚不過了。在簡報和討論之後，她提醒全體：「這玩意兒太強了，千萬輕忽不得。如果我們要採取這個方法，如果我們要採納『英雄』這個原型，就要盡可能地小心謹慎。我們必須確定這對我們、對我們所追求的目標、對社會大眾是有益的。」那麼，現在就讓我們來看看她的挑戰吧。

變成英雄

　　這個命題所帶來的第一個考驗，就是「小錢立大功」最重要的年度大事：2000年美國行腳。這個機構的廣告商上帝使團已設計出幾個做法，要鼓勵人們站出來參加這個一年一度的原創健行活動。有些是強調活動本身的樂趣和社會性，比方說，有一支電視廣告就用了佛雷‧亞斯坦（Fred Astaire）的一首老歌〈和我的寶貝一起開步走〉（Stepping Out with My Baby），健行者互相擊掌，在春天新鮮氣息裡為一個美好的理想共享美好時光。另一個做法就是挑戰觀眾：「您已坐而言了，現在請起而行」──還有個娃娃邁出第一步的剪影。

　　最後，還有一個做法直截了當地表達了「小錢立大功」的「英雄」理念──並邀請大眾也把自己變成英雄。

　　我們針對這些想法所進行的研究，非常具有啟發性。雖然有許多人在談「春日與好人兒享受好時光」，但這樣的想法只是抓住了感覺很好的經驗，卻不足以表達這個活動應有的真正情感。相反的，這些健行者透露了想要保護嬰兒的那種深切、長久心願。對某些人來說，這股感覺是來自於曾經失去、或差點失去一個孩子；對

另外一些人來說，可能正努力要懷孕；還有一些人，就只是很感激
自己擁有健康的孩子。但除此之外，沒有小孩的、沒想過要小孩的
人，會因為天真者的原型概念，而深受感動地加入這場活動——未
出生的嬰兒，純淨，他們的幸福完全不該受到威脅，這是我們集體
夢想與理想的血脈，將提醒我們人生有多美好、我們自己有多美
好，天真者是如此脆弱，全然依賴我們的無私和善意。在瑪格麗特
的訪談中，大多數的人說：

> 「我們有過機會，現在必須讓他們也有機會。」
> 「他們是需要幫助的嬰兒。他們可能是任何人的孩
> 子。」
> 「這些寶寶沒辦法幫助自己，所以需要我們的幫
> 助。」
> 「這和我的公司所參與的其他理想不一樣。這個活動
> 中，你沒辦法責怪受害者……」

　　毫不令人意外的，原型故事的模式，自上古起就能激勵人。脆
弱的天真者陷於困境，引起許多人內在的英雄精神。雖然他們一開
始想到自己是英雄時，會有些許不安，但隨後自然而然，就會因為
必須保護天真者的嬰兒，而充滿英雄的高漲情緒。除此之外，「小
錢立大功」的整體概念，也被解釋成英雄的概念。仔細想一下，他
們便將「小錢立大功」視為英雄特質和英雄理想的具體化身：

> 「願意打擊巨大的挑戰。」
> 「如果他們能治好小兒麻痺，也一定能做到這一
> 點！」
> 「能夠看到別人所未見的可能性。」

　　「『小錢立大功』能創造願景，有一天，不再有畸形兒……哇!!!」

　　「無私、犧牲小我。」

　　「醫生、父母、倖存者受徵召而走。」

　　「人們藉此幫助別人家的小孩。」

　　「人們為陌生人而走。」

　　「鼓勵別人走出狹隘的生活，加入這場運動、這股力量。」

　　「愈多人加入健行，就能募到愈多錢，救助愈多小嬰兒。」

　　「我只出一點小力，但能聚沙成塔。」

　　「我們是一項大志業的一份子。」

　　「帶給我滿足感、目標感。」

　　然而我們發現，必須避免太直接的英雄訊息。我們發現，有英雄感的人，常常不被認為是英雄。他們自認只是在做份內的事。我們幾乎立刻就發現，以較微妙的方法，點出英雄不願被視為如此偉大原型的心態，是必要的。

　　廣告商將這種認知轉化成非常精彩的宣傳，其基本觀念是，雖然貢獻的人、參加健行的人，都非常謙虛地不願自封英雄，但被他們所救的成千上萬嬰兒，卻非常渴望能視他們的大善人是英雄，他們所追求的理想絕對是英雄的表現。

　　一個又一個孩子出現在海報上、平面廣告上和宣傳手冊上，都是顯示真實發生的情況，嬰兒的生命有危險，但被救命的治療——葉酸補充劑或「小錢立大功」的新生兒特別設備所搶救下來。在每一個例子裡，其標題都說，即使你不認為自己是英雄，但「珍妮佛

認為你是」。

最具戲劇效果的可能是一則電視廣告，其靈感就是「小錢立大功」所獲得的理解。一開始是十幾個人震撼的腳步聲，接著是數百人，然後是數千位健行者——英雄的「軍隊」，為兒童而戰。當這些健行者轉過一棟建築，攝影機慢慢地拉到旁邊，定焦在一個窗戶上，我們看到一個小小的嬰兒正連接著新生兒維生設備，我們聽到另一個強力的聲音：這個嬰兒的心跳聲。重點很清楚，也非常有力：在不知不覺中，這些窗下的健行者，正在搶救這個嬰兒的生命。

英雄的旅程

「小錢立大功」宣傳中的重要元素，自然是反映了英雄旅程的典型故事。喬瑟夫‧坎伯早就指出，這是所有偉大時代和宗教故事中一再出現的模式。事實上，如果我們追求英雄的目標，這個軌跡將紀錄我們的事蹟。坎伯後來又經克里斯‧佛格勒的解釋，點出了英雄旅程的重要元素。這可以從美國行腳的宣傳反映出來：

- **英雄置身於平凡世界**

  在一整年中，這些可能參加健行的人都如常地過日子，難有英雄感。

- **英雄受到冒險的召喚，但差點拒絕這項使命**

  這項活動清楚地發現一個事實，即可能的參加者並不急於加入任何英雄活動，甚至不願被稱為英雄。

- **但聰明的顧問鼓勵英雄接受徵召**

  需要幫助的兒童或嬰兒——天真者的智慧——不容爭辯。「你不認為自己是英雄？但他認為你是。」

- 英雄進入一個奇妙的世界接受考驗、找到新盟友和敵人

  健行本身，就如廣告中的描繪，是體力上的挑戰。形形色色的人，平常不會走在一起，但現在有共同的立場、共同的目標，他們在不知不覺中，正在保護一個嬰兒免於死亡的威脅。

- 英雄面對敵人、拔出寶劍、帶著靈藥凱旋

  看到、感覺到這樣的宣傳，曾參加的健行者想起，當他們參加時所感的「高昂」和變身感覺；初次參加的人則會在靈光一閃間，感受到變身是什麼樣的滋味。

全方位招喚英雄的旅程

不只廣告改了，「小錢立大功」也透過數以千計的「現場人員」，將這個訊息傳達到全美各地，製作「一種聲音」（One Voice）小冊，鼓勵這些大使們為了理想，自己也要採取英雄的姿態。這些證明了，機構可以從各個基層角落，全面運用英雄的視覺和口頭語彙。

如果你打電話到他們的全國總部，在電話上等待的那幾秒間，你會聽到語音傳達著同樣重要、積極的訊息，講述嬰兒的生命正「懸於一髮」，等待著一般人，為了他們而展現簡單的英雄行為。

整個宣傳包裝在形式上的多變，一如其內容上的多變。包圍著照顧者的文字和影像是軟調的、呵護的、撫慰的、保證的。英雄的視覺和口頭語彙，卻是強力的、戲劇化的、激勵性的、有目標的。

採用了英雄原型，以如此急迫的「語調」發聲的結果，在機構內外也不是沒有碰上挑戰。舉例來說，認識葉酸的活動，推出了一個「交通寶寶」的廣告。我們看到一個小嬰孩爬到混亂的十字路

口，卡車和計程車呼嘯而過。調查顯示這個概念極有效果，傳達的意思是，如果妳不在懷孕之前就攝取葉酸，未來的寶寶可能會遭遇這樣的危險。但機構裡有許多人卻對這個大膽的比喻顯得有些保留。在全國各站的部分公共服務主管認為，這個廣告對他們的觀眾來說，可能「太嚇人」了。這樣的反應並不令人意外，似乎只要公司或組織決定要真正動手建立一個意義時，總是有某個地方、某個人會提出異議。

但整件事還是在進行。今天，「小錢立大功」所製作的數千本手冊、錄影帶、廣告和其他公共服務的訊息，都要經過「英雄」的濾紙，確定這些內容都在反映「一個聲音」。很快的，當組織文化真正接受其英雄的起源和命運時，英雄的聲音將自動自發地傳播出去。

另一方面，這些都是擁抱英雄定位、喚起大眾注意「懸於一髮」小生命時的困難處。如今經濟正強勢，大多數的美國人都感受到自己是起飛的一份子，我們算是處於承平時期。趨勢專家告訴我們，我們太過犬儒，因為失望太多，所以再也不相信英雄。這就是為什麼人們只攝取表面的預言。但原型的透視鏡告訴我們，對於英雄的需求、感覺自己是英雄的欲望，就像人類歷史一樣古老，因此無論如何，我們都會找到滿足這個需求的出口。發現、接觸到這一深層的人類真相，「小錢立大功」就能使其英雄定位復活，重新為機構注入活力，更有效地完成其偉大的志業。

---

1 [編注] 一種鐵製的人工呼吸器，用來幫助小兒麻痺症等疾病的患者呼吸。

第七篇

百尺竿頭

本書的前六篇，焦點都在如何利用原型，才能將你在市場上的品牌力量發揮到最大，並且能長期成功地管理品牌的意義。本篇將更深入探索意義的深井，讓你能從中充分地汲取。

第19章：「願原力與你同在——掌握類別本質」，介紹產品類別本身也可擁有原型定位或本質。這樣的核心意義可以被發掘出來，而這也是許多品牌偶像的成功秘訣。在這一章裡，我們解釋為什麼消費者與一個品牌或產品的第一次接觸，會形成一種「銘記經驗」，永遠影響他們對該品牌的看法。還有，產品或服務的角色在一個文化裡，具備了何種重大意義。我們也會介紹了解並利用類別本質的新方法，把這樣的認知當成幫助你的「順風」，為你的品牌帶來附加的能量。第20章：「真實世界——將品牌與企業組織結合在一起」，我們將更進一步探索原型幫助我們定義組織靈魂的方法，提出一個焦點以組織所有活動。第21章：「寫下一頁傳奇——原型行銷的道德議題」，深入探究倫理的領域，提供專業人士技術

支援，以掌握因行銷意義而產生的棘手議題。

　　最後，本篇要探究的議題是，什麼叫作意義管理的事業？尤其當我們正置身在這麼一個如此迫切需要實質內容的世界。

　　此外，本篇還要引導讀者仔細深思，他們的品牌和所處的事業，有著什麼樣的品牌原型。如此一來，即使像慈善業這麼廣泛的領域，也能形成決策，或者藉此找到最適合讀者品牌的事業的行銷。

願原力與你同在

掌握類別本質

現代的每個類別，歷經了時代的考驗，都有其前工業時代的先驅，顯示其真正、深切的意義或用意。在汽車之前，我們有馬和驢；在洗衣機之前，我們有河床和淨身的儀式。

了解一項產品的原始用意，在個人生活或文化中的意義，可以讓我們更進一步探知其主要意義。將主要意義用於「塑造品牌」，宣稱這就是你所擁有的意義，可以讓你更逼近市場主導地位。這是因為，類別的意義就像是一場強勁的順風或氣流；這不是用來區隔的品牌「引擎」，而是作為加速品牌力量、增加其動能的一股推動力。

這樣的觀念也超越了舊式那種擁有「類別好處」的概念，這種概念通常是從客觀、功能化的角度來看待。相反的，原型品牌是代表好處背後的意義。象牙肥皂不只是清潔而已，更和清潔的深層意義有關：更新、純潔和天真無邪。（因為這個原因，當寶鹼公司找來一位曾拍攝色情電影的女星為模特兒，畫出包裝盒上的母親臉孔

時，就引起相當大的關切和反彈，寶鹼只好立即撤換這位女星和包裝盒。）東方航空（Eastern Airlines）不只是把旅客從這裡載到那裡，更是「人的翅膀」。Nike不說自己是更好的運動鞋，而是說：「放手去做」，號召一股紀律和決心，這是真正去「追求」——保持好身材、求勝時所必需的。甚至連其名稱（雙翼女神之名，如我們先前討論的）都探入了雙足疾飛的深層原型意義。只要穿上耐吉，就能鼓勵一個跑者努力再跑快一點、再跑遠一點，只因為腳底這雙鞋帶著英雄的力量。因為擁有類別的意義，將能促使一個品牌取得領導地位，我們曾經針對各種類別進行原型的研究，使用方法質、量研究皆備。過程中，我們發現了取得本質意義和類別經驗的新方法。本書本章的這些研究，大部分都是筆者瑪格麗特在揚雅廣告公司時期，以及擔任私人顧問時所進行的。

如何從消費者的記憶裡發掘類別本質

在我們針對汽車業進行的一項大型研究中，我們決定要捨棄一般的想法，不去問一些陳腔濫調，例如駕駛人希望從汽車品牌中獲得什麼等等。相反的，我們從一個基本的心理需求架構著手：成就、積極、歸屬、獨立、性感、地位等等。針對每一種需求，我們開發出對於情境的形容詞、影像和描述，如圖7-1所示，將這些東西納入問卷中。

在真正的訪談中，一開始就要求受訪者釋放想像力，回憶第一次坐車、第一次將鑰匙插入自己擁有的第一輛車等早期的回憶。接下來的測驗中，他們要接受這些心理需求架構所衍生之相關問題的連番轟炸，針對每一個字、每一句話或影像，指出與他們駕駛經驗的相關程度。最後，他們要指出這些情境、影像和感受，讓他們聯

圖 7-1

衍生的單字或描述範例	
心理需求	**衍生的單字或影像**
成就：比別人更好、更成功、成功地完成困難任務	成功的 能幹的 在極具挑戰的路況下成功駕駛 比大多數人都會開車 勝利、克服挑戰、化解危機、覺得自己能力十足、是這場比賽中的佼佼者
獨立：做事不必管別人怎麼想、獨立決策、沒有義務、不守成規、不受束縛	獨立 自由 做自己 想開到哪就開到哪 康莊大道在我眼前展開 風自我耳際呼嘯而過 感覺心靈真正釋放 流浪、冒險、尋覓新鮮事 覺得什麼事都有可能 康莊大道沒有極限
安全：社會和心靈上的安全、行為正確、不犯錯，否則會被瞧不起	安全 開的車是親朋好友都會開的車 在夜晚或惡劣天候下與所愛的人置身車內的安全、舒適感 安全、寧靜、平和與一體感 感覺我以一輛強壯的汽車包圍著我所愛的人，知道我可以保護他們，保障他們的安全。

想到的是哪一家汽車公司或品牌。

　　結果十分震憾。如果以比較傳統方法詢問，駕駛人常常會談到汽油可跑幾公里或定價等等，但他們所提出的早年駕駛經驗，比一般顧客偏好調查所獲得的成果更豐富、更真實。有一個人就只是回憶到：「炎夏夜晚、金髮美女、警察、紅色」。

　　在回應這些字句時，有些人會從照顧者的角度想到汽車和駕駛。男人通常認為，對車子的選擇和正確保養，是保護和照顧家人的一個機會。女人的照顧者角度多半略有不同，許多人認為，在她們忙亂的家庭生活中，汽車變成一個讓所有人真正同時進入一個空間、了解彼此生活的地方。他們在和家人共駕時感受到的親密，我們後來稱之為「車繭」。

　　但最具震撼力、和汽車與駕駛深層經驗有密切關係的回答，還是英雄與探險者。在回應提問的字句時，許多駕駛人都指出，對他們來說，駕駛的經驗就是在考驗自己，在惡劣的天候下開車、要面對挑戰，要克服障礙。對他們而言，並沒有以車為家的孤絕經驗——雖然這樣的經驗，常見於汽車廣告中，展示場裡也常常強調這一點。他們對汽車和駕駛的最早期經驗，符合這樣的感受，也可解釋汽車在我們文化中的基本重要性。

　　很顯然的，對許多美國人來說，尤其是男人，汽車和駕駛經驗常是我們最初的「真愛」，取得駕駛執照，就表示已經通過我們文化中少數的儀式之一，代表已經成人。

　　早在我們扔下父母奔向朋友和愛人之前，我們就已經為了汽車而遠離爹娘。這是因為，汽車的本質意義，和我們在人生階段的發展需求不謀而合。汽車促成、甚至加速我們離開父母的行為，強化和支持個人主義與自我的發展，賦予年輕人對無限可能性的自然信仰。即使只是一部廉價車或老爺車，我們的第一部車會變成我們自

主權和獨立的具體證據——也就是表達我們對英雄和探險者的渴
望。

　　從許多方面來看，汽車也是我們第一個「自己的窩」。許多年
輕人在車裡一坐大半晌，享受著獨處於自己小空間的滋味。為了能
更清楚探照汽車和駕駛的深層意義，瑪格麗特在揚雅時期，借用葛
蘭特・麥奎肯（Grant McCracken）的文化人類學專業。麥奎肯寫
道：

> 　　美國人是根據拿到駕駛執照，來紀錄他們的成熟度。
> 事實上，在我們的文化中，並沒有其他的過關儀式。有些
> 文化會要求他們的兒童在沙漠裡受苦一個星期。有些文化
> 會舉行儀式，讓兒童全身覆滿油彩和羽毛。在我們的文化
> 中，並沒有這類的典禮，但我們的文化裡，有汽車。
>
> 　　汽車祭典的邏輯相當明確。我們接受國家的考驗。如
> 果我們「過關」，我們就有權力讓自我大幅提升。我們取
> 得執照，而有了執照，就能用車，有了車，我們就可以從
> 父母那裡獲得新的自由，以及新的、幾乎算是大人的控制
> 權力。如果我們失敗了，就什麼也沒有。我們還是不成
> 熟，「只是個孩子」。
>
> 　　但更糟糕的是，自我依舊，並沒有因為機器的力量而
> 被放大。

麥奎肯繼續指出：

> 　　這場過關的儀式是關乎征服的。這裡的考驗是，我們
> 能否征服這輛車，這是在測量我們的成熟度。問題是，
> 「我們是否已擁有足夠的征服力，足以獲得更多的征服

力？」我們的過關儀式，是在評估我們是否已經成長到能接受這樣的一個工具，因為在我們的文化裡，這個工具將大幅擴展我們的征服力。問題不只是「你能不能開車？」而是，「你準備當大人了嗎？你是不是已經有足夠的征服力，讓你值得擁有更多的征服力？」

隨著我們愈來愈成熟、擔負的責任愈來愈重——尤其是開始養育子女後——我們和車子的關係也就有了重大的改變。駕駛曾經帶來的純粹自由和獨立感，已經與婚姻、成熟，尤其是為人父母之後的自制與責任感相調和。我們的調查顯示，駕駛已經變成對他人的尊重，而不是單純的自我放縱——我們開車上班、載著孩子兜風、解決交通問題。

同時，我們也發現，在表面之下，還有著我們對汽車本質意義的中年渴望——對心中年輕、自由探險者的渴望。我們的調查發現，簡單的設計元素，例如天窗、CD音響、紅色或越野設計，在忙碌的萬能媽媽之中，有著不成比例的重要性，因為這些人都覺得，她們還沒有喪失自我，即使車裡還坐著她的四個蘿蔔頭。而成功地在濕滑路段轉個險彎（或者在令人屏息的速度下成功轉彎），會帶來近來難得一見的英雄感。我們的客戶可以運用這些深入的觀察，刺激汽車業中越野功能休旅車的可觀成長——這些汽車的越野功能在城市和郊區很少派上用處，但確實在我們內在人生扮演著重要的角色。

當然，汽車還有其他的意義，可以用來區隔品牌：例如地位、豪華、叛逆、世故等。但這每一個意義，都必須放在類別本質意義的更大脈絡下加以了解，而且理想上，最好能加以融會貫通。在這個類別裡，英雄和探險者的精神就是順風，能在市場上提供意想不

到的力量和速度的泉源。

　　除此之外，「車繭」現象也透露出，汽車有一個強勢的另類本質。汽車的歷史先驅所指出的類別本質，比較接近探險者的忠實寶馬——就像《孤獨遊騎兵》的銀駒一樣。但對部分、較少數的一群人而言，汽車本質的另一種先驅，更像是封閉的、安全的、交通用的座車。第二種定位比第一種定位的力道稍弱，但仍能提供強勁的區隔點，以及提升產品設計的機會。舉例來說，迷你房車要如何更進一步促進家庭的親密感或舒適感，當這個家庭同一時間聚在同一地的最佳機會，就是在開車的時候呢？

啤酒和銀行

　　其他發掘類別本質的技巧，已證明可適用於從啤酒到銀行這麼廣泛的各種產業。舉例來說，我們給一些年輕的啤酒愛好者一些「開始信號」，然後要求他們針對和喝啤酒有關的「美好一夜」，「寫下自己的故事」。分析這些故事的架構，再把這些模式和文學與神話中反覆出現的模式結合，就可以了解這個類別對這些人的作用與意義是什麼。

　　在其中一個研究中，受訪者提供了各式各樣的故事，幾乎全球各地的年輕人，都選擇了一個最能抓住他們對啤酒感覺的一點：

> 一個生活寫意、沒有掛念、不必憂心的地方，
> 每個人都受到平等待遇，又能自由發展。

　　以原型的角度來看，這個「第三去處」不是家、不是辦公室，而是零壓力的環境，你可以毫不保留地做你自己，在這裡，每個人都是平等的，在這裡，啤酒就是最大的平衡桿——這真是追求歡樂

的弄臣所夢想的理想環境。

　　當這個概念被一個電視影集《歡樂酒店》（*Cheers*）所實現時，這個節目變成電視史上最長壽的節目之一（「這個地方，每個人都知道你姓什名啥，你的麻煩也就是那幾樣。」）不管一位心理學家和郵務士是不是真的會每天晚上到同一家酒吧作樂，這並不重要；事實上，這只是這個概念魔法的一部分。當外面的世界可能會對社會身分和地位畫下明確的分界線時，在這個完美的地方，在這個被凍結的時刻，你我都是凡人，你我是平等的。同樣的弄臣「第三去處」神話概念，也被美樂啤酒早期非常成功的一支廣告所引用：美樂淡啤酒「明星」。1990年代初期，揚雅廣告公司想要幫其客戶菲利浦摩里斯（Philip Morris）了解，具里程碑作用的廣告例證，是可以讓產品一舉脫出人工的「減肥啤酒」，定位為尋歡者的真正好料。我們的研究顯示，廣告可以探觸到這個類別本質的強力水流裡。葛蘭特·麥奎肯很聰明地將這個「最好地方」命名為「芮金斯世界」（Riggins's World），用來形容啤酒的重要特性，以及美國男兒的弄臣風格。

葛蘭特·麥奎肯的「芮金斯世界」

　　請記住這個影像。這是美國文化裡的重要一刻。其中包含了美樂淡啤酒「明星」的宣傳奧秘。這個影像很簡單。是一個男人睡在桌子下面。芮金斯先生到了華盛頓。這時是1980年代初期。我們都坐在華盛頓的大廳，全世界都在這裡。

　　貝克坐在一張桌子。季辛吉在另一張桌子那裡。好萊塢明星點綴在屋子裡。我們齊聚一堂，是為了參加一場慶祝華盛頓和莊嚴總統所辦的盛宴。我們是在此慶祝雷根新

時代。

這裡冠蓋雲集，每個人都穿著正式的晚禮服，光彩耀眼。餐桌上擺滿了滿桌的水晶和瓷器，大燈台在我們頭頂散發著光芒。這裡是最豪華的華盛頓。總統即將發表演說，一直鬧鬨鬨的群眾開始安靜下來。總統正步上講台，觀眾一片靜默。

嗯，幾乎是一片靜默。在屋子裡遠遠一個角落，傳出鋸東西的聲音，聽起來有點像是打呼的聲音。老天爺，真的是打呼聲。有人在這場本季最重要的社交場合上睡著了。有人在美國總統的面前睡死了。華盛頓的偉大盛典秩序被破壞了，新任總統的尊貴被傷害了。

大家都很不高興，真的不高興。到底是誰膽敢冒犯總統？大家眼光在屋裡搜尋著，要揪出這場混亂的始作俑者。他們在找，是哪一個可憐的笨蛋，喝了太多的琴湯尼，倒在自己的沙拉盤上會周公。他們想報仇。別讓他們逮到這個傢伙，他們一定會毀掉他的事業，把他逐出華盛頓，讓他此生都成為笑柄。

但他們所看到的，是兩隻腿從漂亮精緻的桌布下伸出來。桌布內傳出如雷的酣聲。看來是有人在桌子下睡著了。很自然的，這一定是很狼狽的事。這傢伙到底是誰？有人揭開了桌布看，卻帶著笑站起來，等到人群散開，大家都笑了。原來，酣聲的主人是約翰・芮金斯（John Riggins）──美式足球華盛頓紅人隊（Washington Redskins）的跑鋒、超級杯的最有價值球員。

重頭戲在後面。應該發生的事都沒發生。安全人員並沒有衝進來拉走這個無禮的笨蛋，也沒有人嗤之以鼻大表

不贊同。整個世界並沒有因為恐懼而畏縮。在這個對地位
有著高度敏感的城市，也沒有人迫不及待表示輕視。也沒
有人趕著去彌補總統的尊嚴。

　　事實上，每個人都在笑。每個人都只是點著頭，然後
說：「好吧，這就是約翰‧芮金斯。」就這樣了。芮金斯
不僅未因這樣的行為被嘲笑或詆毀，反而因此大受歡迎。
結果，每個人都愛死這件事了，都被他的魅力迷上了。芮
金斯在聽著總統致詞時睡著了。太棒了！

　　結果，芮金斯並沒有做什麼丟臉的事。在總統演講時
打盹，顯然是件光彩的事，尤其是以芮金斯的個性而言，
而且還非常可愛呢。但，為什麼呢？部分原因是，這件事
讓每個人都想到一個老笑話：「大象睡在哪裡？」

　　當然，以芮金斯的例子，這是「想睡哪裡就睡哪
裡」。還有一種感覺是，這傢伙把超級杯捧回家，他就擁
有市鑰。如果他想在總統說話時睡覺，那麼，好吧。無論
如何，除了超級杯外，華盛頓已經多年來沒有什麼成就
了。

　　但真正保護芮金斯不成為笑柄的是什麼？真正讓他的
這個行為變成如此可愛的，其實是這個動作深入了美國男
兒文化的基礎。在漂亮的桌布間小睡一下，馬上被視為發
揮了男兒主義的最根本意義。這正是典型男兒會做出來的
事。這正是典型美國男兒該做、可以做的事。芮金斯的瞌
睡可能不太禮貌，但這正是美國男兒的定義形象。這就是
美國男兒，是最基本的一種，本來就可以當著典禮、正式
場合、高雅和禮貌的時候表現出來。他「本來就該」鑽到
桌子下睡覺。

　　無論如何，足球員就是自然的產物。他們是相對未受文明薰陶的一群男子，他們是不懂也不在乎社會禮教的一群男子。他們是探觸基本力量的人，是現代世界裡的基本存在。再怎麼說，足球就是一種未經調和的暴力表現，是最原始的肌肉和感情的實現。讓足球員離開球場，讓他們離開暴力的男性圈，把他們引進有禮的社會，他們什麼也不懂，無聊得要死。如果把基本元素從這個基本男人身上取走，他想做的就只有在最近的桌子下，找一個柔軟的地方，等沈悶的事情過去。

　　從技術行銷的角度來看，這個宣傳的可能發展已經非常明確。公司決定要加重品牌的男性特性，以相對於「淡」所引發的各種聯想。這些廣告不只是硬漢似的男兒，而是芮金斯的男兒氣概，甚至還更特別：這些廣告是指芮金斯不顧禮教社會的態度。廣告是在說一種故意和文明世界保持區隔的美國男兒。

　　美樂淡啤酒廣告抓住了特別惡性、強壯和基本的美國男兒版本。而剛好，這正是當男性和別人出去時，最在意的一種男兒特色。這是男性聚在一起時要建立和表現出來的男兒本色。這也是男性在喝啤酒時要發掘的男兒本色。

　　換句話說，美樂淡啤酒的廣告正好吻合男人們在喝啤酒時所在乎的男人味。廣告說：「我們知道你在尋找芮金斯的男兒本色。美樂啤酒就是找到男人味的地方。」

芮金斯先生回家：
美樂淡啤酒的廣告如何結合消費者和芮金斯

　　我現在要擴大我的主題。美樂淡啤酒是在召喚芮金斯

的男兒本色，但真正讓這件事變成有效的廣告，是其有效結合這個世界與消費者的世界。事實上，我認為，這就是真正的廣告天才。不只是表現出芮金斯的男人味，也能真正讓消費者掌握這樣的男人味。這個廣告的成功之處，就在於把芮金斯的男兒本色從足球場上帶到酒吧裡。

讓我們來面對事實吧，運動行銷和運動員的投資，最大的一個問題是什麼？那就是，被選上投資的運動員，常常太過誇大不實了。他們的英雄主義讓他們難以接近，就好像他們有某種神話地位一樣，好像他們存在於另一個宇宙。這就是波・傑克森（Bo Jackson）廣告的問題。有時你會說：「哇，這傢伙真是我的英雄。」有時你會說：「你知道，我對這傢伙一無所知。」崇拜是一回事，認同又是另外一回事。如果目標是要建立一種認同感，運動英雄就必須被賦予人味。

看看美樂淡啤酒是如何讓它的英雄有人味。首先，這裡的廣告用的是前運動員。這個高招，可能是源自於目前針對運動員與酒精飲料關係的規範法律。但看看這一招對廣告訊息的作用。突然之間，他們變成面目清晰的人。

其次，再看看這些廣告發生的場景。就在附近的酒吧。波・傑克森系列廣告中，沒有哪一個是騎腳踏車行經被雨打濕的人行道。就在那裡，那個我所知的世界，被像你我一樣的人所包圍著。

第三，看看他們在做什麼。他們並不是在做英雄的事──灌籃、馬拉松，或者一棒揮出全壘打。廣告不會紀錄他們和小人物有多麼少的共通點。相反的，廣告顯示他們做的是一般人在做的事：競爭（班・大衛森／Ben

Davidson廣告）、吹牛（布萊恩‧安德森／Brian Anderson
的「荒誕故事」廣告，還有布利茲‧葛斯罕／Brits
Gresham廣告）、彼此取笑（狄佛／Deford與比利‧馬丁／
Billy Martin廣告）。這一切都是小人物會做的事。而由運
動員來做這些事，更能讓廣告真正將芮金斯的意義灌輸到
小人物的生命裡。這一切會建立起關聯。

　　第四，看看那些運動員所扮演的角色。沒錯，布古斯
（Butkus）、史密斯（Smith）、大衛森和狄肯‧瓊斯
（Deacon Jones），都是在確使這個廣告能抓住芮金斯的男
人味。但約翰‧梅登（John Madden）、洛德尼‧丹佐菲德
（Rodney Dangerfield）和鮑伯‧烏克（Bob Uecker）的出
現，別有用心。這些人在廣告裡都要工作，因為這樣才能
使廣告模擬一般消費大眾的世界。

　　每一群人裡，都有像約翰‧梅登這樣的人（至少，像
他在美樂淡啤酒廣告裡的樣子）。梅登總是在廣告結束前
一身泡沫地出現，他說：「嘿，我們可以分出勝負；我們
可以拿下這些傢伙。」任何團體裡，總有像梅登這樣的
人，永遠不知道何時該收手。這些是讓你又敬又愛的人，
因為他們將「自然的力量」推到極限。他們就是停不了。
這些人受到其他男性的喜愛，就因為他們能抓住芮金斯的
性格。

　　而這就是洛德尼‧丹佐菲德和鮑伯‧烏克所扮演的部
分角色。每一個團體裡，都有笨蛋和騙子。這些人可能喜
歡靠近團體的核心，但事實上，芮金斯男兒不會答應，因
為他們水準不夠。這種人代表的是非芮金斯男兒的負面教
材。

　　換句話說，這個廣告不只是演出一個超級英雄的世界，還表現出一個一般啤酒消費大眾的世界。廣告中呈現了一個我們所熟知的世界，有著這個世界特有的活動、場景和人們。在這一切之中，會完成某一件了不起的志業：這個廣告成功地說服觀眾相信，真正的芮金斯男兒也可以發生在美樂淡啤酒的愛好者身上。這是常見於廣告的「意義轉換」中，最好的一種。為了給消費者的世界一個運動英雄的世界，廣告必須先給運動英雄一個消費者的特性。這就是「明星」廣告能夠成功讓美樂淡啤酒代言「芮金斯世界」的作法。

　　銀行似乎和啤酒是風馬牛不相及的兩種產業，確實也是如此，但類別本質的概念也一樣適用、一樣有用。為調查銀行對中產階級與上流消費者，各代表著什麼樣的深層意義，我們運用了一種稱之為「階梯法」（laddering）的有力工具。階梯法是取材自臨床心理學，利用一連串的系統探究問題，讓回答者從與他們相關的表徵，進步到客觀的利益、再到主觀的利益，最後是連結他們與類別的深層意義或價值。我們希望能從表徵到利益、價值，一路「爬上階梯」。

　　個別訪談都是由受過高度訓練的專業人員負責，但「爬階梯」的概念，其實就像三歲小孩常有的表現一樣簡單。每一位父母都非常熟悉以下這段日常對話：

父母：該上床睡覺了。

三歲小孩：為什麼？

父母：已經八點了，你需要睡眠。

三歲小孩：為什麼？

父母：這樣你才會長得像大樹一樣高。

三歲小孩：為什麼？

父母：這樣你才能進入洋基棒球隊賺大錢。

三歲小孩就是順著父母「爬階梯」，從表徵到利益，最後再顯示他們的統治者價值！

當我們對銀行業進行這樣的研究時，很明顯的，藍領階級對投資的價值觀，與上流社會的想法不一樣。更上層的消費者很快地爬上統治者（控制）的價值，有時則是探險者（自由）的價值。而對他們來說，儲蓄和投資的最大好處，是金錢所帶來的自我決定及支配感——有能力在想做的時候，做任何想做的事。另一方面，中產階級所祈求的最大好處，都集中在整合與安全的需求上——為家人而整合一起，維持家庭的穩定和安全。

我們同時也探索早期的「銘記」經驗，也就是消費者還是小孩子時，與爸媽一起上銀行的記憶。較上層社會的消費者，記得這是一件很快樂的「成長」經驗，尤其是當他們擁有自己的存摺時。另一方面，較為中產階級的人，記憶裡的銀行卻是冷酷、禁忌又多的地方，是一個你不能拍皮球、不能吃冰淇淋的地方。

這些有關類別本質的發現，可以幫助我們的客戶和我們，去面對各種不同人口族群特有的不同類別意義，才能決定鎖定的先後順序，最終才能有效地為銀行定位。

男性化、女性化和類別本質

在某些語言中，男性化或女性化的形容詞，可用來描述無生命的物體，這是一種心照不宣，暗示即使是無生命的東西，也可能帶

有男性化或女性化的精神或「力量」。同樣的,有些(但不是全部)產品類別會有「性別化」的力量,影響他們的原型定位。在找出產品的性別時,很重要的一點是,要先記住「男性化」和「女性化」用在這個脈絡下,並不是指一個男性化產品只能(或主要是)給男人用、女性化產品就一定是給女人用。

當然,性別是一個複雜的概念。男性和女性的區別有著極大的差異。雖然Virginia Slims已經定義出一個女性香煙的定位,但抽煙這件事的性別卻絕對是男性化的。因此,堅毅的、積極的姿勢,常見於其廣告宣傳中。萬寶路在把其定位由女人的香煙轉為牛仔的香煙後,抓住抽煙的堅毅、禁慾的特質,才開始變得成功,最後並成為業界的代表。萬寶路的男人味形象,正好和芮金斯的世界成明顯對比,較偏向英雄原型,而不是芮金斯的弄臣原型。

卡拉‧甘貝希雅(Carla Gambescia)是一位才華洋溢和創意十足的行銷顧問,她常發現,在食品類中,找出性別是非常重要的事。舉例來說,她在與點心和零食業合作時,發現鹹味零食,如洋芋片等,似乎一定都是男性化的,而冰淇淋就是女性化的產品。她怎麼知道?

不管是從消費者基礎或心理階梯方法開始,甘貝希雅檢驗鹹味零食和冰淇淋的實際表徵。她發現,鹹味零食都比較有稜有角、表面不平、脆、乾、硬及尖銳;吃起來嘎吱嘎吱有聲,常常有強烈、可口的味道,可能很辣、開胃。如果講到好處(階梯再進一步),鹹味零食有宴會感,能刺激感官、炒熱氣氛、讓氣氛「熱絡」起來,並且帶來一種「快感」。這種零食通常要用手吃、要大口嚼,並且會引誘你一口接一口,一直把袋子裡的零食吃光光。

在意義的層次上(階梯的最高一級),這種零食打破沈悶,是無聊的最佳解藥。鹹味零食和測試的界限有關,讓人覺得不必負責

任、剝除你的束縛，讓你自由。它們還能帶來一種放下一切的解放感。

鹹味零食的階梯和冰淇淋的階梯，有什麼不一樣？各方面都不一樣。就從表徵層次開始比較（見圖7-2）。

再往階梯上走，甘貝希雅繼續列出兩者的對比。好處的差別表現在圖7-3裡。

繼續是意義層次的對照，如圖7-4所示。

男性化和女性化力量的差異，很自然地會引導我們在考慮兩種類別的品牌原型時，會較看重某些原型。亡命之徒、探險者和弄臣看來都是在考慮鹹味零食時的反射選擇，而情人、天真者和照顧者就是冰淇淋的絕配。在我們所檢驗的每一範疇中，選擇每一種原型

圖7-2

對比	
鹹味零食	**冰淇淋**
鹹的	甜的
澱粉／穀物為主	奶油／牛奶為主
脆、乾	濕的
硬的	軟的
有稜有角或表面不平	圓的或團塊狀
嘎吱嘎吱、有聲音	沒有聲音、會融化
粗糙	滑順
味道強烈、可口	細緻、引起官能慾望的味道
任何時候皆可得	特別的待遇
辛辣、可口	濃郁、含乳脂

圖7-3

好處	
鹹味零食	冰淇淋
宴會感	宴會感
刺激感官	取悅感官
炒熱氣氛、活絡氣氛	讓味覺柔順、涼快
帶來某種興奮感、快感	提供滿足感和舒適感
要用手	與舌尖交融
讓你一口接一口直到吃光光	享受的一刻可以延長
需要用力嚼	可在融化同時「不費力」地吃

圖7-4

意義	
鹹味零食	冰淇淋
快樂	快樂
治無聊的解藥、打破常規	強化或轉變這個場合
測試界限	退入自己的小天地
愉悅、加速	沈醉感、延長
感覺不必負責任	有孩子般的安全感
放下矜持、自由感	時間與現實暫停
可以放下一切	寵愛自己（或別人）
解放	甜蜜的包圍

時，都必須如第6章所說，要基於品牌價值、可能目標對象、競爭
力來源等等做考慮。但不管哪一個品牌定位，如果能在發展品牌的
宣傳時，考慮類別女性化或男性化的「感覺」，會是一件明智之
舉。

甘貝絲卡繼續這個程序，就消費者對這兩種零食類的聯想進行
比較（見圖7-5）。

雖然男人和女人都可能一樣喜歡鹹味零食和冰淇淋，但在某些
食物類別裡，女性化和男性化的特色確實能吸引到某一性別對產品
的喜愛大於另一性別。但即使是如此，這個品牌也不必因此而排除

圖7-5

鹹味零食	冰淇淋
不連續的	旋律式的
擊發	線性
活力的	緩慢的
任何時刻	特別
步調改變	報酬
刺激性的	撫慰的
鼓舞的	放鬆的
淋浴	沐浴
孩子般的小違規	回到兒童境界
快轉	暫停
主張	包圍
自由	寧靜
積極	和緩
獨立	呵護

另一性別。舉例來說，多年以前，在統一國際食品的咖啡廣告中，主角多半是女性，她們享受獨處時光，或者與另一有著類似個性的人交心談話。氣氛總是非常優美、和緩，還有一點高雅味道。香醇的咖啡盛裝在細緻的杯子裡，絕對不會用大杯子。這種感覺百分之百是女性化的。男人也喝咖啡，但這是少數。當然，這家客戶希望能擴展飲用率，要求廣告商在廣告裡多加一些男性。然而，這裡的挑戰是，在加進男-女情境後，仍不會流失原來非常美好的類別細緻感。（調味咖啡當時比較特別、比較貴，不同於一般咖啡可以「隨意」地品嘗）。事實上，當男性飲用者接受訪問，被問到為什麼喜歡這款國際咖啡時，大多數的原因都如女性一樣。如果，不只是把男人拉進廣告裡，我們又再加入男性化的力量或感覺，可能就違背了這個類別的本質。

有時候，類別性別可能會和個別品牌想要取得的性別不一樣，這一點必須加以考慮和理解。例如，在紐約市麥迪遜廣場花園這個全球最知名的體育館之一，有一個可愛的、沒什麼知名度的劇院，叫做麥迪遜廣場花園劇院（Theater at Madison Square Garden）。像《綠野仙蹤》和《聖誕頌歌》這種精緻、感性的作品，常常在這裡演出，來看這些表演的人，會驚訝於在這個體育館的建築裡，竟有這麼好的小劇院。

然而，不知道有這個劇院存在的人，不容易想像那裡會有一家劇院，即使別人已經這麼告訴他了。他們認為這個體育館是一個刺激、喧囂、粗野、現實的地方。他們把這裡和運動界的菁英聯想在一起：是全世界最兇悍、最強的競爭者。凡夫俗子是來這裡看全世界最受敬畏的英雄和戰士打擊對手。

男人和女人都會到麥迪遜來，男女運動員都會來這裡競賽，但其精神和力量絕對是男性化的。消費者要怎麼將男性化的力量和劇

院那麼女性化的感覺加以調和呢？

　　了解這樣的衝突，可以讓我們找到解決方法的線頭。我們的調查顯示，曾經到過這裡的家庭，特別欣賞麥迪遜廣場花園劇院對兒童和家庭那種獨特的友善感覺。你可以帶著食物和飲料進去，在走道上走來走去也沒有關係，演出的設計都沒有中場休息，因為只要表演出現中斷，通常都會使得小孩難以再融入故事，覺得不耐，吵著要回家。

　　連作品本身都常常針對兒童有特別的友善設計：在《聖誕頌歌》裡，當表演到了尾聲的高潮時，「雪」是真的從劇院上方落到觀眾的身上。這種輕鬆的、更實際的劇院氣氛，除了能吸引家長和兒童欣賞表演外，也有助於調和體育館和劇院間的認知不協調。就好像體育館的繁華有一點點滲到這裡來，不致於損害劇院現場演出的特別性，卻足以開始讓人們對這兩者的關係有所「理解」。

　　這是「投射」法的一個領域，能讓你感覺到、並了解類別本質的性別基調。「如果鹹味零食是電影明星，會是哪些人呢？如果冰淇淋是書裡的人物，會是誰呢？哪一個歷史人物可以代表劇院的「精神」呢？哪一個歷史人物可以代表體育館的「精神」呢？」這種種的問題，常常出現於質化的研究中，將有助於從性別的角度，揭開類別的固有特質。

　　然而，類別本質在各種形式下，會先揭開推動類別、而非只是品牌的原型力量，因而讓我們有大好的開始。如果我們忽視了這股強勁的力量，就會有危險。揚雅廣告公司曾經為高露潔行銷一種新的洗潔劑，叫作「清新的開始」。這是最先出現的液態洗劑之一，裝在手持式、便於使用的容器裡。廣告商和客戶決定，要將品牌和產品的時代特性，與當代婦女直率拒絕將自己定位為家庭主婦的心態結合起來。因此推出了一則「紅洋裝」廣告：老公打電話回家，

邀請太太出來吃一頓驚喜的晚餐，太太把紅洋裝丟進洗衣機裡，馬上就洗好了。這個廣告的理念是，人生苦短，不該花在為洗衣服傷腦筋上頭──還有更美好的事要做。而這個品牌了解、也要促進這一點。廣告點非常鮮活、有力，也符合時代。

但業績非常糟糕。在後續的調查中，我們訪問了時髦、聰明的目標對象們，詢問她們對於家務瑣事的態度。不出所料，她們認為這些事很討厭，好像永遠都做不完，她們的滿意感和定位，是來自於其他的事情。

但有趣的是，當我們談到洗衣這件事時，訪談的本質改變了。女人們開始形容，她們多麼喜歡從烘乾機拿出乾淨毛巾和衣服的感覺；她們是如何要深深地聞一聞那美好、乾淨的氣息；還有她們多麼喜歡在衣物還溫暖的時候疊衣服。她們說，洗好衣服，帶給她們的感覺，就像九月開學時拿到乾淨、黑白分明的新筆記本般──全新的起點、清新的開始。

清新的開始！我們有一種產品就叫作清新的開始！但我們未把天真者的類別本質用到我們的品牌上──純淨和再新的精神，感覺「濯淨」和再新的感官滿足──反而想結合正確，但其實並不貼切的「潮流」，因此而浪費了一個非常棒的原型連結。

研究產品的神話與其原始運用

藉由研究產品的原始利用，以及與其相關的古代和現代神話，也可以發掘出類別本質。舉例來說，如果你要行銷麥片產品，你可能就要先去研究農業的起源、五穀之神的特性。在古希臘依路希斯人（Eleusinian）的神聖祭典中，會教導農業的秘密，另外還有性與靈的教育。和這個祭典有關的早期神祇，就是養育的母親（狄米特）

和她的處女女兒（柯蕾）。有了這些資訊，你可以下個結論，麥片的類別本質可能是照顧者或天真者，這也是今日大多數健康麥片用來行銷的原型。

如果你想和其他照顧者和天真者定位的品牌有所區隔，就可以再進一步看看狄米特和柯蕾的故事，以及依路希斯人的教誨。在那裡，青春期的少女開始蛻變成女人，她們的母親也即將離開她們（古希臘時期的人很早婚）。

簡單來說，如前面已提到的，柯蕾是被冥界之神海帝斯誘拐到冥界，就住在那裡，直到母親的悲傷和拒絕讓大地長出穀物、令世人受饑荒威脅之後，才能離開冥界。當饑荒發生時，奧林帕斯眾神之王宙斯派出了莫丘里（Mercury）去把柯蕾帶回母親身邊。柯蕾回來後，春臨大地，穀物開始生長。在這段農業的神話裡，柯蕾就像是在春天播下並發芽的種子。在依路希斯市（Eleusis），這個故事模式被解讀為說明了農業和生育的奇蹟（種子被播育於子宮內、成長，最後降臨人世），以及不朽的奇蹟（屍體被埋葬，但靈魂會一再復活、輪迴）。

如果你能熟悉這個層次的古神話，麥片就可以擁有魔法師的定位──鎖定種子變成植物、生成穀物的奇蹟，麥片能培育健康的身心。還可以繞著信念來定位──當事情看來毫無希望時，新的人生即將出現。同樣的，美林證券的牛雕塑讓人難以忘懷，可能和銀行的類別本質有關。史前時代的洞穴壁畫已經被發現，很有可能，在開天闢地之初，牛就被選來作為圖畫主題，因為牛正是獵人所追捕的犧牲品。然而，如果你想想我們現代對牛的印象──力量大、有點嚇人、容易繁殖、因此非常性感──可以推測是這些因素引發人們畫牛的靈感。在古代，牛是相當普遍的象徵，代表著與繁殖有關的行為。今天，我們可以把牛的象徵解釋為「促使事情發生的力量」。

早在西元前一萬六千年，創造法國拉斯考洞穴（Lascaux cave）壁畫的獵人畫家（是本幅畫的靈感來源），就描繪了公牛的力量和生殖力，一如美林證券如今在其企業標誌上所展現的。自上古以來，牛所帶有的力量感，就與財務成就所帶來的力量相提並論——這是為一個類別本質「塑造品牌」最佳例子。

　　考古學家瑪莉嘉・金布塔絲（Marija Gimbutas）表示，牛的雕塑品和繪畫「一直都和力量的象徵（盤成一圈的蛇、同心圓、蛋、杯子記號、相對螺旋和生命柱列等）並存。」「根據立陶宛民間傳說，」她繼續指出：「湖水跟著牛走，牛在哪裡停下來，湖水就在哪裡出現。」牛的再生力量也「表現在植物和花朵從牛身上綴放。這種信念直到西元16世紀都還有紀錄，出現在西蒙・葛魯諾（Simon Grunau）的古普魯士年代誌2.4.1.（Old Prussian Chronicle 2.4.1.），這套書編纂於1517至1521年之間。作者談到一隻神話的公

牛，身體有一部分是植物，當公牛被殺死時，就會長出植物來。」

　　源自克里特島（Crete）的一則著名神話，講的是米諾斯王（King Minos）的妻子，愛上了一頭白色公牛。她狂戀著這隻動物，與之交媾，生下了牛頭怪人米諾塔（Minotaur）。魔術師戴達羅斯（Daedalus）建造一個迷宮，米諾塔被關在裡面，這樣才不會危害這個地方。如果你從象徵的角度來看這個故事，米諾塔（半人半牛）就是把力量擬人化，但卻被安全地限制在城堡的內部，說不定還為這個島加添知名度。

　　這對於金融來說——掌握金錢的可怕力量，但安全地加以管理——是多麼適用的形象！這裡的重點是，不見得一定要人們知道背後的故事，這種形象的原形力量才能有作用。這就是原型的力量。

　　尋找類別本質，就是在尋找動物、植物、地方和實際物品對人們產生固有意義的方法。湯馬斯・摩爾（Thomas Moore）在他的暢銷書《靈魂的照看》（*Care of the Soul*）中，探討到自然對我們大多數人的意義，談到如果他家附近的馬路拓寬，他會覺得很難過，因為路旁美麗的栗子樹都要被砍掉。我們大多數人都能想到一個對我們意義重大的自然地方，從某方面來看，能滿足我們靈魂的自然地方。摩爾將人類掠奪自然的動作，視為是靈魂在這個世上不幸盲目的結果。他的結論是，當前的生態危機，我們每一個人都感受得到，即使我們每個人照常過日子，假裝不記得，但大家的心中都有一股沈潛的傷悲。如果文明的進展，真的走到「他們鏟平天堂，改建停車場」這一步，如瓊妮・米契爾（Joni Mitchell）有名的歌曲所說的，那該怎麼辦？

　　再談談行銷，摩爾繼續說：「人造的東西也有靈魂。我們可能會喜歡上這些東西，在其中發現意義，加上深切感受的價值和溫暖回憶。」現代人喜歡將神聖與物質分開來，因此使得這個世界看似

死氣沈沈、了無意義。這種態度，必須為物質主義和反消費運動兩學生問題負責。

摩爾提醒我們，商業和產品本來是很神聖的。「在中世紀時，」木匠、秘書和園藝匠並不認為自己的工作很卑賤，因為「每個工作都有守護神——分別是土星、水星和金星——也就是說，在每一種情形下，靈魂的深切意義，都會在日常的工作中發現。」他的結論是，現代製造業的問題，並不是缺乏效率，而是沒有靈魂。

找出古代世界活動和物品的意義，我們就能在重新為世界注入靈魂的同時，釋放強勁的人類激素。

當原型的表達川流而出時

有時候，產品的基本本質充滿力量，但其表達會變得更有意義、更重要。就以瑪格麗特‧馬克、甘貝希雅和眼光獨具的比爾‧麥卡菲（Bill McCaffrey）於1995年所做的麵包類別研究為例。

丹尼絲‧拉森（Denise Larson）當時是安特曼（Entenmann's）這家有名烘焙公司的研究經理，她很在意包裝切片麵包銷售下滑的問題，因為公司對這一部分投資了不少錢。當公司其他人都準備要退出這一部分的生意時，拉森卻請我們這個團隊，深入探究業績下挫的消費者因素。她的原則是，除非真正弄清楚，否則調整路線就像是在策略真空下進行一樣。

我們的團隊發現，切片麵包的業績下滑，呈現出一個更重要的現實：麵包經驗已經徹底改變了。曾經，食用麵包是功能性的、習慣性的（就像喝咖啡一樣），但現在吃麵包（同樣的，就像喝咖啡一樣）是享受的、充滿體驗性的：人們要嘗試scone、貝果、Muffin、比斯吉等等。以前的選擇很有限（白麵包或全麥麵包），現

在有各式各樣的選擇。人們一度喜歡大量生產的品牌，現在他們喜歡真材實料。我們的結論是，麵包的類別並沒有衰退，而是「變形」為不同的本質表達方法（同樣的，和咖啡並無二致）。

但這個例子最吸引人、最特別的是，從各方面來看，麵包都是變回其更真實、更確實的本質。在其演化的角色中，麵包產品提供一個「容許的放任」。美國人對體重、健康和避免特定成分的偏見，使得他們無法不帶罪惡感地享受美食。不是乾脆避開更可口、更讓人滿足的食物，就是當他們放任自己享用後，會充滿罪惡感。結果，「變形」麵包的材質和密實（尤其是貝果和muffin），能提供少數他們可以盡情享受的感官放任。

同時，刺激的生活方式和外帶餐等，讓麵包有新的重要性，成為許多飲食場合的「主菜」（例如，只吃一個貝果當早餐），和以前只是用來當成容器或補充的角色不一樣（例如，土司只是為了搭配培根和蛋）。這種改變是與前一種改變一起發生，需要麵包有更令人滿足、更實質和感官上的食用經驗。

結果，麵包從「器具」演變成「真正的食物」。在數十年來被貶抑為容器的簡單角色後，麵包再一次恢復原先被視為「生命之物」的歷史角色——是照顧者原型的體現。消費者不是拒絕麵包；他們拒絕的是1900年代後半期以後的「反常期」，因為當時，麵包的真正角色已經走入「地下化」。他們表現出對於麵包各種形式的接受度——事實上，也就是早期，以及今日在歐洲地區仍見得到的麵包。人們在證明，麵包不只是日常食用經驗的一部分。

然而，在「大眾」行銷或零售環境中，很少人能針對消費者對此一類別真正本質那股自然、新興的熱情，加以支持或引導。超級市場的麵包架總是暨無聊又嚇人。不像開胃的新起士區、甚至咖啡架上逐漸有的變化，消費者仍然必須面對這麼多引不起胃口、幾乎

沒有不同的麵包選擇。少數有關麵包產品的廣告，都把麵包當成一般商品，而不是寵愛自己的享受。我們的結論認為，不僅不該放棄麵包這一類別，安特曼還占有一個重要的、尚未實現的機會之地。

確實如此。安特曼鼓勵我們進行第二階段的工作，我們系統化檢視了最能傳送「麵包經驗」給消費者的各種表徵組合。這家公司積極開始開發新產品，並且針對那些已經「瞄準目標」的產品，給予更多支援。安特曼調整對於切片麵包事業的期待，變得更實際，並且把精力放在成長的機會上。市場成功的初期現象和全新策略氣勢，讓這家公司變成吸引人的併購對象，終於如意地被食品界巨人CPC／Best Foods公司所收購。這家公司將能對「復興」的麵包類別，提供更廣泛的生產和配銷優勢。

忽視類別本質，就像是游向茫茫大海，完全忘了還有自然潮流這回事。你可能以為自己知道要往哪裡去，單單透過意志的力量，可能可以抵達目標，然而，卻有浪費力氣的危險。另一方面，認知、了解、利用類別本質，就像是順風在推動你的風帆一樣。

有些產品，如果你忽略了類別本質，將有致命的危險。例如，大專院校要建立起明確的定位，才能與其他學校有所區隔。文理學院常常有照顧者的角色；菁英學校有統治者氣氛，因為他們知道自己正在招收、教育下一代的領導人。改革式的學校基本上會強調探險者原型，要吸引想為自己規畫人生的非傳統派學生。社區學校向來較強調凡夫俗子的開放，或者他們能改變人生的魔法師本領。

但大專院校的類別本質，毫無疑問就是智者。所有的高等教育機構，都在販賣知識和智慧。如果違反了智者的禮數，就是讓學校蒙羞。這就表示，不管大學用的是什麼行銷策略，都必須把智者的價值和感覺考慮進去。

在大多數例子中，最具競爭力的地位，就是擁有品牌的類別本

質。然而，並不是都能做得到。當有
人先搶到這個位置，又做得很好時，
你就有足夠的理由去選擇另一個完全
不同的原型定位（除非你比對手更了
解原型更深層、更貼切的層次）。即
使搶到了有力位置，如果能記住類別
本質，這將是明智的，因為這樣，你
行銷傳播的方式和基調，才不會違背
其最明顯的表徵。以Yahoo!為例，就
是在智者的類別下，表現出弄臣的定
位。讓顧客覺得上網搜尋很有趣。這

> **了解類別本質的工具**
>
> - 心理需求
> - 探索「銘記經驗」
> - 消費者故事
> - 階梯法
> - 投射技巧
> - 人類學與神話觀點、
>   研究

樣做很好，但前提是不會影響他們取得所需的資訊。否則，消費者
很可能會轉往別處。

　　類別本質是你的產品線或領域的靈魂。結合靈魂，將能為你整
體的產業添加特別的意義。你可能聽過三個建築師父的故事。問他
們每一個人在做什麼，第一位說他把大石頭敲成小塊，第二位說他
在做老闆吩咐的事，第三位回答他在蓋大教堂！

　　哪一位工人最有可能獲得工作滿足？哪一個最有可能得不到一
丁點兒的滿足感？誰對公司最忠誠？發掘一個產品或技術的靈魂，
不只是要吸引顧客，也是為主管和員工的生命賦予意義與價值。當
產品或服務有了靈魂，每個牽涉其中的人，他們的工作也就有了神
聖的意義。

20

眞實世界

將品牌與企業組織結合在一起

詹姆斯・柯林斯（James C. Collins）與傑利・薄樂斯（Jerry I. Porras）曾於《哈佛商業評論》（*Harvard Business Review*）中發表了一份針對成功企業所做的長期研究。兩位企管學者在研究中強調：「真正成功的永續企業都擁有持久不變的核心價值與核心志向。即使公司的政策與業務必須不斷因應外在環境而改變，其核心價值與核心志向也不會更動。」經過長期研究各大成功企業，柯林斯與薄樂斯發現，自1925年以來，那些擁有堅定積極的核心價值的公司，都能夠達到比平均股價指數高出12點的亮麗成績。兩位企管學者所研究的企業對象包括了惠普、3M、嬌生、寶鹼、德國默克（Merk）、Sony、摩托羅拉，以及諾斯壯百貨。

柯林斯與薄樂斯進一步強調，企業的意識型態定義了該組織的永久風格，提供一個「超然於商品或市場的循環生態、科技的發展、企業經營的潮流與領袖個人風格等的一貫定位。」也因此，核心價值便成為在時機歹歹時將組織各部分緊密結合的「超級膠水」了。[1]

　　不過，光緊密結合是不夠的。將公司的核心價值寫下來，把這張紙片放在你的抽屜裡，甚至把它貼到牆上去。你必須要說到做到。這些核心價值必須要具體成為推動企業組織的動源，否則它們就只是一無是處的廢話罷了。任何一個核心價值的背後都藏有一種原型。當該原型與你所設定的核心價值反映到你的具體行為上，人們便會認知到你是在「玩真的」了。絕不能只是裝腔作勢地空喊口號，你一定要身體力行。

　　就跟嬌生公司在面對Tylenol止痛劑事件時的處理方式一樣。多年來，嬌生公司所堅守的照顧者信條一直被業界推崇為企業界當中最具開創性、最具權威的任務宣言之一。該信條表達了嬌生公司的承諾──將「無微不至的關懷」給予醫師、護士、母親、嬰兒，以及世界所有人。整體而言，嬌生的商品的確反映了它的承諾，而它針對從嬰兒洗髮精到Tylenol這類止痛劑所製作的商品廣告，更是將該公司對於其顧客福祉的關切以相當深刻抒情的方式表現無遺。與其他成功的企業一樣，嬌生公司直覺而切實地奉行其原型定位，並且也以徹底一貫的方式去經營這個原型定位。

　　然而，一項挑戰嬌生照顧者定位的最大試煉，即肇因於一個真實生活中的悲劇。當這件與Tylenol有關的犯行造成全國性的死亡案例時，嬌生公司的執行長吉姆‧波克（Jim Burke）花費多日不眠不休地審視所有的具體事證。於此同時，波克也檢閱了許多報告，在這些報告中，人們以超乎一般對商品的信任態度去相信嬌生──他們把嬌生視為一個照顧者，一個朋友。

　　就是因為這些內含高度道德精神的報告內容，促使波克決定做出史上最大規模的商品回收行動。而他之所以這麼做就是為了要保護、照顧Tylenol的忠實顧客。業界的批評人士表示，這項大規模的回收行動正代表嬌生默認了自己的過失，這很可能會毀掉Tylenol的

信譽。但消費者看得更多。消費者們直覺地認同了這個表現——
「照顧者」為了要達到更高標準的服務而願意犧牲自我。波克、嬌
生以及 Tylenol 全都確實地在這個真正的「照顧者」故事中體行信
條，而嬌生處理這次危機的方式也證明了該公司的確是真材實料的
「照顧者」。該公司的業績在回收事件之後隨即攀升，其成績甚至還
超越了此一過失事件之前的表現。

　　如果核心價值只是膚淺的口號，企業與其領導階層就無法在遭
遇困境時堅定地固守其核心價值。既然如此，領導者該如何將其組
織所信守的核心價值傳遞出去呢？你就是公司奮鬥史的「說書
人」，把這些事蹟傳出去，不停地往外散播。把它公諸於世，告訴
你的董事會、股東、公司員工，以及你的領導團隊，並且要確認會
有專人在新進員工訓練時將這些故事告訴新人。當然，別忘了把這
些內容也放進公司的網站裡！

　　不消說，這些故事必須要能夠突顯出組織的核心價值、引出公
司的工作士氣，甚至要激發熱情。那麼，該從哪去挖出這些故事
呢？絕大多數的企業組織都有自己的神話聖典：公司創立史（例
如，兩個窩在車庫裡瞎混的電腦駭客）、過往的危機處理事蹟、特
殊功蹟、一些引發及平息組織內部人性弱點的笑話，以及能夠預示
未來願景的理想象徵。如果你的公司，或你的客戶，疏於將這些故
事傳遞出去，現在就趕緊帶著他們去回顧這些被遺忘的公司遺產。
一切都還不算遲。

　　對於公司的「開國元老」，請幫助他們去回憶當初在構築對公
司的理想時，那些激發他們想像力的元素是什麼。如果這些人業已
離去，我們也應該要致力去研究、去挖掘出這些創建者當初可能有
的想法。此外，要員工們去回憶他們於何時受雇，以及公司吸引他
們的原因為何。鼓勵他們將自己對公司最讚賞的部分列示出來——

上網說故事

沿著南達科塔州際公路行進的旅人們一路上實在沒什麼娛樂可言。這算是相當荒涼的地帶。只有沿路上一個個渥爾藥房（Wall Drug）的廣告看板才會讓人覺得稍微不無聊一些。如果剛巧有好奇心十足的摩托車騎士經過，停下來觀看的他們這時才會發現這是一家餐廳，不是藥房。這個看板述說著渥爾家族到西部創立藥局的歷程。一開始幾乎是門可羅雀，慘淡的生意幾乎讓他們關門大吉。一直到渥爾太太發現，在高達攝氏三十八度的酷暑氣候下，旅人們一定會倍感口渴，他們才開始廣告提供免費的冰水。他們的生意一下子興旺了起來。很快的，渥爾家又開始增加提供冰淇淋，然後一樣又一樣的增加。旅人們讀到這個故事都覺得很有趣。這就是一個陳年的天真者故事，它能夠溫暖你的內心最深處。

如果連南達科塔的小店都能夠以說故事的方法讓生意好轉，為什麼其他更國際化的大企業不能在自己的官方網站上說說自己的創建史，藉此滿足鎮日瀏覽網路的消費者們飢渴的靈魂呢？人們大多會上網去搜尋商品或企業的相關資訊。為什麼不利用這個媒體和大眾分享自己的組織精神呢？

不只是短短的摘要，而是要一些完整的故事，讓這些故事提示出一些具體與概念性的正確方向。

光是妄想公司內所有的股權人都能明白你行動的背後那些更深層、更奧妙的核心價值，的確是很容易。然而，經過日常生活中忙碌、紛擾與衝突的洗禮，這些人自然而然會遺忘了自己為何要去在

意自己所做的事情。神聖的故事——宗教的、國家的、家庭的或公司的——需要不斷地被重覆述說。故事的重覆述說，能夠促使企業的核心價值落實生根，並持續地激發出信仰與忠誠。

品牌塑造與組織團結

　　成功的品牌塑造能夠幫助規模較大、組織較龐雜的企業在快速變遷的時期維持住凝聚力。現有壓力大、變化快的經濟環境已經迫使許多企業不得不縮減其內部架構，組織當中的階級制度也會因此有所調整：參與某計劃的人員通常會改採跨階層、跨部門的合作方式。除此之外，在員工各司其職的狀態下，每位員工會期許自己能受到尊重，並且希望公司能夠讓自己在其專業的域中擁有決策權。現行標準的組織發展業務則鼓勵工作彈性、自組性工作小組，以及其他能夠發揮集體智慧、增進公司危機處理能力的政策。

　　這會是一個相當有意思的工作環境。然而，在多數企業組織當中，這種高變動狀態通常會走向混亂的險境，尤其是當沒有人了解其他人在做什麼的時候。行銷企畫通常是針對還在設計階段的商品所製作的，因此會有不同的小組分別處理研究開發、設計、製造、販售，以及行銷等業務——在這些過程中，各小組間幾乎不會有任何互動。

　　不僅僅是對於該商品，同時對於該企業而言，清晰的原型定位具有「奇異吸子」（strange attractor）的功能[2]。奇異吸子甚至能夠從混沌的狀態中衍生出有序的模式。瑪格莉特・惠特利（Margaret Wheatly）在《領袖與新科學》（*Leadership and the New Science*）一書中解釋道：「一如混沌理論所示……倘若我們以時序的角度長久觀察該系統，你會發現混沌也有其內在的秩序。即便是系統當中最

失序的部分也有其一定的界限。混沌會在一個特定的型態中保持穩定，而我們可以將這個型態認知為該混沌系統的奇異吸子。」

現今的組織文獻中日益衍生出一項共識。大家公認企業組織中與奇異吸子具有相同功效的元素即為其核心價值——不一定是對外宣稱的價值，而是企業本身真實的核心價值。此一共識還要再加上一點——我們同時還必須了解，這些核心價值的基礎即為一個可以定義它們的原型架構。因此，將企業組織維持在掌控之中的要素，即為其原型架構。

你一定能夠從經驗中獲知這項原則。在以核心價值為導向的企業中，員工擁有一個明確的行為方向，即便老闆不在也不會迷失目標。他們同時也與其他員工維持緊密的合作關係。他們絕非一群隨機湊合的陌生人，而是一組追求共同目標的隊員。此外，懷有共同信念的人比那些無法信任別人的人擁有更多的優勢，且更能夠在危機發生時順利解決問題。當然，只有當人們認知到公司的核心價值、明白遵行核心價值的原因時，前述的理想結局才有可能發生。

顯而易見的，良好的溝通與同心一氣的作業系統，也是現今高變動環境中的必要元素。但更重要的是，成員們必須奉行同一個原型故事。如此一來，他們才不會成為散彈，各自朝分散的方向發射，反而做出一些與其品牌的整體意義架構不一致的行動。不同的部門單位與工作小組，或許也各自擁有與其功能相關的積極原型。舉例來說，負責財務金融業務的人員通常會不自覺地採用「統治者」的核心價值，而負責員工訓練或組織發展的單位則會選擇比較像是情人或魔法師的角色。在這些不同團隊的成員之間有時或許會發生溝通失誤的窘況，除非他們學會去當個原型的「雙語人」，學習跨越團隊間的語言疆界，並以組織內共通原型的觀點去進行溝通。

你奉行的故事是什麼？

在前述的每一個章節中，我們各別闡釋了被標上某種特定原型故事架構的企業組織。在與各企業組織合作的過程中，我們對於各大企業之間本質上的極端差異感到相當吃驚。一般來說，差異的底限通常都是金錢，但事實則不然。當然，有些人只想要糊口度日，有些人則想要痛快地大賺一筆。然而，我們大部分的人都希望自己的生活能夠過得更深刻一些。圖7-6能夠幫助你去熟悉企業內在的核心價值，而這些核心價值便是，利用組織文化所屬的原型角色定位去激勵該文化中的成員。在一一檢視圖中的分類的同時，你應該就可以找出哪一類組織所搭配的原型特質最能夠有效地激勵你的工作士氣。

在企業組織所奉行的故事受到挑戰之前，它的成員有時候甚至無法查覺到這些故事背後所隱含的核心價值。舉例來說，假設位於美國中西部的某家天然氣公司剛完成民營化的改革，新的管理階層發覺到該公司多年來壟斷市場的專賣地位反而削弱了顧客服務的表現。並不是因為公司員工不在乎顧客服務，恰好相反。事實上，員工們將自己當做為鄰居們提供暖氣的好心人。實際上他們就是「照顧者」。然而，就因為他們知道顧客沒有權利去選擇服務人員，所以他們可能會跟一位顧客窮耗上一整天，然後「不得不」將下一通電話留到明天再接。想也知道，這種服務方式在競爭激烈的環境中是絕對行不通的。

新上任的管理人員於是立即決定，所有的業務服務都必須發揮最大效率、節省最多成本。只可惜這些管理人對於意義管理還是不夠熟稔。他們不明白，對其員工而言最底限的核心價值是「照顧」。管理人甚至開始停止供應瓦斯給那些遲遲不付帳的顧客——包

圖7-6

注重個人實現、成長與學習的組織文化

原型	天真者	探險家	智者
優勢	工作安全性	員工自主性	分析與計劃
缺點	員工的依賴性	缺乏協調	反應慢
重視	忠誠度	自由與獨立	學習
禁忌	動盪不安	服從	無知
領導風格	父母親般慈愛的	開拓先鋒	學術性的
陰影	控制行為	反社會傾向	只重教條

強調冒險、勝利與成就的組織文化

原型	英雄	不法之徒	魔法師
優勢	勇氣	岐異的思考	視野
缺點	自大	道德	與平凡人接觸
重視	達成目標	反傳統	先進的意識
禁忌	虛弱	服從	膚淺
領導風格	教練	革命的	有魅力的
陰影	冷酷無情	犯罪	操控

強調從屬性、娛樂性與團隊性的組織文化

原型	凡夫俗子	情人	弄臣
優勢	生存	團隊性	娛樂性
缺點	強迫一致	避免衝突	責任感
重視	平等	親密	樂趣
禁忌	與眾不同	停止禁慾	無聊
領導風格	獨裁	提供幫助的	解決困難的
陰影	冷酷無情	愛慾橫流	反對藝術

強調穩定性、掌控性與恆久性的組織文化			
原型	照顧者	創造者	統治者
優勢	服務	革新	結構
缺點	缺乏責任感	例行公事	彈性
重視	照顧他人	正直	權力
禁忌	自私	平庸	不負責任
領導風格	熱心服務	高瞻遠矚	政治化
陰影	貪求與控制慾	過度追求完美	獨裁

括一些年邁的老婆婆。這個地區的冬季氣候是相當嚴寒的，家裡沒有暖氣的人很可能會因此凍死。「照顧者」成了劊子手，公司士氣因此跌至谷底。結果反而是降低了工作效率。

在一個大多數人都受過高等教育的公司中，它會依據學院式的智者價值來運作，傑出的能力與專業素養是應有的條件。而組織的管理階層也會以一種「你們應該都已很清楚自己在做什麼」的態度去對待成員。階級制度在這裡形同虛設，公司成員能夠輕易自在地進行跨階層的溝通互動。成員們熱愛自己的工作，並且也很樂意超時工作。然後，一名新的執行長走馬上任，他制定了一個更為階級化的組織架構，刻意將團體中的一些菁英隔開，甚至對那些促使成員勤奮工作的重要理念毫不在意。就在一年之內，組織裡的菁英分子相繼離去，其他人也開始準時傍晚五點下班。突然間，這個團體原有的奮勉文化已不復見，取而代之的是「我只是在這工作混飯吃」的低迷氣氛。

一般來說，組織文化中的原型架構都是隱而不喻的。有時候新進菜鳥——甚至是高層的大佬——都會因為疏於正確解讀組織文化

而一敗塗地。在一個弄臣型的企業組織裡，你可能會因為不夠幽默而被炒魷魚。在某些情人型的公司內，其不成文內規可能是要求每個人必須要了解其他成員的所有事。這些人都會將自己的生活細節和養育經驗與他人分享，有時甚至連自己的恐懼與夢想也都會清楚交代。任何試圖要隱藏秘密的人都可能無法順利升遷。而在一個英雄的文化裡，大家可都不想做隻軟腳蝦。至於在亡命之徒的文化裡，你最好還是別當個乖乖牌。

　　在上述所有的情況之中，大部分的員工和想要完全融入環境的人都會在相同的過程中發掘出自己的存在價值。照顧者會隨著對他人付出關懷的程度而愈加快樂，創造者會藉由創造出美觀、創新、流行的事物得到滿足，而統治者則是透過建立並維護讓生命更加有秩序條理的運作系統以獲得成就感。

　　所以，就拿前面提及的天然汽公司來說，在組織內部迫切需要文化轉型的時刻，你應該怎麼做呢？理想上來講，你應該要一面帶進新的原型故事，一面推崇舊有故事的價值。這種做法就有點像是在擁有品牌定位的同時，也要認同原有領域的精神。組織的基本原型故事通常都是發源於其生產線、其創建者，以及一些廣為員工口耳相傳的早期決策，而這些口耳相傳的「口述歷史」通常就演變為該組織的原型故事。長久以來，公司總會雇用一些化學成份相合的人，也就是說，他們會選擇一些奉行相同原型故事的人。你當然也可以帶進新的原型故事，但這就像是為電腦裝置新軟體一樣。就這一點而言，最好的方式還是將舊有的品牌定位視為運作主體，因為這樣的運作系統總是會無可避免地被舊有原型故事限定。所有新軟體所需要的就是系統的相容性。你當然可以更新運作系統，但在設定成功之後就必須重新開機——這可能會讓你損失掉自己的品牌價值。

　　然而，你還是可以輕而易舉地從該原型故事的低層升級到較高的地位。尤其是當你受到情勢驅使，或受到文化改革的支持時，這樣的升級改變是相當可行的。舉例來說，相較於二十年前的情況，現今的工作環境已經是相當民主平等的了。這也相對影響到許多原型的等級。比如，民主的壓力就會迫使獨裁者轉型為政客；照顧者可能會希望大家多為自己做些事；單打獨鬥的英雄可能會變成一個英雄戰隊。除此之外，為了讓品牌定位能夠維持活躍，其傳達的訊息必須要與時代的意識並駕齊驅。如果該原型所傳達的訊息能夠在顧客之間同步進化，那麼你在商品廣告與組織文化中所傳達的原型意識也必須要跟上腳步。

　　更重要的一點，即便在你將新特質及新思考模式引進組織文化的同時，其品牌定位也絕不能模糊失焦——這麼做不只是為了維持對顧客的信譽，也是為了維持組織內部的和諧與工作效率。

遠離麻煩

　　如果你了解到組織文化中的原型支撐為何，那麼你一定也能認知到公司的陰影在哪裡。當個人與團體一般只認定某種原型的正面特質時，他們也許會私底下去壓抑其他可能會悄悄以不受歡迎的態勢浮現的原型特質。舉例來說，在照顧者的文化當中，每個人都想要讓自己看起來樂善好施、悲天憫人，一些較激進的主張於是被隱匿在地底，最後醞釀演化成一些心胸狹窄、充滿操縱欲的政策。當然，不會有人直接承認自己追求權力，但權力鬥爭卻處處可見。由於權力流動總是在檯面下進行，因此這些權力轉移的競賽也不會什麼公平原則可言。

　　這就是陰影在組織內開疆拓土的方式。在一家統治者型的銀行

裡，每位員工表面上看起來可能都非常盡責可親。而情人的原型特質則被藏至內心深處，最後成為慾望橫流的亂源。組織內的每個人都可能跟其他成員大玩一夜情，甚至連性騷擾也成了家常便飯；然而在表面上，每個人看來仍舊是衣冠楚楚的正人君子。（這就跟維多利亞時期的英國社會有些神似。）

正如我們在前幾章中所見，每一種原型都具有其負面的誘惑。也就是說，原型本身也會有陰影存在。從Nike和微軟的身上我們就可以很清楚地看見，公共關係的夢魘通常會從該原型的身上浮現。隨時保持高度戒備，及時警覺原型何時會衍生出負面特質，以便在麻煩發生之前採取行動去導回原型正軌，這些都是需要花費相當的功夫心力才能做到的。

對抗原型陰影籠罩企業組織的最好策略，就是將所有的行為攤在陽光下，讓這些行為能夠公開供人檢視與思考。這種做法提供了企業組織一個更適當、更光明正大的管道去發展自身受壓抑的原型特質。

開發不自覺的意識

品牌塑造的過程提供了一個絕佳的機會，讓企業能夠去分析自身組織文化，並辨清其價值、使命、願景及核心原型。這種做法能夠開發出一種不自覺的意識。某方面來?，這種不自覺的意識可以幫助你更適切地決定人事布局、更有效率地帶領新進人員，並且更成功地留住菁英分子。你所做的分析工作能夠幫助組織中各個部門之間順利完全地溝通，並且讓顧客從公司員工處得知的非正式資訊（比如說在網站上的聊天室內，或是在實際商務往來的過程間）可以更加緊密地與企業所期望的品牌定位結合起來。

　　我們有一系列的工具可以派上用場，這些工具能夠： 1. 幫助組織評估原型基礎與自身的文化； 2. 協助各團隊更有效率的合作； 3. 促使個人更了解如何在特定的組織文化中脫穎而出[3]。然而，你同時也可以藉由四處走動、傾聽、觀察，以及詢問等方式，進而達成診斷組織文化的目的。

　　開始去蒐集一些組織經典的範本，並且去了解這些故事所代表的原型情節為何，然後再試著回答下列問題：

- 公司的名稱是什麼？有什麼特殊意義嗎？
- 公司的商標與口號又是什麼？它們所象徵或表示的意義為何？
- 企業組織中的員工如何穿著？如何溝動互動？
- 公司的建築結構或辦公室分布方式都具有其意義。請運用想像力來回答這個問題：「如果這是一個舞台劇或電影的場景，這場景該是什麼樣子的？」
- 請檢視一下公司內最有人氣的行銷工具。問問你的員工他們最重視公司的哪一部分。問問他們認為這些部分難以達成的關鍵為何。
- 如果這是你個人所屬的公司，請仔細思考這家公司在你人生中的意義為何。它是否帶給你穩定、讓你受敬重（這或許表示出公司的統治者或天真者的原型特質）？它是否讓你覺得被照顧，或是給你機會照顧別人（這或許表示出公司照顧者的原型特質）？請針對其他原型，問問自己類似的問題。如果這家公司是你的客戶，請問問該公司各階層的人員。
- 執行或檢視一下消費者調查報告。顧客們如何看待這家公司？

　　了解組織文化中的原型特性能夠帶給你更強的能力，促使你去發現組織工作中看不見的力量。當企業將自身的品牌定位與其真實

的文化價值結合時，該企業將較容易成為（也較容易被認定為）一個「貨真價實」的企業。這種做法能夠創造出一個強勢有力的品牌定位，足以克服重重難關──一如嬌生處理Tylenol危機的歷程。最重要的，品牌塑造的工作能夠透過解析該企業的核心原型，進而促使企業組織更深入地了解自己，以及自己的忠實追隨者。

如果你正在創設（或是想要創設）一家新的公司，請先向內省思以釐清自己的核心價值。發掘你夢想當中的脈絡架構，然後決定你要如何讓劇情一步步發展下去。你可以將夢想寫成白紙黑字，幫助自己仔細檢視。總之，你該注意原型究竟如何反映你靈魂深處的渴求──這同時也可以反映出顧客心中的真正需求。

古代的希臘人與羅馬人通常會到特定大神的神殿去祈求特定的願望。如果求的是一份安逸輕鬆的工作，他們通常會到雅典娜的神殿去；如果求的是政治上的大權，則是到宙斯的神殿；如果求的是愛情，那當然就要到維納斯的神殿去。現在的我們不再到神殿去尋求這些原型的幫助，我們採取更實際的方式。現在的我們必須去了解自己在意識型態上究竟該歸屬於哪一座神殿。這麼做才能夠幫助自己明確地為自己的訊息去對顧客、對組織文化，以及對自己所造成的影響負起責任。

---

1 [原文注] 參閱詹姆斯‧柯林斯與傑利‧薄樂斯所著之〈建立企業願景〉（Building Company's Vision），刊登於1996年九／十月號《哈佛商業評論》，以及《天長地久：富于遠見的公司之成功習慣》（*Built to Last: Successful Habits of Visionary Companies*）。

2 [譯注] 奇異吸子表示系統有一或多個潛藏的規準或原則，能夠主導系統的演變。

3 [原文注] 參閱瑪格莉特‧惠特利所著之《領袖與新科學》。

21

寫下一頁傳奇

原型行銷的道德議題

　　品牌行銷的影響力，尤其是廣告，絕對是無法計數的強大。廣義而言，注意力決定了歷史。換句話說，引起我們注意力與共鳴的事物能夠強化思考意識的模式，而這個模式將不斷反覆地牽引著我們行動。電視廣告能夠引人矚目的原因在於，它集結了許多才華、能量與機智，這讓廣告甚至比正檔的節目更具有娛樂性。正如《華盛頓郵報》（*Washington Post*）專欄作家大衛·伊格那提斯（David Ignatius）所言：「不單只是廣告促銷商品這麼簡單。總體而論，媒體對文化意識具有一種神奇的影響力，因為大致說來，廣告是電視傳播之中最有價值的產物。廣告充滿了機智與趣味，廣告的製作精良，而且廣告絕不矯揉造作。畢竟，有誰會為了看另一個無聊節目而拚命轉台？」伊格那提斯表示，廣告是我們所處時代的藝術模式。他甚至還強調，如果米開朗基羅現在還活著，他大概也正在麥迪遜大道上工作吧。」[1]

　　對於那些在麥迪遜大道或其他同等級廣告業集中區工作的人而

言，伊格那提斯的觀念或許相當討喜，但它同時也充滿了威脅性。社會大眾對於長期被稱為「意識舵手」的行銷傳播人員，一向抱持著褒貶不一的態度。面對這樣的局面，這些工作人員又能如何呢？他們的工作就是促銷商品，而通常頂多就是期許他們能夠以較具娛樂性，甚至是較無害的方式來達成他們的目的。

然而，針對原型的研究能夠引領我們朝另一個方向思考──更深入地去考量每一位消費者、省思整體的文化，以及我們所處的企業組織，藉此，我們才能夠把握住無限的可能性，創造買賣雙方的雙贏。同時也能夠思考出一套理論來協助自己解決廣告所引發的道德問題。

當你向星星許願

行銷的領域就存在於夢想的世界之中。當我們走進一個希望能夠成真的夢想世界中，我們同時也開放自己去感受人類的渴望，即使這樣的渴望揭示了我們的弱點。花一分鐘去回想一個不論再聽多少次仍舊能夠感動你的兒童故事。嘉佩多（Gepetto）渴望有個兒子，藍仙女（Blue Fairy）於是從天而降將生命賜給了小木偶皮諾丘。灰姑娘希望能夠參加舞會，神仙教母於是現身將南瓜變成馬車、將老鼠變成了駿馬，並將灰姑娘的破衣裳變成了美麗的晚禮服。青蛙柯密特（Kermit the Frog）用歌聲唱出向晨星許下的心願（電影《仙歌妙舞》/ *The Muppet Movie* 當中的歌曲〈彩虹連線〉/ The Rainbow Connection），一位使者於是出現在沼澤中呼喚柯密特到好萊塢發展，並且保證他將能夠為上百萬的人帶來歡樂。

身為行銷人員，我們在人類夢想與渴求的世界中做買賣。公司主管總希望創造出一個為公司帶來功名利祿的品牌圖騰。這些追求

成功的動機背後所隱含的力量遠遠超越了單純完成工作，或為公司股東賺入淨利所需的。員工的欲望絕不只是「賺錢」二字而已。欲望喚起了追求成功的熱情。而這樣的成功則源自於個人尊嚴、源自於向父母親友證明自己能力的決心、源自於渴求避免對抗勁敵時可能遭遇的無力感……等等。

這些都不只是泛泛的瑣事。因此，顧客也會購買那些能夠滿足他們最深層珍貴的願望或夢想。下意識的，人們會期待行銷業界中的專業人員化身為神仙教母，將豬耳朵變成絲綢錢包，或是讓顧客達成真實商品無法滿足的願望。

我們每個人都有夢想與渴望。如果我們能夠擁有三個願望，大部分的人或許會開始希望能夠藉此實現一些個人的欲求。但如果在許光三個願望之前能稍微多思考一下，那麼至少其中會有一個願望或多或少表達了對整個世界的期許。我們可能會希望世界和平，希望保護環境，或是希望世界能有一個更新的社群觀。幾乎每個人都會有一些利他性的願望，希望能讓世界變得更不一樣。不論我們認為商業訊息會對當代文化帶來多大的影響，我們仍舊明白自己甚至無法藉由每天所做的工作而達成內心的願望。

然而事實是，我們生存在一個「真實世界」，我們在這個世界中無法完全掌控自己的行動，更不用說去掌控整體文化的命運了。我們無法將一個次等的商品扭轉成一個搶手貨，我們也不可能提供人們在真實生活中所迫切渴求的人生意義。如果我們檢視一下人類動機的基本分類，我們或許可以很安全地推論顧客願望的實現大多是來自於精神信仰、擁有真愛、參與家庭與社群的真實體驗、真正的成就、自我體認與接納、一種改造世界的信念，以及一些對於地點、時間與空間的純粹根深蒂固的感覺。

這是人類史上第一次，人類間共通的神話瓦解了，而由商業訊

息取代了這些聖典的地位。但我們心裡也十分明白，專為銷售商品
所設計出的行銷專業，絕不可能彌補兩者之間的鴻溝。如果我們花
時間去思考究竟有多少人藉由消化各種商業訊息以尋找他們生命的
真諦，我們絕對驕傲不起來；反之，我們會感到悲傷，甚至是憤
怒。

　　行銷根本不可能成為社會文化當中的神仙教母。我們並不是真
的握有仙棒。更何況就算真是如此，我們終究也只是受雇來促銷商
品的人罷了。

　　那我們能做些什麼呢？在有給薪的工作之外，我們大部分的人
會義務性地服務教堂、寺廟、慈善機構、社區計畫，或是幫助政治
候選人去更大幅地改變——任何商品都無法改變的——人民的生
活。

　　如果我們恰好身為公司或組織的領導者，我們或許也會帶領自
己的公司去對社會做一些正面的貢獻——不論我們此舉的目的是否
在於強化自身品牌在社會大眾心目中的正面形象，或是純粹出於慷
慨善心和回饋世界的理念。不過在大多數的情況下，前述兩種原因
都有。

　　當然，我們也明白這種慈善義行與自身品牌的結合，將大大強
化其品牌定位。我們同時也了解，藉由致力於一些能夠代表「實踐
品牌承諾」的象徵性工作，以達到實際品牌無法完成的任務，就是
一種彌補落差並展現誠意的好方法。舉例來說，假定你的品牌屬於
探險家原型，而你的業務是滿足探險家對於大自然的追求，那麼你
可能會選擇環境保育工作，投入你的時間和金錢以確保我們的下一
代仍然能夠擁有一片可供探索的天然環境。如果你的品牌屬於照顧
者原型，你或許會選擇為無家可歸的遊民提供食品、衣物或居所。
如果你的品牌是智者，那麼你可能想要將資本投注於能夠幫助每個

人增長知識的研究上，而不只是單純地為公司開發新的產品線。假若你是個為廣告公司工作的行銷專家，最適合你的公益工作應該就是，將行銷技巧帶進致力於造福社會的企業組織去。

本書未能觸及的道德倫理與社會政策的議題還有很多，像是一些有損健康、具傷害性、破壞環境的商品；一些不人道的公司和勞工政策；以及像憲法第一修正案（First Amendment Rights）中，亟需保護孩童遠離暴力與色情的議題。當然，這類議題能夠透過公民與政治管道來訴求，而且就個人層面來說，每一位專業人員都有權決定自己要為誰效力。

我們同時也未能夠採取任何有系統的分析研究，仔細檢視商業活動中的人造刺激對時代價值觀所造成的衝擊；未能針對現存與潛在消費者意識的地位提供任何評斷；也未能就時下流行象徵對特定社群所造成的影響進行任何實際的研究。我們在這一章當中所論及的機會與考量，將只侷限於道德議題，以及一些直接關係到行銷日常工作的情境。接下來的思考就是要幫助專業人員，藉由以下的方式去掌控一些意義：

- 避免傷害並預防公共關係的夢魘。
- 增加選擇，而不是將大眾全塞進小框框裡。
- 塑造正面的社會與心靈發展。

安全無害

在消費者與行銷人員所面對的所有議題當中，最引人關注的通常就是廣告對兒童所帶來的衝擊。孩童最容易受外界事物左右，而影像的力量會對他們帶來相當大的影響。這也就是為什麼卡文克萊

與駱駝香煙的廣告會引起社會如此激烈的反對聲浪。這類事件當中最遭人非議的部分是顯而易見的。但就日常生活的層面來看，事實上，其中仍有許多曖昧不明的地帶。採取「原型」的工作方式，讓我們在評估廣告適切性時能夠有較正面、積極的觀點。不要再只專注於避免錯誤，我們應該想到，其實孩子們正需要我們去喚醒他們心中沈睡的原型。藉由審慎地將廣告指向每一種原型的正面意義上，我們就有可能在發揮品牌定位與創意表現的同時，也可以正面地引導孩童的思考。

市面上許多具影響性的書籍引發了大眾對現今兒童命運發展的憂慮。《該隱的封印》一書指出，儘管我們費盡心思，男孩們仍舊被「有系統地教導去摒棄情緒，做個沈默、孤僻而多疑的人。」[2]此外，又有誰能去保護小女孩原有的英雄本能？《拯救奧菲莉亞》一書強調社會壓力導致女孩們在進入青春期的同時即喪失自我。[3]我們大部分的人都是好爸爸、好媽媽、好叔叔、好阿姨。當我們試著將這些議題放進工作中一同思量時，我們還能全心全意地只為我們的公司或客戶奉獻嗎？所有的知識都必須包含責任感。如果我們仍舊不願意去呈現一些能夠幫助年輕孩子將能量導向正確方向的意念，我們是否真可以了解他們所處的困境並且將自己當做社會意識的仲裁者？

一個適當的策略能夠督促這種正面的善意，讓我們在開發商品的過程中，有系統地思考商品對於孩童心智發展的衝擊。這樣的程序也可能包括完全了解商品所衍生出的原型，以及其對於心智意識的影響。這就跟現在一般企業會先讓新產品通過安檢的例行手續一樣。

舉例來說，許多爸爸媽媽以及心理醫生對於芭比娃娃可能對少女所造成的人格影響感到十分憂慮。這種暢銷熱賣的娃娃有一雙修

長的玉腿、窈窕的腰臀曲線，通常還有一身超出所有任何活生生女人所可能有的過長比例。許多人會擔心這樣的娃娃會強化了社會的不當風潮，進而影響少女們長期過度節食、永遠覺得自己不夠完美，甚至造成飲食不正常的危險。左圖顯示出芭比娃娃與埃及女天神（Egyptian Sky goddess）之間有極高的相似度。埃及女天神被認為是與創造、毀滅，以及變形過程相關的女神。之所以會擁有一雙修長的腿，是因為她不但要碰觸到天空，還必須能夠溫柔地將整個世界環抱在懷。這個原型的形體是否就是她之所以有這些能力的原因之一呢？

原型能散發出強大的吸引力讓孩童不知反抗。正因為如此，在商品上市之前，仔細研究其所傳達的意義以及功能，就更顯得重要了。這項工作不但可以預防公共關係夢魘的發生，還可以防止品牌對大眾造成傷害。

皮爾森–馬克合作組織（Pearson-Mark collaboration）的成立是源自於瑪格莉特·惠特利的憂心，她擔心那些廣告不但會對孩童造成影響，甚至會進而影響到各年齡層的人。我們一開始先以卡文克萊的廣告為研究對象，在當時的廣告中可見青少年擺出撩人的姿態。當然，擔心的人也不只有我們而已。這系列的廣告在當時被大眾形容為「青少年版的色情片」。回頭看看Gap在同時期的廣告，筆者卡羅發現這些廣告的訴求也很類似於卡文克萊，都是主打青少年在同儕間的疏離感。唯一不同的地方在於，Gap的廣告是以一種較親和、較適齡的表現方式，呈現出一群青少年互相緊靠著同團隊中的夥伴。雖然Gap的廣告訴求相同的隱含議題，但他們選擇了一種較正面的議題表現方式──這就是我們所樂見的。當你感到孤寂，千要不要去誘惑別人（就像卡文克萊的廣告中所暗指的）；你應該透過和朋友之間的相處去尋求慰藉。

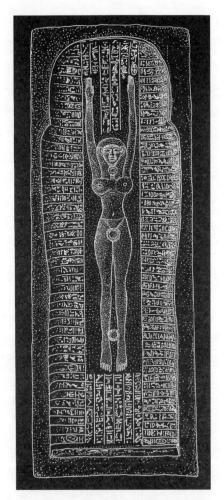

過於著重上半身與比例過長的芭比娃娃
形體，與本圖中的埃及女天神極為神
似。圖中形體反映了棺木中西元前525
年的Ankhnesneferibre公主的形體。芭
比娃娃的設計者當初是不是刻意要去反
映這個原型的形象呢？

　　當我們再去檢視其他的廣告時，我們發現，以滿足顧客真正需要為訴求的原型廣告通常都功效卓著。為了要吸引顧客的注意力，不一定非得要利用那些可能會對大眾意識帶來負面影響的廣告，同時這些廣告也、或者會為品牌聲譽帶來損害。既然如此，何必甘冒如此大的風險呢？行銷人員可以運用這個思考系統，持續地尋找這種在成功銷售商品的同時，又能保持高道德標準的行銷手法。

隱惡揚善

　　電視上處處可見一些廣告，它們表現出了原型超前時代潮流的潛質。不過，也有許多炒過頭的廣告訊息，會選擇去強調原型較負面或較低級的面相。舉例來說，有太多的商業訊息會訴諸於統治者原型對權力與地位的欲望。然而較高等的統治者，則樂意擔負重責大任。統治者不只追求金錢與地位，它還會致力將世界變得更好。擁有較高等統治者傾向的人會有一種獨具的本事，能夠將政策、程序、規則、律令與法律等讓世界能夠順利運作的基礎結合在一起。我們可以將這樣的人視為幫助我們生活更順利的偉大國民。所必何必要弄一堆廣告，強調「統治者」愚?的欲望，以藉此煽動大眾的羨嫉或掌控市場趨勢？這真的有必要嗎？我們還是可以選擇其他方法來達到銷售商品的目的。方式有兩種，第一種，強化人類心中膚淺的傾向以刺激需求；第二種，強化這些人心中更好、更高貴的情操，以刺激購買。如果這兩種方式都能讓你賣出商品，為什麼不選一條高尚的路？

　　尤其，當專業行銷人員被迫去製作一些以吸引注意力為主要目的的商業廣告時，所有其他考量似乎都必須被剔除。這類型的廣告很可能會強化了原型當中的負面能量，不可不注意。

　　此外在醫藥界，醫生和製藥公司都被賦予為大眾維護健康的責任。然而，如果他們在治療的過程中不慎引發了任何有害的副作用，他們則必須擔負全責。最近政府與集體訴訟（class-action）控告煙草公司的事件，可能只是社會意識成長的第一步。輿論日益認為，業者必須對其商品對消費者所造成的影響負一切責任。

　　不論當初的立意有多良善，行銷還是可能會對當代社會大眾的心智意識造成意料之外的影響。因此，最好的做法就是在規劃行銷活動或製作廣告時，謹慎監督自己所強調的原型等級，並削弱其負面陰影或不良影響。倘若你還記得第一篇談到的「慰藉效應」如何作用，那麼你就能明白，商品的確可能引發負面評價與不良行為，以致於使用商品就等於是促長惡風。圖7-7所整理出關於十二大原型

圖7-7

行銷的品質標準：安全無害		
原型	美德	副作用
天真者	信仰	拒絕
照顧者	慈悲	殉道
統治者	責任	獨裁
弄臣	樂趣	殘酷的幽默／把戲
凡夫俗子	平等	處私刑的暴民
情人	愛	雜交
英雄	勇氣	傲慢
亡命之徒	革命	毀滅性
魔法師	改變	操控
創造者	創新	瘋狂科學家
探險家	確實	自我耽溺
智者	智慧	教條主義

黑暗面的資訊，可以藉由複習本書的第二至五篇的內容獲得佐證。
圖中的資訊主要是為了提供一個讓大家平時思考道德標準的工具，
因為有時所謂的道德標準，真的是模糊不清而難以明確界定的。

行銷的品質標準

　　當然還有其他方法，不過這些方法會讓使用原型的道德標準變
得很不確定。有時候其中一個正面的特質會與另一個產生衝突。舉
例來說，有人可能會認為展現越野車馳騁在曠野的景象，就是保留
住那些受到現代生活威脅的「探險家」特質。我們心裡的某個部分
已對城市生活感到厭倦，想要回歸自然，但實際上卻又做不到。而
廣告中的意象則為我們的渴望，創造出身歷其境的體驗。不過，也
可能會有人認為，這樣的廣告內容反而是鼓勵那些破壞自然環境的
行為。因此如何解決這類議題，無疑地需要審慎考量其中的道德標
準。

　　原型有其好壞兩面。就好的一面來看，原型能提升我們的生
活。其實，原型本身是超然而中性的。好比核能，或甚至是水力發
電，它們能夠被有心人利用來行善或做惡。負責任的態度就是，不
讓這些能量控制你，而只讓它們純粹發揮服務的功能。舉例來說，
如果你任由「不法之徒」控制你（尤其是指負面的影響），你或許
就得去蹲大牢了。「照顧者」可能會讓你無謂地犧牲自我，「英雄」
可能讓你送命，而「天真者」也可能讓你變成冤大頭。這些原型必
須透過強而有力的道德感加以控制。不過想控制原型也絕非容易：
你需要超強的智慧與注意力。

　　這份責任也代表了，我們不應該將意義管理單純視為「加入一
種原型然後大肆煽動」。在研究各種原型的過程中，我們驚訝地發

現，竟然有如此多的廣告試圖將時下流行的概念加諸到商品上，不論該商品是否真的符合這樣的概念。最能發揮行銷功效的，應該是強調商品當中真實且有益的意義。雖然理論上，我們還是可能有辦法將一些意象加諸到毫不相干的商品功能上——好比將「情人」用在除草機上，或是將「統治者」放到爽身粉上。然而，當我們企圖運用這樣牽強的聯想時，其效果通常是最不具說服力且最荒謬可笑的。

當我們運用意義將本質十分相似的商品加以區分之後，應該還要再找出商品功能間的不同點，以加強廣告訊息的可信度。商品間的差異其實並不一定要很大。舉例來說，雖然可口可樂與百事可樂都是可樂，但兩者口味上的細微差別現在卻不可避免地將它們分別連結到不同的意義上。象牙香皂與多芬香皂都是香皂，但多芬所添加的滋潤乳霜卻幫助該商品忠實地強調其滋潤的意義，而與象牙香皂所代表的純淨大相徑庭。

事實上，當原型意義與商品間的關聯沒有任何實際基礎時，聰明的顧客不但不會被這些廣告訊息說服，他們的不信任感更會強化了現下大眾對廣告的批評態度，最後甚至會破壞廣告業界的整體評價。就是這樣的廣告讓社會大眾產生誤解，以為行銷人員都是要試圖去掌控消費者。

尊重宗教與靈性

廣告總是走在時代尖端，這就是廣告誘人的地方。然而，現在的廣告最好要謹慎運用這種手法。舉例來說，時下愈來愈強烈的意識形態明顯地比70、80以及90年代早期要更注重靈性。在各式宗教當中，或者新式的泛基督教，各年齡層的人都會去經歷、認知並

尊重各種精神性的傳統。例如，一名長老會（Prebyterian）的信徒或許會去修習禪宗的靜坐課程、參加美國原住民的祭典，或是出席New Age團體的研習會。

　　隨著靈性儼然成為時下的大熱門，業界自然會出現一股將宗教象徵加入廣告的趨勢。當然，對於那些強烈反對將自己的宗教傳統用於銷售商品的人來說，這種廣告手法已造成極大的反效果。印第安裔美國人對於這樣的流行趨勢尤其敏感，因為他們有許多傳統已經被商業化了。我們大部分的人對自己的宗教典故和象徵都會有適當的敏感度，但我們或許不會像印第安人那樣，會立即意識到其他傳統，也不會意識到那些可能會被他們視為過度利用或不尊重的東西。

　　陶德‧史坦（Todd Stein）在《香格里拉太陽雜誌》（*Shambala Sun*）內一篇名為〈禪宗大熱門〉（Zen Sells）的文章中，論及關於宗教象徵是如何草率地被廣告利用的議題。史坦引用的例子有蘭蔻（Lancome）的舒緩保濕霜（Hydra Zen），以及蘋果電腦將達賴喇嘛的照片放入「與眾不同地思考」廣告企畫中。還有史坦本人最討厭的阿芭洗髮精（Abba shampoo）。史坦表示，禪宗在時下的廣告裡幾乎是無所不在，甚至連那些與佛教思想八竿子打不著的廣告也可以拿禪宗來作文章。他同時也提到，「阿芭」（Abba，阿拉姆語／Aramaic，意指「父親」）是耶穌稱呼天父的用詞，同時也是用來稱呼第一批基督教修道士的名詞。史坦引用阿芭洗髮精為例，廣告當中的女性穿著修道士的服裝，並且將雙手高舉向天。他強調，就宗教意義來看，阿芭洗髮精「治癒的力量」似乎是含有比預防分叉更偉大的能力。

　　重點在於精神意象的確「可以」運用在廣告當中。好比全錄廣告內的修道士在經文原稿被奇蹟般地影印出來時狂喜不已，因為如

此一來他就不必再費力地用手抄寫。看到這樣的廣告時，大概很少
有人會覺得這是種褻瀆。很明顯的，這廣告絕沒有任何不敬的意
圖，而且這廣告真的很有趣。應該每個人都能夠認同這種情況，同
時也能夠認同該商品所提供的便利性。同樣的，當蘋果電腦展示出
達賴喇嘛的照片時，「與眾不同地思考」的標語已將我們的聯想侷
限在他獨立於中國、獨立於傳統思考方式的特質。大部分的人都不
會認為蘋果電腦是在傳達什麼宗教啟發的秘密。

　　話雖如此，宗教象徵仍舊有其強大的影響力。我們對於適當使
用原型的督促，也就因此代表了，大家必須謹慎運用意象。不論這
些意象有多麼的原型化，宗教意象仍很可能會被某些宗教的信徒視
為不可褻瀆的神聖象徵。

　　除此之外，如果人們有某種堅定的信仰，以廣告訊息代替真實
的精神意義便不至於有太高的危險性。在廣告中使用宗教象徵，會
減低該象徵的影響力，同時，也可能會削弱那些原本可以滿足現代
人深層精神渴求的宗教與其教義力量。

有意識地行銷：要真、要合時、要擴大選擇

　　人類學家與心理學家都一致認為，現代生活中其實深藏著分
裂、孤立與喪失生活意義的意識形態。正如文化人類學家葛蘭特‧
麥奎肯所言：

　　　　當人類學家們研究現代社會時，你所獲得的第一個結
　　論就是，我們現在所研究的並不是那些表面上看起來像
　　「社會」的事物。在傳統社會中，每個人都是出生於文化
　　意義這個完美的大繭內。這些人從小在父母膝上所聽到的

神話或傳奇，就是他們社會化的開始，而這些故事為他們
本身與其所處的時代文化，創造了一種「拱形結構」（也
就是一種以數片相同的部分密合在一起，且相互支撐的結
構體）。因此，他們會發現自己恆久生活在一個連貫的世
界之中。

　　這個由神話、傳奇和文化意義所造出的完美拱形結
構，並不存在於我們的文化之中。我們的當代文化要求每
個人去建築他們自己的拱形結構，這對每個人來說是種自
由選擇，也是種義務。我們的文化說，你可以，且必須要
選擇自己世界所代表的意義。然而，除去了拱形結構，我
們所做的是列出一大串的可能性，再從這些可能性當中做
一選擇，然後以此建構一個自己的世界。

　　伴隨著這種龐大需求而來的，是數之不盡的機會。我們仍舊可
以在不犧牲效益的狀況下順利完成任務。事實上，我們可以輕易地
透過摻入一些未竟的，或潛藏的顧客需求，去「增加」行銷的效
益。

　　舉例來說，在New Age飲料創下銷售高鋒時，筆者瑪格麗特針
對年輕的都會消費群，做了一些面對面的調查。這些消費者是一群
紐約街頭的青少年，大多是穿著寬大邊邊黑皮衣的黑人或拉丁美州
人。起先，可以理解地，他們對這場面談抱持著疑慮，並且對瑪格
麗特這位白種主持人保持距離。但在看過幾部廣告片之後，這批青
少年開始對Snapple天然果汁廣告中的固定代言人溫蒂相當感興趣。
這些孩子當中的大多數都笑著說，溫蒂讓他們想起自己的祖母或姨
媽，想起她們坐在廚房裡叨念著他們做這做那的景象。幾乎每個孩
子都自然而然地想起自己最喜歡的廣告片。這些廣告或許蠢得好

笑，但也很真實。而溫蒂身為中年白種接待員的真實身分，看起來也似乎與這些小孩（他們恰巧都是Snapple果汁的忠實顧客）搭不上任何關係。不過原型就是能夠讓這批青少年產生暫時性的「色盲」。

另一方面，場景中一群類似的酷小孩喝著飲料的它牌廣告，卻對這批青少年起不了什麼作用。他們甚至對另一個牌子充滿霓虹魔幻影象的廣告嗤之以鼻。顯而易見的，藉由確實喚起商品中的凡夫俗子原型，溫蒂的成功不只是單純地讓Snapple果汁家喻戶曉，也不只是避免了讓消費者覺得這廣告只是「目標行銷」的老手法。透過更微妙且更有意義的方式，Snapple同時也利用忠實呈現皇后區的接待員與哈林區青少年的老祖母之間的神似之處，進一步填補了種族與文化之間的鴻溝。

行銷人員常會因為呈現出女性與少數民族那種受壓迫的，或樣板式的形象而遭受詬病。在一個社會角色疾速改變的世界裡，有時想要在「尊重該團體的歷史」與「推崇其未來發展」兩者之間找到平衡點，還真不太容易。舉例來說，在職場與政界這樣傳統上較男性化的圈子內，女性仍努力地增加她們投入其中的機會，然而，她們同時也不希望自己從以往到現在對家庭所做的付出被看輕。

運用原型並不能讓這類議題就此平息，但這的確提供了一個保持某種平衡的方式。一般來說，任何看起來反映出高層次原型的團體，比較不容易被看輕或貶抑。而許多商品所擁有的男性或女性特質，也可以透過本書第19章所討論的「爬階梯」方法來推斷。這樣的特質連同其他偏好或行為，都是很明確地與歷來的性別角色產生聯結。當我們不再製造那些區分性別的訊息，男性或女性的特質便可以透過訊息或具象的形式得到尊重。事實上，或許反而是某性別群會發現對方性別群的品牌特別吸引人，因為打破性別侷限不但能

夠解放束縛，並且還能創造出性別之間的特殊聯結。

　　大部分的商品並不會讓人聯想到種族，但有些會。舉例來說，巴利拉義大利麵（Barilla pasta）的品牌定位，強調的是其義大利傳統風格，而它讓我們都能在咀嚼義大利麵的同時分享其義大利體驗。還有，像是那些因為其受迫害的歷史經驗而特別敏銳易感的團體，這樣的策略甚至可以運用到源自於這類團體傳統的商品或體驗上。就像是一首知名搖滾樂曲所唱出的：「放那首放克音樂吧，白人男孩。」[4] 當然，由於消費者的種族多元性，最好的廣告現在大多會將各色人種都納入其中。

　　樣板會因為「將人塞進小框框裡」，而侷限了人與人之間的差異性。讓性別與種族各自展現其獨一無二的特質與德行，都能夠正面地突顯這些群體，並且激發其他人想要與之一較長短的熱情，更能夠因此擴展每個人的機會。這並不表示行銷人員就應該要成為傳遞福音（關於性別或種族的多元性，甚或其它的社會目標）的人。實際狀況其實恰好相反：沒有人希望行銷界成為社會文化的奶媽，沒有人希望行銷人員去宣導什麼該做什麼不該做。因為這麼做是相當討人厭且無趣的。不過跟負面的社會訊息一?，正面的社會訊息也是相當微妙的。廣告訊息愈是真實有效，它們愈是有可能為大眾帶來能量、帶來團結。

　　媒體用以傳播的各種型式，包括廣告，對我們每個人持續的社會化過程都有相當強大的影響力。我們通常會將社會化視為一種在孩堤時代才會發生的事，但實際上這是一種在我們一生中持續不斷，且相互作用的過程。在每個階段當中，大多數成功的人都會與身邊的社會脈動保持同步。在這個要求高度情緒管理的世界中，缺少這種敏感度的人是很難有所成就的。不過人對事物的專注有時也會太過火。在我們與企業組織合作的案例中，我們發現了一個相當

棘手的現象。在會議開始之前,於大廳等待的我們通常會與一個以上的人做一些深度有趣的交談。這些人大多是很有意思的。他們會告訴我們一些公司的大內幕,以及一些不會被公開提及的重要議題。他們會與我們分享他們對各種事物的意見,從他們剛參加過的New Age或宗教靈修所,到一些看起來與他們職務運作相關的新科學觀點。

然後我們進入會議廳內開始正式的會議,席間所有的對話變得相當謹慎小心,以致於方才這些人的生活化觀點全都不見了。大部分的時間,每個人似乎必須謹守「適當發言」的陳舊會議傳統,而這些對話內容與他們真正的觀點、心意毫不相干。結果可能變成舊的問題沒解決,又因為開會前輕鬆分享的那些鮮活、有洞見的真實對話從未帶入商務決策的場所,而錯失了許多新良機。

就更深一層來看,我們社會的集體對話也是如此。人們常會跟隨媒體的訊息去認定什麼是「入時」,什麼是「落伍」,或是決定什麼該說,什麼不該提。當然,這種現象對那些沒有強力行為指標的人來說更是貼切,而他們所欠缺的行為指標,就是那些會抓住機會伺機而行的人。今天的我們有機會去創造更多與時代中日益增長的智慧和意識相結合的商業廣告。正因為這樣的廣告最能攫取大眾的目光,所以它們是成功的策略。就像Snapple果汁的廣告一樣。因為它們夠真實。

我們絕不是企圖在本書中告誡你極端的廣告必定不好。極端廣告所帶來的一項正面的副產品,就是它們讓內容前衛的私人對話在社會公允下進入我們的公眾論述之中。舉例來說,班尼頓集團(Benetton Group)一直以來都因其廣告隱含激進議題而倍受爭議。比如他們其中一支廣告,便表現出一名垂死病塌的愛滋病患者。另一支更近期的廣告,則秀出數張死刑犯坐在電椅上的照片,照片中

還打上每位死刑犯的姓名，與他們執行死刑的日期。這支廣告會不會令大眾反感呢？當然會。但於此同時，這支廣告也引發了一連串關於生死議題的正面討論。

各種可能性將因此持續不斷地浮現。一旦我們自傳統的「商業思考」束縛中獲得解放，我們在基本人類需求與行銷內容之間做出絕妙組合的機會，將是無限大的。

理念行銷：神話與傳奇活躍的世界

當原型與神話的特性被運用到理念行銷（cause marketing）的領域時，理念行銷就有可能將我們從「我最大」的自戀偏執中，拉回到關懷全體人類的思維上。我們與「小錢立大功」的合作讓我們發現，當「天真者」──一個無助的小嬰孩──出現在廣告與其他促銷媒介中時，這個嬰孩所屬的種族或性別便變得無足輕重。人們心中的英雄自我會被喚起，而一心想要提供幫助。

實際上，原型非常適用於公益廣告。由於沒有銷售業績的壓力，創意人員似乎較能夠不加思索地運用深層的本能與感覺，並且較容易受原型的故事與特質所吸引。在製作過程中，創意人員通常能製作出比商務廣告更具效益的作品。這些人所創作出的廣告摻入了更多的原型能量，並且能喚醒大眾更高尚、更良善的自我。

某些有史以來最具效益的廣告就是在這種「不拘形式」的狀況下被創造出來的：探討女性勞工議題的紀錄片《鉚釘工人蘿西的生命與時代》（*The Life and Times of Rosie the Riveter*）、宣導防範森林大火的「史莫基熊」（Smokey the Bear）與悲傷的美國原住民。不再主打驚悚的車禍畫面，弄臣原型藉由強調幽默有趣的安全帶娃娃，讓安全帶的溫和形象更為大眾所接受。

　　研究顯示，一般愛喝酒的人對於因為飲酒過量而出車禍的事件並不會特別在意。就某方面來說，那個人真的是活該。於是，學聰明的廣告協會（Ad Council）便選擇運用「天真者」原型——所有慘遭酒醉駕車者輾斃的無辜孩童與他們的家人——這個方法能夠激起強烈的「行俠仗義」的迴響。社會大眾於是決心要勸阻他們身邊的朋友酒醉駕車——不只是出於對親友的關心，更是出於他們希望為「天真者」做點事的善心。該系列廣告所發揮的效益與其所引發的感傷一樣強烈：在每一部廣告當中，我們看見那些粗糙不完美、卻真實無比的家庭錄影。影片中可見嬰孩、母親和父親，然後是一串字幕陳述著他們的死亡情形——原因都一樣，死於酒醉駕車者的輪下。

　　廣告協會還為了鼓勵父母與其他公民加入學校改革聯盟而做了一支廣告，其中同樣也是運用了大眾對行俠仗義的渴望。我們發現許多人對他們自己的學生生活又愛又恨，並且不願意參與任何與改造時下學校有關的事務。我們能有所突破的原因，在於了解到我們並不是真的要訴諸於他們改造學校的欲望。相反的，我們要訴諸於他們保護孩童的天性。這支廣告翻演了小嬰兒潔西卡（Baby Jessica）的案件，當時德州的潔西卡自深井裡被救出的實況經過震動了全國人民的心。我們要問，為什麼這個小女孩能夠讓全鎮的鎮民全部停下手邊的工作、讓全國人民摒息以待，然而同時國內各地學校內卻有無數遭到忽視、遺忘的孩子？在新聞大幅報導該事件（報導當中將潔西卡事件與學校改革的議題聯結）之後，各地的訪談結果顯示，即使是平時最強悍的藍領階級也被軟化，進而決心參與他們當地學校的改革工作，並且努力尋求改進學校的方法。

說你想說的故事

如果你對自己品牌的原型定位抱持誠意，其實有許多能夠讓你的行銷活動更吸引人、讓你的廣告訊息更合時的故事、概念與象徵可供運用——你根本不需要去強調原型的負面特質，也不需要將原型貶抑成膚淺的樣板典型。行銷工作最豐沛的靈感來源，其實不是閱讀最新出爐的哈佛商學院論文，而是去回想你最喜愛的小說，以及它感動你的原因；發掘現今熱門電視節目的模式，並且思索它們廣受歡迎的訣竅；參觀美術館或閱讀一篇超棒舞台劇表演的評論稿。你對原型的了解，將幫助你去解讀出這些雋永主題的表現方式——這些模式都是你可以運用到行銷工作上的。我們不應該將每天的日常活動摒除於創作靈感之外，也不應該認定藝術與社會科學就一定與商業搭不上關係。相反的，我們應該要「旁徵博引」，一個也別放過。任何一個領域的研究都比不上實際觀察人類生活的重要性。你的視野愈是廣、經驗愈是豐富，你就愈是能夠成功地掌握、運用意義。

在過去十年間，企業領導者突然開始正式地大量研究他們所處的時代，試圖藉此將他們企業的核心價值釐清為他們所有工作的基準。當我們這些行銷人員面臨到廣告訊息對當代集體意識所造成的強烈衝擊，這景況會是相當令人怯步的。我們所面臨的衝擊讓我們不只去思考個人自身的價值觀，同時更迫使我們去思考一個較模糊難明的議題——這些意義深遠的意象將如何影響每一位顧客，以及我們所處的時代。

這一代的行銷人員可能是第一批，會對他們商品傳達的「意義」所能造成的「衝擊」加以思索的人。既然我們大部分的人都不打算回學校去深造一個哲學或神學學位，如果我們能夠有一個較簡單淺

顯的思考輔助工具，那麼思索道德的範圍或許就不是那麼讓人困擾的事了。本書提供了一個嶄新的概念與思考模式，藉此讓我們有機會可以進行關於廣告如何影響大眾的深度探討。

有些人說，行銷人員在我們的社會當中儼然已成為現代的傳教士，負責照料文化意義的聖火。我們當然不認為這樣的評價是完全真實的。我們仍舊十分尊崇宗教領袖、藝術家、哲學家，以及榮格與其他超個人心理學家。這些人都更有資格擔任文化意義宣導者的角色。

於此同時，我們也必須了解，這些將設計精良、極具藝術價值的廣告訊息加以衍伸的創意天才們，就有點像是古代的巫師。古代的巫師會與族人一同圍坐在營火旁，並且將充滿實質意義的故事傳述給他的族人。這樣的故事教人們認知他們所身處的世界，並且教導他們如何生活。

根據瑪格麗特為芝麻街工作坊所做的研究顯示，當一般人被要求拍攝一張「家裡的中心位置」的照片時，他們會交出一張家裡電視機或視聽室的照片。電視機或視聽室在科技時代的今天所扮演的角色，似乎可以與古代的營火，或幾十年前的廚房相提並論。雖然我們對生活的精神層面的興趣正逐漸復甦，但我們仍舊找不到一個能將大眾團結在一起的中心信仰。大致說來，電視節目或流行樂或賣座電影──當然，還有廣告──塑造了我們的社會文化。不論你喜不喜歡，我們所創造或播放的廣告，正影響著我們的時代意識。

你可以利用這個系統來管理品牌意義──不只是為了販售商品，同時也是為後世留下一些有意義的意識資產。你永遠有無窮的選擇，去選擇你要激發的意象，去選擇你在販售商品或服務時所要說的故事。將意義管理系統化可以幫助你練習琢磨你的技能，這個方式至少是無害的；在最好的狀況下，它甚至能夠提升顧客的心

靈。我們並不是企圖在此訴求任何產業標準或審查制度。我們只是
希望，我們的讀者能夠為更深遠的議題努力——好比說，你希望為
後代留下些什麼？你想說什麼樣的故事？

_____

1 [原文注] 大衛‧伊格那提斯所著之〈視覺享受〉(And Viewing Pleasure)，
  1999年7月7日之《華盛頓郵報》。

2 [原文注] 參閱丹‧金德倫(Don Kindlon)與麥可‧湯普森(Michael
  Thompson)合著之《該隱的封印：揭開男孩世界的殘忍文化》(Raising Cain:
  Protecting the Emotional Life of Boys)。

3 [原文注] 參閱瑪莉‧派佛(Mary Pipher)所著之《拯救奧菲莉亞》(Reviving
  Ophelia)。

4 [原文注]〈放那首放克音樂吧〉(Play That Funky Music)，由野櫻桃樂團
  (Wild Cherry)演唱。

國家出版品預行編目資料

很久很久以前：以神話原型打造深植人心的品牌／
瑪格麗特・馬克（Margaret Mark）& 卡羅・S・皮
爾森（Carol S. Pearson）原著 ；許晉福、戴至
中、袁世珮譯. 初版 -- 台北市：麥格羅・希爾；
2002〔民91〕面； 公分 --（行銷規劃叢書；
MP037）
譯自：The Hero and The Outlaw: Building
　　　Extraordinary Brands Through
　　　the Power of Archetypes

ISBN：957-493-494-2（平裝）

1. 品牌　2. 市場學

496　　　　　　　　　　　　　　　90021312

行銷規劃叢書　MP037

很久很久以前：以神話原型打造深植人心的品牌

原　　　著　瑪格麗特‧馬克、卡羅‧S‧皮爾森
譯　　　者　許晉福、戴至中、袁世珮
執 行 編 輯　蔡忠舉
出 版 副 理　盧少盈
版 權 印 務　林芳羽、游怡群
中文行銷部　邢曼雲、游韻葦、蔡書川

出 版 者　美商麥格羅‧希爾國際股份有限公司 台灣分公司
地　　　址　台北市110-51 信義區 忠孝東路五段510號23樓
網　　　址　http://www.mcgraw-hill.com.tw
讀 者 服 務　E-mail: service@mcgraw-hill.com.tw
　　　　　　TEL: (02) 2727-2211　FAX: (02) 2346-3300
登 記 證 號　局版北市業第323號
郵 政 劃 撥　17696619　美商麥格羅‧希爾國際股份有限公司 台灣分公司

香港分公司　香港九龍旺角彌敦道750號11樓1138室
　　　　　　TEL: (852) 2730-6640　FAX: (852) 27302085
　　　　　　E-mail: mcgwhill@mcgraw-hill.com.hk

製 版 廠　信可製版　　　2221-5259
電 腦 排 版　方圓工作室　　8773-2862

出 版 日 期　2002年3月（初版一刷）
定　　　價　500元　475
原 著 書 名　The Hero and the Outlaw

'02. 4. 28. 誠品〈新竹SOGO〉

ISBN：957-493-494-2

110-51

台北市忠孝東路五段**510號23樓**

美商麥格羅‧希爾國際股份有限公司　台灣分公司　收

McGraw-Hill Enterprises Inc. (Taiwan)

McGraw-Hill
全球智慧中文化